Tutorium Optik

Ihr Bonus als Käufer dieses Buches

Als Käufer dieses Buches können Sie kostenlos unsere Flashcard-App „SN Flashcards" mit Fragen zur Wissensüberprüfung und zum Lernen von Buchinhalten nutzen. Für die Nutzung folgen Sie bitte den folgenden Anweisungen:

1. Gehen Sie auf **https://flashcards.springernature.com/login**
2. Erstellen Sie ein Benutzerkonto, indem Sie Ihre Mailadresse angeben, ein Passwort vergeben und den Coupon-Code einfügen.

Ihr persönlicher „SN Flashcards"-App Code   0EA3D-D5320-22D8C-ACA3A-82EE5

Sollte der Code fehlen oder nicht funktionieren, senden Sie uns bitte eine E-Mail mit dem Betreff **„SN Flashcards"** und dem Buchtitel an **customerservice@springernature.com.**

Christoph Gerhard

Tutorium Optik

Ein verständlicher Überblick für
Physiker, Ingenieure und Techniker

2. Auflage

 Springer Spektrum

Christoph Gerhard
Fakultät Ingenieurwissenschaften und Gesundheit
Hochschule für angewandte Wissenschaft und Kunst (HAWK)
Göttingen, Deutschland

ISBN 978-3-662-61617-8   ISBN 978-3-662-61618-5 (eBook)
https://doi.org/10.1007/978-3-662-61618-5

Die Deutsche Nationalbibliothek verzeichnet diese Publikation in der Deutschen Nationalbibliografie; detaillierte bibliografische Daten sind im Internet über http://dnb.d-nb.de abrufbar.

Springer Spektrum
© Springer-Verlag GmbH Deutschland, ein Teil von Springer Nature 2016, 2020
Springer Spektrum ist ein Imprint der eingetragenen Gesellschaft Springer-Verlag GmbH, DE und ist ein Teil von Springer Nature.
Die Anschrift der Gesellschaft ist: Heidelberger Platz 3, 14197 Berlin, Germany

Vorwort zur ersten Auflage

Seit jeher ist der Mensch fasziniert von der Kraft und Farbenfreude des Lichts, welches gemeinhin als Inbegriff des Positiven und des Lebens gilt. Dies findet in der religiösen und schöngeistigen Literatur sowie im allgemeinen Sprachgebrauch Ausdruck. So beginnt beispielsweise die biblische Schöpfungsgeschichte mit der Erschaffung des Lichts, das Leben eines Menschen beginnt, wie der Physikprofessor *Eduard Rüchardt* sein Werk zur Natur des Lichts treffend eröffnet, mit der Umschreibung, dass ein Kind das Licht der Welt erblickt, und dem Dichterfürsten *Johann Wolfgang von Goethe* – eine „Lichtgestalt" der Literatur – wird nachgesagt, er habe auf dem Sterbebett nach „mehr Licht" verlangt.

Optik, die Lehre vom Licht, ist ein essenzieller Bestandteil der Physik und Grundlage einer Vielzahl moderner Technologien. Optische Komponenten und Systeme ermöglichen Fortschritte in den unterschiedlichsten Bereichen wie etwa der Medizintechnik, Logistik, Unterhaltungs- und Konsumgüterindustrie sowie der Sicherheitstechnik. So haben sich gemäß einer aktuellen Studie weltweit die Umsätze im Bereich der optischen Technologien von 2005 bis 2015 mehr als verdoppelt. *David J. Sainsbury* , der derzeitige Kanzler der Universität Cambridge, zog daraus folgenden Schluss: „*There is good reason to believe that the impact of photonics in the 21st century will be as significant as electronics was in the 20th, or steam in the 19th* ." („Es gibt guten Grund zur Annahme, dass der Einfluss der optischen Technologien im 21. Jahrhundert genauso maßgeblich sein wird wie der der Elektronik im 20. oder der des Dampfs im 19.").

Die Optik sollte als Querschnitts- und Schlüsseltechnologie ein wesentlicher und zukunftsträchtiger Bestandteil der Ausbildung von Physikern, Ingenieuren, Technikern und anderen Fachkräften sein. Das vorliegende Werk soll vor diesem Hintergrund zum Verständnis der grundlegenden Prinzipien und Zusammenhänge der Optik beitragen. Dazu wird auf Entstehung und Eigenschaften des Lichts, Lichtquellen, optische Materialien, Komponenten, Systeme und Geräte, die optische Abbildung sowie Abbildungsfehler eingegangen. Aufgrund der hohen und stetig wachsenden technischen Relevanz von Laserquellen behandelt es zudem die Grundlagen zu Entstehung und Eigenschaften von Laserlicht sowie die wichtigsten Laserquellen.

Friedland und Göttingen   Christoph Gerhard
Juli 2015

Vorwort zur zweiten Auflage

Die Optik ist der Schlüssel zum Universum, im Kleinsten sowie im Größten. Unsere Faszination für die Welt fußt auf ihr in jeder Hinsicht. Sie beschäftigt sich nicht nur mit Abbildungen und Strahlverläufen, sondern liefert die Grundlage für die Art und Weise, wie wir die Welt messen und wahrnehmen. Ob man winzigste Teilchen mithilfe eines Mikroskops beobachtet und beeinflusst, ob man mit dem bloßen Auge einen Regenbogen beobachtet, ob man anhand der Frequenz und Verzerrung des Lichtes entfernter Galaxien die Ausdehnung des Universums und die Verteilung der Dunklen Materie misst oder gar – wie vor Kurzem geschehen – Fotos von schwarzen Löchern schießt: In allen Fällen sind grundlegende Begriffe der Optik wie Frequenz, Absorption, Brennweite oder Kohärenzlänge von zentraler Bedeutung.

Licht ist nichts als eine bestimmte Anregung des elektromagnetischen Feldes, und dieses Feld ist so zentral wie die „Macht" in George Lucas' Epos *Star Wars*: Licht umgibt uns und durchdringt uns allgegenwärtig und jederzeit. Ohne Licht würden wir nicht existieren: Das elektromagnetische Feld ist der See, in dem die Elektronen und Protonen schwimmen und durch den sie miteinander wechselwirken. So sind Eigenschaften wie Farbe, Dichte oder Konsistenz jeglicher Materie ein Resultat dieses Feldes. Gerade deswegen ist die Wechselwirkung von Licht und Materie von so zentraler Bedeutung, wenn es zum Beispiel darum geht, durch Lichteinstrahlung die Eigenschaften von Materialien zu untersuchen oder zu verändern. Auch hier führt an der Optik kein Weg vorbei.

Umso schöner, dass es mit diesem wunderbaren Tutorium eine prägnante Einführung in das Thema gibt. Und da die erste Auflage so erfolgreich war, hat man nun in der zweiten Auflage die Gelegenheit ergriffen, einige kleine Ausbesserungen vorzunehmen sowie einige Themen nachzuliefern, die es nicht in die erste Auflage geschafft haben. Zum Beispiel gibt es nun mit drei völlig neuen Abschnitten eine Einführung in die Lichtstreuung, Matrizenoptik sowie in die Lasermedizin. Generell wurde die Herleitung der Formeln an einigen Stellen ergänzt, um noch klarer zu sein. Auch das Thema der Lichtentstehung wurde mithilfe der Einstein-Koeffizienten vertieft. Und auf den Flashcards kann man mit den Verständnisfragen zu den Themen des Buches sein Wissen testen.

Damit wünsche ich Ihnen viel Spaß und Erfolg mit diesem Buch. Ich hoffe, Ihre Begeisterung und Faszination für dieses Thema werden durch dieses Buch so geweckt wie meine. Ich freue mich auf jeden Fall bereits auf die dritte Auflage!

Hamburg   Benjamin Bahr
Mai 2020

Danksagung

Die Entstehung eines Fachbuchs von der Idee bis zum Druck ist eine umfangreiche Aufgabe, die nur gemeinschaftlich zu bewältigen ist. Vor diesem Hintergrund möchte ich mich für die tatkräftige Mithilfe seitens des Verlags und namentlich bei Frau Margit Maly, Frau Sabine Bartels, Frau Anja Groth und Frau Vera Spillner für ihre Unterstützung während des Entstehungsprozesses des vorliegenden Werks danken. Besonderer Dank gilt auch Herrn Dr. Benjamin Bahr und vor allem meiner Familie, der ich dieses Werk widme!

Christoph Gerhard

Ebergötzen, im Mai 2020

Zur Benutzung dieses Buchs

Die wichtigsten Inhalte und Erkenntnisse werden zu Beginn jedes Einzelkapitels kurz zusammengefasst. Am Ende des Kapitels sind die relevanten Gleichungen zur besseren Übersicht und Auffindbarkeit zudem in einer Formelsammlung bereitgestellt. Vor dem Hintergrund der voranschreitenden Internationalisierung in Ausbildung und Berufsleben sind für die wichtigsten Fachausdrücke die jeweiligen englischen Fachvokabeln mit angegeben. Besonderer Wert wurde bei der Konzeption des vorliegenden Werks auf Übungsaufgaben gelegt. Thematisch geordnet schließt daher jedes Einzelkapitel mit zahlreichen Rechenaufgaben unterschiedlicher Schwierigkeitsgrade zu den mathematisch-physikalischen Zusammenhängen ab. Leser*innen des gedruckten Buches erhalten zudem einen kostenlosen Zugang zu allen Verständnisfragen über die Springer Nature Flashcards-App. Ausführliche Lösungen finden sich im Anhang, der auch ein Verzeichnis der verwendeten Formelzeichen und Abkürzungen sowie Literaturhinweise enthält.

Inhaltsverzeichnis

Eigenschaften des Lichts

1

Die Eigenschaften des Lichts beschäftigen seit jeher Philosophen und Physiker gleichermaßen. Bereits in der Antike wurde versucht, das Phänomen Licht zu beschreiben und Modelle für dessen Gestalt und Natur zu formulieren. Anfang des 20. Jahrhunderts erkannte man, dass Licht sowohl Eigenschaften von Teilchen als auch von Wellen aufweist. Heute stehen detaillierte und genaue Modelle zur Beschreibung der Lichtausbreitung und für die Wechselwirkungen zwischen Licht und Materie zur Verfügung. Diese Modelle, insbesondere für die Entstehung und die Eigenschaften des Lichts werden in diesem Kapitel behandelt. Dabei werden wir folgende Erkenntnisse gewinnen:

- Licht entsteht, wenn zuvor die Elektronen in einem Atom von einem niedrigeren auf ein höheres Energieniveau angehoben werden.
- Die Anregung eines Elektrons kommt durch eine äußere Energiezufuhr zustande.
- Beim Zurückfallen eines Elektrons von einem höheren Energieniveau auf sein Grundniveau ohne äußere Einwirkung wird spontan Licht emittiert.
- Der Welle-Teilchen-Dualismus besagt, dass Licht sowohl Eigenschaften einer Welle als auch von Teilchen aufweist.
- Die Lichtteilchen nennt man Lichtquanten oder Photonen.
- Die Energie eines Photons ist gegeben durch das Produkt aus der Frequenz der entsprechenden Lichtwelle und des Planck'schen Wirkungsquantums.
- Die natürliche Linienbreite des von einem angeregten Elektron ausgesandten Lichts hängt davon ab, wie lange das Elektron im angeregten Zustand verweilt.
- Licht breitet sich in Form einer elektromagnetischen Transversalwelle aus.
- Eine Lichtwelle wird physikalisch durch die Größen Amplitude, Wellenlänge, Phase, Wellenzahl und Polarisation charakterisiert.
- Die Polarisation einer Lichtwelle beschreibt den Schwingungszustand des elektrischen Felds bzw. des elektrischen Amplitudenvektors.
- Licht kann linear, zirkular oder elliptisch polarisiert sein.
- Kohärenz ist die Fähigkeit von Licht, aufgrund seiner Wellennatur Interferenzerscheinungen hervorzurufen.

© Springer-Verlag GmbH Deutschland, ein Teil von Springer Nature 2020
C. Gerhard, *Tutorium Optik*, https://doi.org/10.1007/978-3-662-61618-5_1

- Die Kohärenz hängt eng mit der spektralen Frequenzbandbreite des Lichts zusammen.
- Das Huygens'sche Prinzip besagt, dass jeder Punkt auf einer Wellenfront Ausgangspunkt einer neuen Elementarwelle ist.
- Polychromatisches Licht enthält mehrere Wellenlängen, wohingegen monochromatisches Licht nur eine Wellenlänge aufweist.
- Der für die Optik relevante Spektralbereich umfasst ultraviolettes, sichtbares und infrarotes Licht.
- Der für das menschliche Auge sichtbare Wellenlängenbereich beträgt ca. 380–780 nm.
- Absorption ist die Abschwächung von Licht bei dessen Durchgang durch ein Medium und entsteht aufgrund von Wechselwirkungen zwischen Licht und Materie.
- Der akustooptische Effekt beschreibt die durch Schallwellen induzierte Brechungsindexmodifikation in optischen Medien.
- Der magnetooptische Effekt bezeichnet die Drehung der Polarisationsebene von Licht in einem optischen Medium als Reaktion auf ein äußeres Magnetfeld.
- Elektrische Felder können aufgrund des elektrooptischen Effekts den Brechungsindex von optischen Medien verändern sowie Doppelbrechung verursachen.
- Hohe Lichtintensitäten können eine nichtlineare Selbstfokussierung von Lichtstrahlen in einem optischen Medium hervorrufen.
- Bei der Einstrahlung von Licht hoher Intensität in ein geeignetes optisches Medium kann Frequenzverdopplung bzw. -vervielfachung auftreten.

1.1   Wie Licht entsteht

Die Entstehung von Licht lässt sich vereinfacht anhand des vom dänischen Physiker *Niels Bohr* postulierten Bohr'schen Atommodells veranschaulichen. Dies beschreibt den Aufbau eines Atoms durch einen positiv geladenen Atomkern, um den je nach Element unterschiedlich viele Elektronen kreisen. Die als Schalen bezeichneten Kreisbahnen der Elektronen sind konzentrisch zum Atomkern, weisen also konstante Abstände zueinander auf. Dabei entsprechen die Elektronenschalen elementspezifischen Energieniveaus. Im thermodynamischen Gleichgewicht sind niedrigere Energieniveaus stets mit mehr Elektronen besetzt als höhere Energieniveaus. Dieser Sachverhalt wird durch die vom österreichischen Physiker *Ludwig Boltzmann* aufgestellte und in Abb. 1.1 schematisch dargestellte **Boltzmann-Verteilung** (*Boltzmann distribution*) mathematisch ausgedrückt.

Sie ist gegeben durch

$$N_x = N_0 \cdot e^{-\frac{E_x}{k_\mathrm{B} \cdot T}}. \tag{1.1}$$

Hierbei sind N die Besetzungsdichte, also N_x die Anzahl der Elektronen im Energieniveau x und N_0 die Zahl der Elektronen im Energie-Grundzustand E_0, E_x der x-te

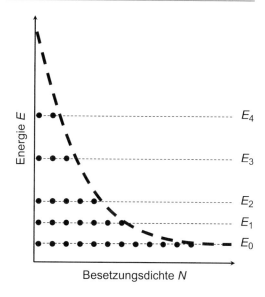

Abb. 1.1 Schematische Darstellung der Besetzung der Energieniveaus eines Atoms im thermodynamischen Gleichgewicht gemäß der Boltzmann-Verteilung

Energiezustand, $k_B = 1{,}380{.}648{.}52 \cdot 10^{-23}$ J/K die Boltzmann-Konstante und T die (absolute) Temperatur.

1.1.1 Spontane Emission

Der Prozess der Lichtentstehung beginnt damit, dass diese Beziehung als Folge von äußerer Energiezufuhr kurzzeitig außer Kraft gesetzt wird. So werden beispielsweise in unserer „Master-Lichtquelle", der Sonne, durch Kernfusion von Wasserstoffatomen zu Helium erhebliche Energiemengen frei, die von Atomen absorbiert werden können. Diese Absorption bewirkt, dass Elektronen von energiearmen kernnahen Schalen auf energiereichere kernfernere Bahnen wechseln bzw. aus ihrem energetischen Grundzustand E_0 auf ein höheres Energieniveau E_1 (Abb. 1.2). Beschrieben wird dieser Vorgang im Falle einer Absorption von Photonen aus einem elektromagnetischen Feld durch den nach dem deutsch-amerikanischen Physiker *Albert Einstein* benannten Einstein-Koeffizienten der stimulierten Absorption B_{12}. Dieser gibt die Wahrscheinlichkeit der Absorption von Licht und die daraus resultierende Anhebung eines Elektrons vom Energieniveau 1 in das Energieniveau 2 an. Dabei entspricht die Nummerierung der Energieniveaus (per Definition 1 und 2) den Indices des Einstein-Koeffizienten, welcher die spektrale Strahlungsdichte $\rho(\nu)$ einfallender Strahlung und die Besetzungsdichte N_1 des unteren beteiligten Energieniveaus gemäß

$$\left(\frac{dN_1}{dt}\right)_{abs} = -B_{12} \cdot \rho(\nu) \cdot N_1 \tag{1.2}$$

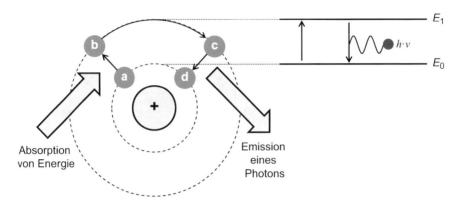

Abb. 1.2 Prinzip der spontanen Emission: Zugeführte Energie wird von einem Elektron im Energiegrundzustand E_0 (**a**) absorbiert, wodurch es auf ein höheres Energieniveau E_1 wechselt (**b**). Nach einer gewissen Verweildauer im angeregten Zustand (**b** und **c**) fällt das Elektron zurück auf seinen Grundzustand (**d**), wobei eine Lichtwelle bzw. ein Lichtquant emittiert wird

ins Verhältnis setzt. Während des nachfolgenden Abregungsvorgangs zurück in den Grundzustand wird die überschüssige Energie $\Delta E = E_1 - E_0$ in Form eines Lichtquants abgegeben. Da dies ohne jegliche äußere Einwirkung geschieht, nennt man diesen Prozess der Lichtentstehung **spontane Emission**.

Diese wiederum kann anhand des Einstein-Koeffizienten der spontanen Emission (beim Übergang des Elektrons vom Energieniveau 2 zu 1) A_{21}, gegeben durch

$$\left(\frac{dN_2}{dt} \right)_{sp} = -A_{21} \cdot N_2,\tag{1.3}$$

charakterisiert werden. Das derart entstandene Lichtquant breitet sich nun, wie in Abschn. 1.2 näher erläutert wird, als Welle aus. Diese Doppelnatur des Lichts, sowohl die Eigenschaften von Wellen als auch von Teilchen aufzuweisen, wird als Welle-Teilchen-Dualismus des Lichts bezeichnet. Neben der spontanen Emission kann Licht auch durch eine stimulierte Emission entstehen. Diese stimulierte Emission ist die Grundlage von Laserquellen und wird in Abschn. 7.1.2 ausführlich diskutiert.

1.1.2 Photonenenergie

Das von einer Lichtquelle ausgesandte Photon bzw. Lichtquant hat eine Energie von

$$E_{\text{Photon}} = E_1 - E_0.\tag{1.4}$$

In der Literatur erfolgt die Angabe der Photonenenergie E_{Photon} meist in Elektronenvolt (eV), dabei ist $1\,\text{eV} = 1{,}602.176.565 \cdot 10^{-19}$ J. Sie kann auch alternativ durch die Gleichung

$$E_{\text{Photon}} = h \cdot f. \tag{1.5}$$

beschrieben werden. Dabei ist h das nach seinem Entdecker, dem deutschen Physiker *Max Planck*, benannte **Planck'sche Wirkungsquantum** (*Planck constant*). Diese Naturkonstante beträgt $6{.}626{.}070{.}40 \cdot 10^{-34}$ Js. Der Faktor f steht für die Frequenz des Lichts, also den Quotienten aus der Lichtgeschwindigkeit im Vakuum c_0 und der Lichtwellenlänge λ:

$$f = \frac{c_0}{\lambda} \Leftrightarrow \lambda = \frac{c_0 \cdot h}{E_1 - E_0}. \tag{1.6}$$

Die Wellenlänge ergibt sich schlussendlich also gemäß Gl. 1.4 und Gl. 1.5 aus der Differenz der Energieniveaus des Grundzustands und des angeregten Zustands eines Elektrons. Hierbei sollte man allerdings nicht vergessen, dass das Bohr'sche Atommodell eine starke Vereinfachung darstellt und dass im erweiterten Atommodell der Orbitaltheorie auch strahlungsfreie Übergänge auftreten können.

1.1.3   Natürliche Linienbreite

Die bei Übergängen zwischen Energieniveaus emittierte Strahlung müsste theoretisch eine diskrete Wellenlänge bzw. eine klar definierte Frequenz aufweisen (Gl. 1.6). Solche diskreten Wellenlängen werden auch als Linien bezeichnet. In der Praxis ist dies jedoch nicht der Fall, vielmehr weist die Strahlung eine gewisse spektrale Breite auf, die in der Regel durch ein Gaußprofil beschrieben werden kann. Die Halbwertsbreite dieses Profils ist, wenn keine weiteren Effekte die Linie beeinflussen, die **natürliche Linienbreite** (*natural linewidth*). Dieser Effekt ist der Tatsache geschuldet, dass das Elektron nur für eine bestimmte Zeit, nämlich die Verweildauer τ im angeregten Zustand verbleibt. Daher ist gemäß der nach dem deutschen Physiker und Nobelpreisträger *Werner Heisenberg* benannten **Heisenberg'schen Unschärferelation** (*Heisenberg's uncertainty principle*) die Energie des strahlenden Zustands nicht eindeutig bestimmbar, woraus eine Energieunschärfe ΔE folgt, gegeben durch

$$\Delta E = \frac{h}{2\pi \cdot \tau}. \tag{1.7}$$

Die von der Verweildauer des Elektrons im angeregten Zustand bewirkte Energieunschärfe führt zu einer natürlichen Linienverbreiterung, die meist in Form der spektralen Frequenzbandbreite des Lichts gemäß

$$\Delta f = \frac{1}{\tau} \cdot \frac{1}{2\pi} = \frac{\Delta E}{h} \tag{1.8}$$

angegeben wird. Dabei ist der Term $1/\tau$ das Äquivalent zum Einstein-Koeffizienten der spontanen Emission, siehe oben. Darüber hinaus können weitere Mechanismen auftreten, die eine zusätzliche Linienverbreiterung bei der Ausbreitung des Lichts

hervorrufen. Dazu zählt beispielsweise die Doppler-Verbreiterung, die auf dem
Doppler-Effekt, benannt nach dem österreichischen Physiker *Christian Doppler*,
beruht. Stöße mit Teilchen können zudem zu einer Stoßverbreiterung führen.

1.1.4   Der Welle-Teilchen-Dualismus

Der Welle-Teilchen-Dualismus des Lichts hat lange Zeit eine physikalische Beschreibung des Phänomens Licht erschwert. So waren die griechischen Gelehrten
ursprünglich der Meinung, vom Auge würden Sehstrahlen ausgesandt, die die Um-
gebung sozusagen abtasten. Diese Definition findet sich in abgewandelter Form in
der geometrischen Strahlenoptik wieder. Der englische Naturwissenschaftler *Isaac
Newton* hingegen war ein Verfechter der sogenannten Korpuskulartheorie, die dem
Licht die Eigenschaft von Teilchen, also Lichtquanten zuschrieb. Durch die spätere
Formulierung der Wellentheorie des Lichts stand ein Modell zur Verfügung, das
zwar eine Fülle von beobachtbaren Effekten erklären konnte, jedoch nicht auf die
nachweisliche Teilchennatur des Lichts einging. Heute ist der Welle-Teilchen-
Dualismus das anerkannte Modell zur Beschreibung von Licht und dessen Verhalten. Es ist jedoch zu bemerken, dass ein Photon anders als „normale" Teilchen wie
etwa Elektronen keine Ruhemasse aufweist.

1.2   Licht als elektromagnetische Welle

Zahlreiche Phänomene des Lichts liegen in der Tatsache begründet, dass Licht sich
in Form einer Welle ausbreitet. Zu diesen Phänomenen zählen die in Kap. 2 behan-
delte Reflexion sowie die Interferenz (Überlagerung) und Beugung (Ausbreitung in
den geometrischen Schatten eines Objekts) von Licht. Diese drei Effekte lassen sich
in der Natur am Beispiel von Wasserwellen beobachten, die an einem Hindernis
reflektiert und gebeugt werden und konstruktiv oder destruktiv interferieren
(Abb. 1.3).

   Während aber Wasserwellen auf Schwingungen von Wassermolekülen beruhen,
pflanzt sich Licht in Form von elektromagnetischen Wellen fort. Diese bestehen aus
sich ausbreitenden Störungen in elektrischen und magnetischen Feldern, wobei
elektrisches und magnetisches Feld immer senkrecht aufeinander und auf der Ausbreitungsrichtung stehen. Im einfachsten Fall variieren die Felder sinusförmig
(Abb. 1.4).

   Zur vollständigen Charakterisierung von Licht müssen somit die elektrische
Feldstärke E und die magnetische Feldstärke H sowie damit zusammenhängende
Größen herangezogen werden.

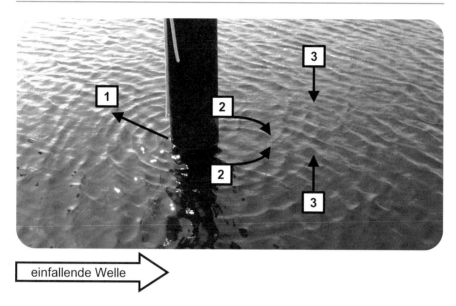

Abb. 1.3 Reflexion (1), Beugung (2) und Interferenz (3) von Wasserwellen an einem Dalben

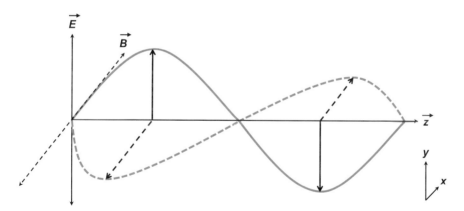

Abb. 1.4 Schematische Darstellung einer aus einem oszillierenden elektrischen und einem oszillierenden magnetischen Feld bestehenden elektromagnetischen Welle

1.2.1   Die Maxwell'schen Gleichungen

Die Propagation einer Lichtwelle in Vakuum lässt sich aus den nach dem schottischen Physiker *James Clerk Maxwell* benannten **Maxwell'schen Gleichungen** (*Maxwell's equations*) ableiten. Diese Gleichungen liegen allen im Elektromagnetismus auftretenden Gesetzmäßigkeiten und Phänomenen zugrunde. Dabei verknüpft die erste Maxwell'sche Gleichung das Feld der elektrischen Flussdichte $\vec{D}$ über den Nabla-Operator mit der elektrischen Ladungsdichte ρ:

$$\nabla \times \vec{D} = \rho. \tag{1.9}$$

Dies besagt, dass elektrische Ladungen die Quellen elektrischer Felder darstellen und entspricht dem Gauß'schen Gesetz für elektrische Felder. Das Gauß'sche Gesetz für Magnetismus hingegen besagt, dass es keine magnetischen Ladungen gibt, das Feld der magnetischen Flussdichte $\vec{B}$ also quellenfrei ist. Mathematisch formuliert dies die zweite Maxwell'sche Gleichung

$$\nabla \times \vec{B} = 0. \tag{1.10}$$

Aus der dritten Maxwell'schen Gleichung folgt, dass eine Änderung der magnetischen Flussdichte mit der Ausbildung eines elektrischen Wirbelfelds einhergeht. Sie ist gegeben durch

$$\nabla \times \vec{E} + \frac{\partial \vec{B}}{\partial t} = 0 \tag{1.11}$$

und entspricht dem Faraday'schen Induktionsgesetz. Die vierte Maxwell'sche Gleichung stellt eine Erweiterung des Ampère'schen Gesetzes dar. Aus

$$\nabla \times \vec{H} - \frac{\partial \vec{D}}{\partial t} = \vec{j} \tag{1.12}$$

mit der elektrischen Stromdichte j folgt, dass elektrische Ströme ein Magnetfeld und einen Maxwell'schen Verschiebungsstrom erzeugen. Letzterer entspricht dem Summanden

$$\frac{\partial \vec{D}}{\partial t} \tag{1.13}$$

in Gl. 1.12. Aus den Maxwell'schen Gleichungen lässt sich die Wellengleichung für eine ebene elektromagnetische Welle herleiten, welche sich in Vakuum ausbreitet. Sie lautet

$$\nabla^2 \vec{E} = \frac{1}{c_0^2} \frac{\partial^2 \vec{E}}{\partial t^2} \tag{1.14}$$

bzw.

$$\nabla^2 \vec{H} = \frac{1}{c_0^2} \frac{\partial^2 \vec{H}}{\partial t^2}. \tag{1.15}$$

Dabei ist c_0 die Lichtgeschwindigkeit im Vakuum (=299.792.458 m/s), die über die Maxwell'sche Beziehung

$$c_0^2 = \frac{1}{\varepsilon_0 \cdot \mu_0} \tag{1.16}$$

mit der auch als Permittivität des Vakuums bezeichneten elektrischen Feldkonstante ε_0 und der magnetischen Feldkonstante μ_0 zusammenhängt. Diese beiden Naturkonstanten verknüpfen gemäß

$$\frac{E}{H} = \sqrt{\frac{\mu_0}{\varepsilon_0}} \tag{1.17}$$

auch die elektrische und magnetische Feldstärke einer elektromagnetischen Welle. Die Ausbreitung einer elektromagnetischen Welle wird aufgrund dieser Proportionalität standardmäßig anhand der elektrischen Feldstärke beschrieben. Das Kreuzprodukt der Vektoren von elektrischer und magnetischer Feldstärke gibt den Betrag und die Richtung des Energietransports einer Lichtwelle an. Diese durch

$$\vec{S} = \vec{E} \times \vec{H} \tag{1.18}$$

gegebene Größe wird nach dem britischen Physiker *John Poynting* als **Poynting-Vektor** bezeichnet.

1.2.2 Charakteristische Größen einer Lichtwelle

Eine Lichtwelle breitet sich sinusförmig und transversal aus, d. h., die Schwingungsrichtungen von elektrischem und magnetischem Feld stehen, wie in Abb. 1.4 dargestellt, orthogonal und damit **transversal** zur Ausbreitungsrichtung z der Welle. Somit unterscheidet sich die Ausbreitung von Licht wesentlich von Schall, dessen Wellen sich longitudinal ausbreiten, also in Ausbreitungsrichtung schwingen. Zur näheren Beschreibung einer Lichtwelle wird gewöhnlich das elektrische Feld herangezogen, da dieses normalerweise wesentlich größer als das magnetische ist. Abb. 1.5 zeigt die charakteristischen Größen zur Beschreibung einer solchen Welle.

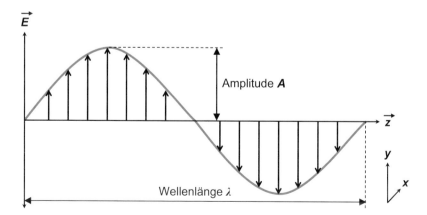

Abb. 1.5 Charakteristische Größen einer Lichtwelle: Amplitude A des elektrischen Felds (hier in y-Richtung), Wellenlänge λ und Ausbreitungsrichtung $\vec{z}$

Diese Größen sind im Einzelnen die Wellenlänge λ sowie die Amplitude A. Die **Wellenlänge** beschreibt dabei den geometrischen Weg, den eine Lichtwelle innerhalb eines Schwingungszyklus zurücklegt. Zeitlich entspricht der Wellenlänge die Periodendauer T:

$$T = \frac{1}{f} = \frac{\lambda}{c}. \tag{1.19}$$

Die Amplitude gibt den maximalen Ausschlag der Schwingungsgröße an, also etwa des elektrischen Feldvektors $\vec{E}$, den man in diesem Zusammenhang auch den Amplitudenvektor nennt. Die Ausbreitungsrichtung der Lichtwelle wiederum zeigt der Ausbreitungsvektor $\vec{z}$ an.

Während der Ausbreitung einer sinusförmigen Lichtwelle kann ihre aktuelle Auslenkung zu einem beliebigen Zeitpunkt t bzw. an einem beliebigen Ort z anhand ihrer **Wellenzahl** k (*propagation constant*) und ihrer **Kreisfrequenz** ω (*angular frequency*) bestimmt werden. Die Wellenzahl stellt den Betrag des Wellenvektors $\vec{k}$ dar und ist gegeben durch

$$k = \frac{2\pi}{\lambda}. \tag{1.20}$$

Die Kreisfrequenz resultiert aus

$$\omega = 2\pi \cdot f. \tag{1.21}$$

Aus diesen beiden Größen ergibt sich der **Phasenwinkel** φ (*phase angle*), gegeben durch

$$\varphi = k \cdot z - \omega \cdot t. \tag{1.22}$$

Betrachtet man mehrere propagierende Lichtwellen, so kommt dem Phasenwinkel eine besondere Bedeutung zu. Abb. 1.6 zeigt zwei Wellen mit den Phasenwin-

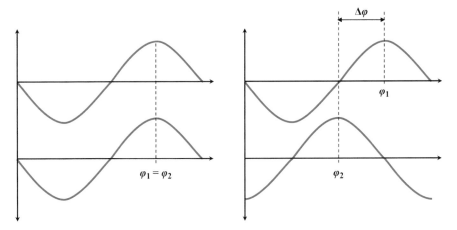

Abb. 1.6 Veranschaulichung der Phasenverschiebung: links herrscht Phasengleichheit ($\Delta\varphi = 0$), rechts sind die Lichtwellen gegeneinander phasenverschoben ($\Delta\varphi > 0$)

keln φ_1 und φ_2. Die Wellen befinden sich in Phase, wenn sie gleiche Phasenwinkel aufweisen ($\varphi_1 = \varphi_2$). Die Phasenverschiebung $\Delta\varphi$ dieser Wellen beträgt dann also 0. Die Fläche gleicher Phase breitet sich mit der Phasengeschwindigkeit v_{Ph} aus, die im Vakuum der Vakuumlichtgeschwindigkeit entspricht:

$$v_{Ph} = c_0 = f \cdot \lambda. \tag{1.23}$$

Sind die Wellen eines Wellenpakets dagegen nicht gleichphasig, so hat die **Phasenverschiebung** $\Delta\varphi$ (*phase shift*) einen von null verschiedenen Wert. Die Phasenverschiebung spielt eine wichtige Rolle bei der Interferenz, also der konstruktiven oder destruktiven Überlagerung von Lichtwellen (Abschn. 2.5.1).

1.2.3 Polarisation von Licht

Der Amplitudenvektor $\vec{E}$ und der Wellenvektor $\vec{z}$ erlauben es, die **Polarisation** (*polarisation*) einer Lichtwelle zu charakterisieren. Diese Größe beschreibt im Wesentlichen die Schwingungsrichtung des elektrischen Felds einer Welle. Natürliches Licht, wie es etwa von der Sonne ausgesandt wird, ist unpolarisiert, d. h., dass die darin enthaltenen Wellen nahezu alle möglichen Polarisationszustände einnehmen. Künstliche Lichtquellen wie Laserquellen können hingegen definierte Polarisationszustände aufweisen. Dabei ist zwischen drei grundlegenden Fällen zu unterscheiden:

Bei der **linearen Polarisation** oszilliert der Amplitudenvektor des elektrischen Felds mit festem Betrag in Form einer harmonischen Schwingung. Sein Verhalten in Ausbreitungsrichtung, also in Richtung des Wellenvektors, kann durch eine Sinusfunktion beschrieben werden. Dabei erfolgt die Schwingung immer entlang einer festen Achse, sodass die Schwingungsrichtung als Charakteristikum zur näheren Definition linear polarisierten Lichts herangezogen werden kann. Liegt die Schwingungsrichtung des Amplitudenvektors vertikal zur Einfallsebene (in dem in Abb. 1.5 definierten Koordinatensystem also in y-Richtung), so handelt es sich um senkrecht polarisiertes Licht. Dieser Polarisationszustand linear polarisierten Lichts wird mit dem Index „s" gekennzeichnet. Die Schwingungsrichtung von parallel polarisiertem Licht (Index „p") ist um 90° zu der von senkrecht polarisiertem Licht gedreht und liegt somit horizontal in der Einfallsebene (in dem in Abb. 1.5 definierten Koordinatensystem in x-Richtung). Die dazwischen anzutreffenden Zustände werden wie in Abb. 1.7 dargestellt mit dem Winkel θ beschrieben, den die Schwingungsachse des Amplitudenvektors mit der Horizontalen, also der Einfallsebene einschließt.

Der Amplitudenvektor kann während der Ausbreitung der Lichtwelle um die z-Achse, also um den Wellenvektor rotieren, ohne dabei seinen Betrag zu ändern. Im Koordinatensystem aus Abb. 1.7 bedeutet dies, dass die maximale Auslenkung der Schwingung in x- und y-Richtung betragsmäßig gleich ist. Die Winkelgeschwindigkeit ist bei einer solchen Rotation ebenfalls konstant. Diese spiralförmige Bewegung der Schwingungsebene einer Lichtwelle nennt man **zirkulare Polarisation**. Haben die Komponenten der Lichtwelle bei ihrer Rotation um den Wellenvektor in

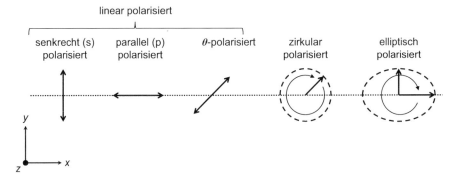

Abb. 1.7 Polarisationszustände von Licht

x- und y-Richtung unterschiedliche Maximalauslenkungen, so beschreibt der resultierende Amplitudenvektor während der Ausbreitung eine Ellipse (in Draufsicht, dreidimensional handelt es sich um eine elliptische Spirale). Dieser Polarisationszustand wird daher als **elliptisch polarisiert** bezeichnet.

1.2.4 Kohärenz

Mit der in Abschn. 1.1.3 näher erläuterten natürlichen Linienbreite hängt die **Kohärenz** (*coherence*) des Lichts zusammen. Diese beschreibt dessen Fähigkeit, aufgrund seiner Wellennatur Interferenzerscheinungen hervorzurufen und ist somit, wie in Abschn. 2.5 näher erläutert, abhängig von der Phasenverschiebung der beteiligten Lichtwellen. Die Kohärenz wird durch die **Kohärenzzeit** t_k (*coherence time*) und die **Kohärenzlänge** l_k (*coherence length*) definiert. Erstere ist gegeben durch den Kehrwert der natürlichen Linienbreite bzw. der spektralen Frequenzbandbreite Δf,

$$t_k = \frac{1}{\Delta f}. \tag{1.24}$$

Die Kohärenzlänge, die das Licht innerhalb der Kohärenzzeit in einem Medium mit dem Brechungsindex n zurücklegt, ist gegeben durch

$$l_k = \frac{c}{\Delta f \cdot n}. \tag{1.25}$$

Es ist leicht zu erkennen, dass die Kohärenzlänge mit steigender Frequenzbandbreite des Lichts abnimmt. Aus diesem Grund weisen Laserquellen mit sehr klar definierten Laserwellenlängen sehr hohe Kohärenzlängen auf, die bis zu mehrere Kilometer betragen können.

Kohärenz im Alltag

Ein anschauliches Beispiel für Kohärenz und Inkohärenz ist ein großer Stadtmarathon. Hier setzt sich das Läuferfeld nach dem Startschuss nahezu kohärent in Bewegung, d. h., die teilnehmenden Marathonläufer*innen weisen anfangs nahezu die gleiche Laufgeschwindigkeit auf und laufen entlang einer imaginären Linie nebeneinander her. Das Läuferfeld ist dann sozusagen kohärent. Mit der Zeit zieht sich das Feld jedoch auseinander, da es schnellere und langsamere Läufer*innen enthält. Sobald dies eintritt, entspricht die Front des Felds nicht mehr einer geraden Linie, das Läuferfeld ist also inkohärent.

1.2.5 Das Huygens'sche Prinzip

Aus dem Wellencharakter des Lichts resultiert eine Vielzahl von Erscheinungen, auf die in Kap. 2 näher eingegangen wird. Viele davon, wie beispielsweise die Brechung an Grenzflächen oder die Beugung an Spalten und Hindernissen, lassen sich auf Basis des nach dem niederländischen Physiker *Christiaan Huygens* benannten Huygens'schen Prinzips erklären. Dieses besagt, dass jeder Punkt einer Wellenfront Ausgangspunkt einer neuen Welle sein kann. Solche neuen Wellen werden als Elementarwellen bezeichnet, da man aus ihnen das gesamte Wellenphänomen „zusammensetzen" kann.

1.3 Das Lichtspektrum

Aus Gl. 1.4, Gl. 1.5, und Gl. 1.6 folgt, dass die Wellenlänge des emittierten Lichts von der Energiedifferenz der beteiligten Energieniveaus abhängt. Diese wiederum sind für jedes chemische Element spezifisch, sodass die im Licht enthaltenen Wellenlängen und deren jeweilige relative Intensitäten von der chemischen Zusammensetzung der Lichtquelle, die das Licht aussendet, bestimmt werden. Dieser Sachverhalt wird in der Praxis zur Materialanalyse mittels emissionsspektroskopischer Verfahren genutzt, z. B. zur Bestimmung der chemischen Zusammensetzung von Sternen oder Umweltproben. Licht, welches mehrere unterschiedliche Wellenlängen enthält, wird als **polychromatisch** („poly" = „viel", „chromos" = „Farbe") bezeichnet, wohingegen **monochromatisches** („mono" = „eine", „chromos" = „Farbe") Licht lediglich eine einzelne Wellenlänge enthält. Auch monochromatisches Licht weist immer eine natürliche Linienbreite auf und kann durch die bereits genannten Mechanismen noch weiter verbreitert werden.

Tab. 1.1 Übersicht der für die Optik relevanten Wellenlängenbereiche

	Bereich	Teilbereich	Wellenlänge
Ultraviolett (UV)	extremes Ultraviolett	EUV	10–120 nm
	Vakuum-Ultraviolett	UV-C, VUV	100–200 nm
	fernes Ultraviolett	UV-C, FUV	200–280 nm
	mittleres Ultraviolett	UV-B	280–315 nm
	nahes Ultraviolett	UV-A	315–380 nm
sichtbar (VIS)	sichtbar	VIS	380–780 nm
Infrarot (IR)	nahes Infrarot	NIR	780 nm–3 µm
	mittleres Infrarot	MIR	3 µm–50 µm
	fernes Infrarot	FIR	50 µm–1 mm

Tab. 1.2 Lichtfarben und deren Wellenlängenbereiche innerhalb des sichtbaren Spektrums

Lichtfarbe	Wellenlänge (nm)
Violett	380–430
Blau	430–490
Grün	490–570
Gelb	570–600
Orange	600–640
Rot	640–780

1.3.1 Wellenlängenbereiche und Lichtfarben

Das Spektrum der elektromagnetischen Strahlung umfasst grundsätzlich einen weiten Wellenlängen- bzw. Frequenzbereich: Von Gammastrahlung (γ) und Röntgenstrahlung (X) über ultraviolette (UV), sichtbare (VIS) sowie infrarote (IR) Strahlung bis zu Terahertzstrahlung (THz), Mikrowellen (MW) und Radiowellen (RF).

Zu den für die Optik relevanten Wellenlängenbereichen zählen die in Tab. 1.1 näher spezifizierten Teilbereiche UV, VIS und IR mit Lichtwellenlängen zwischen 10 nm und 1 mm.

Von besonderer Bedeutung ist dabei natürlich der für das menschliche Auge sichtbare Wellenlängenbereich zwischen ca. 380 und 780 nm. Dieser lässt sich wiederum in Teilbereiche unterteilen (Tab. 1.2), die auch als Spektral- oder Lichtfarben bezeichnet werden. Diese Bezeichnung bzw. die Einteilung des sichtbaren Lichts in Lichtfarben spiegelt das Farbempfinden des Auges wider.

Lichtfarben im Alltag

Die im sichtbaren Wellenlängenbereich enthaltenen Wellenlängenbereiche bzw. Lichtfarben lassen sich beispielsweise in Form eines Regenbogens oder an Seifenblasen beobachten. Die Zerlegung von polychromatischem Sonnenlicht in dessen Spektralfarben hat bei diesen beiden Phänomenen grundlegend unterschiedliche physikalische Ursachen, nämlich einmal die Dispersion und einmal die Interferenz, worauf in Abschn. 2.2 bzw. Abschn. 2.5 näher eingegangen wird.

1.3.2 Lichtquellen

Ein weiteres Merkmal einer Lichtquelle ist neben dem emittierten Spektrum und der möglichen Kohärenz die räumliche Abstrahlcharakteristik. Die Sonne stellt wegen ihrer überaus großen Entfernung in guter Näherung eine Punktlichtquelle dar, d. h., sie sendet ihr Licht kugelförmig in alle Raumrichtungen aus. Dies trifft auch näherungsweise auf Kerzenlicht oder klassische künstliche Leuchtmittel wie Glühlampen zu. Die für manche Anwendungen notwendige gerichtete Aussendung von Licht solcher Punktlichtquellen kann durch geeignete optische Komponenten wie beispielsweise Blenden, Hohlspiegel (Abschn. 4.3) oder Fresnel-Linsen (Abschn. 4.4) realisiert werden. Ein Beispiel hierfür sind klassische, auf Glühlampen basierende Taschenlampen, wo durch verspiegelte Reflektoren ein gerichteter Lichtkegel erzeugt wird. Eine derartige gerichtete Aussendung von Licht ist ein Charakteristikum einiger moderner künstlicher Lichtquellen. LED-Lichtquellen (LED = *light emitting diode*) beispielsweise senden aufgrund ihrer Bauform und ihres Funktionsprinzips Licht innerhalb eines Kegels aus. Dieser wird über den Divergenzwinkel beschrieben, der dem halben Öffnungswinkel des Lichtkegels entspricht. Laserquellen haben, wie in Abschn. 7.4.2 näher erläutert wird, äußerst geringe Divergenzwinkel, sodass Laserlicht vereinfacht als kollimiert, also parallel verlaufend, beschrieben werden kann. Die grundsätzlichen Unterschiede zwischen diesen Lichtquellen fasst Abb. 1.8 schematisch zusammen.

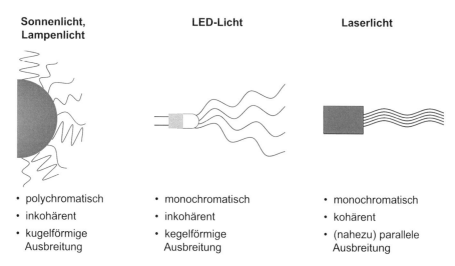

Sonnenlicht, Lampenlicht	**LED-Licht**	**Laserlicht**
• polychromatisch	• monochromatisch	• monochromatisch
• inkohärent	• inkohärent	• kohärent
• kugelförmige Ausbreitung	• kegelförmige Ausbreitung	• (nahezu) parallele Ausbreitung

Abb. 1.8 Vergleich grundlegender Eigenschaften von Licht verschiedener Lichtquellen

1.4   Licht-Materie-Wechselwirkungen

Licht kann aufgrund seiner Eigenschaft als elektromagnetische Welle auf mehrere Arten mit Materie wechselwirken. So können die in einem Medium absorbierten Photonen eine lichtinduzierte Ionisation von Atomen oder Molekülen des Mediums hervorrufen. Dieser Effekt wird als Photoionisation bezeichnet und tritt vorrangig bei einer Bestrahlung mit Licht im ultravioletten Wellenlängenbereich auf. Im sichtbaren Bereich kann das einstrahlende Licht Elektronen in höhere Energieniveaus anregen, wohingegen infrarotes Licht Schwingungen und Rotationen von Molekülen im Medium hervorruft. Diese Effekte gehen mit einer Umwandlung der Energie der absorbierten Photonen in Wärmeenergie einher.

1.4.1   Absorption von Licht

Der Absorptionsgrad hängt von den Materialeigenschaften des mit Licht bestrahlten Mediums sowie der Wellenlänge des eingestrahlten Lichts ab. Dies wird durch den materialspezifischen und wellenlängenabhängigen **Absorptionskoeffizienten** $\alpha(\lambda)$ (*absorption coefficient*) beschrieben. Dieser ist gegeben durch

$$\alpha\left(\lambda\right) = \frac{4\pi \cdot K\left(\lambda\right)}{\lambda}, \tag{1.26}$$

wobei K, wie in Abschn. 2.3.1 näher erläutert, den Imaginärteil des komplexen Brechungsindexes N darstellt. Auf Basis dieses Absorptionskoeffizienten kann die Intensitätsabschwächung bestimmt werden, welcher eine Lichtwelle beim Durchgang durch ein optisches Medium unterliegt (Abschn. 2.3.2). Der Kehrwert des Absorptionskoeffizienten,

$$d_{\text{opt}}\left(\lambda\right) = \frac{1}{\alpha\left(\lambda\right)}, \tag{1.27}$$

stellt die optische Eindringtiefe $d_{\text{opt}}(\lambda)$ dar, die somit ein Maß dafür ist, wie tief eine einfallende Lichtwelle in ein Medium mit dem Absorptionskoeffizienten $\alpha(\lambda)$ vordringen kann. Dabei weist $\alpha(\lambda)$ gemäß

$$\alpha\left(\lambda\right) \propto \frac{2 \cdot \omega_{\text{P}}}{c} \tag{1.28}$$

eine Abhängigkeit von der sogenannten Plasmafrequenz ω_{P} auf. Diese beschreibt die Kreisfrequenz der Oszillation der Ladungsdichte eines Mediums und ist gegeben durch

$$\omega_{\text{P}} = \sqrt{\frac{N_{\text{e}} \cdot e^2}{\varepsilon_0 \cdot m_{\text{e}}}}. \tag{1.29}$$

Hier sind N_e die Anzahl freier Elektronen, e die Elementarladung ($=1{,}602.176.620.8 \cdot 10^{-19}$ C), ε_0 die elektrische Feldkonstante und m_e die Elektronenmasse ($=9{,}109.383.56 \cdot 10^{-31}$ kg). Die Plasmafrequenz wirkt sich signifikant auf eine einfallende Lichtwelle mit der Kreisfrequenz $\omega_{\text{Licht}} = 2\pi \cdot f_{\text{Licht}}$ aus. Für $\omega_P \gg \omega_{\text{Licht}}$ liegt ein hoher Absorptionskoeffizient vor, wohingegen sich für den Fall $\omega_P \ll \omega_{\text{Licht}}$ ein geringer Absorptionskoeffizient ergibt.

1.4.2 Lineare und nichtlineare Wechselwirkungen

Besondere Licht-Materie-Wechselwirkungen treten in optischen Medien und vorrangig in Kristallen auf. Besser sollte man hier von Materie-Licht-Wechselwirkungen sprechen, da das Licht durch nichtstatische Materialeigenschaften beeinflusst wird. Diese Eigenschaften resultieren wiederum aus äußeren Einflüssen wie starken Magnetfeldern, elektrischen Feldern oder der Lichtintensität. Die dabei auftretenden Effekte bilden unter anderem die Basis für optische Funktionselemente in der Lasertechnik (Abschn. 6.9).

Der **akustooptische Effekt** beschreibt die durch Schallwellen induzierte Brechungsindexmodifikation in optischen Medien. Abhängig von der Frequenz einer solchen Schallwelle (meist Ultraschall) bilden sich innerhalb des Mediums periodische Dichteschwankungen aus. Das Resultat ist ein transmittierendes optisches Gitter mit einer von der Schallfrequenz abhängigen Gitterkonstante. Dieser zum elektrischen Feld der Lichtwelle lineare Effekt kann zur Verschiebung der Frequenz des durchlaufenden Lichts oder zur Ablenkung der ersten Beugungsordnung eingesetzt werden. Die Frequenz des Lichts ändert sich dabei um die Frequenz der Schallwelle. Die Ablenkung θ_{AO} beträgt

$$\theta_{\text{AO}} = \arcsin\left(\frac{\lambda}{2\lambda_S}\right). \tag{1.30}$$

Dabei ist λ_S die Wellenlänge der Schallwelle, gegeben durch die Schallgeschwindigkeit c_S und die Schallfrequenz f_S gemäß

$$\lambda_S = \frac{c_S}{f_S}. \tag{1.31}$$

Technische Umsetzung findet der akustooptische Effekt beispielsweise in der Lasertechnik in Form von akustooptischen Modulatoren (AOM).

Der **magnetooptische Effekt** bezeichnet die Drehung der Schwingungsebene von linear polarisiertem Licht in einem optischen Medium aufgrund eines äußeren Magnetfelds. Dieser Effekt wird nach seinem Entdecker, dem englischen Naturwissenschaftler *Michael Faraday*, auch als Faraday-Effekt bezeichnet. Eine Drehung der Polarisationsrichtung findet dabei nur statt, wenn das Licht in Richtung der Magnetfeldlinien, also entlang des magnetischen Flusses propagiert. Der Drehwinkel $\theta_P(\lambda)$ hängt dabei linear von der magnetischen Flussdichte B ab und beträgt

$$\theta_P\left(\lambda\right) = l_M \cdot B \cdot V\left(\lambda\right), \tag{1.32}$$

mit der geometrischen Länge l_M des Mediums (meist ein Kristall, siehe Abschn. 3.2.1) und der nach dem französischen Physiker *Marcel Verdet* benannten wellenlängenabhängigen Verdet-Konstante $V(\lambda)$ des optischen Mediums. Der magnetooptische Effekt wird technisch in sogenannten Faraday-Rotatoren zur gezielten Polarisationsdrehung genutzt.

Neben einem Magnetfeld kann auch ein äußeres elektrisches Feld Licht in einem optischen Medium beeinflussen. So modifiziert ein elektrisches Feld in manchen Kristallen dessen Brechungsindex und kann das Phänomen der Doppelbrechung hervorrufen oder verstärken (Abschn. 2.1.5). Dabei ist zwischen zwei Fällen zu unterscheiden: Beim nach dem deutschen Physiker *Friedrich Pockels* auch als Pockels-Effekt bezeichneten **elektrooptischen Effekt** verschiebt sich der Brechungsindex linear, d. h. proportional zum elektrischen Feld. Der nach dem schottischen Physiker *John Kerr* benannte elektrooptische Kerr-Effekt beschreibt hingegen die quadratische Abhängigkeit der Doppelbrechung vom elektrischen Feld und stellt somit einen nichtlinearen optischen Effekt dar (Abschn. 2.1.4). Technische Anwendung findet der elektrooptische Effekt bei der aktiven Güteschaltung zur Erzeugung kurzer Laserpulse mittels sogenannter Pockels-Zellen.

Ein weiterer nichtlinearer optischer Effekt ist die manchmal auch als optischer Kerr-Effekt bezeichnete sogenannte **Selbstfokussierung**. Sie kommt zustande, da der Brechungsindex eines optischen Mediums von der Intensität der optischen Strahlung abhängt. Dies wird durch einen intensitätsabhängigen Brechungsindex beschrieben, der also nichtlinear vom elektrischen Feld abhängt. Er bewirkt, dass parallel verlaufende, also kollimierte Lichtstrahlen hoher Intensität beim Durchlaufen eines optischen Mediums durch die Ausbildung einer sogenannten Kerr-Linse fokussiert (oder defokussiert) werden. Dieses Phänomen wird zur passiven Modenkopplung von Laserquellen eingesetzt.

Optische Strahlung hoher Intensität kann neben einer Selbstfokussierung auch einen weiteren technisch relevanten Effekt auslösen: die **Frequenzverdopplung** bzw. **-vervielfachung**. Diese stellt einen nichtlinearen Effekt zweiter Ordnung dar und kommt durch Wechselwirkungen des elektrischen Felds der Lichtwelle mit dem durchstrahlten optischen Medium zustande. Dabei folgt aus der lichtinduzierten Verschiebung der elektrischen Ladung die Ausbildung eines oszillierenden Potenzials auf atomarer Ebene. Dieses Potenzial sendet wiederum Licht aus, welches bei einer nichtlinearen Beschleunigung des Potenzials aus Harmonischen (Oberschwingungen) der Frequenz der eingestrahlten Lichtwelle besteht. Die Frequenz der zweiten Harmonischen ist dann gemäß Gl. 1.6 doppelt so groß wie die des eingestrahlten Lichts, die der dritten Harmonischen dreimal größer usw. Dieser Effekt wird in zahlreichen Laserquellen zur Erzeugung sichtbarer oder ultravioletter Laserstrahlung auf Basis einer fundamentalen Laserwellenlänge im nahen infraroten Wellenlängenbereich angewandt.

1.5   Eigenschaften des Lichts mathematisch

1.5.1   Die wichtigsten Gleichungen auf einen Blick

Boltzmann-Verteilung:

$$N_x = N_0 \cdot e^{-\frac{E_x}{k_B \cdot T}}$$

Photonenenergie:

$$E_{\text{Photon}} = E_1 - E_0 = h \cdot f$$

Frequenz einer Lichtwelle:

$$f = \frac{c}{\lambda}$$

Energieunschärfe:

$$\Delta E = \frac{h}{2\pi \cdot \tau}$$

spektrale Frequenzbandbreite:

$$\Delta f = \frac{1}{\tau} \cdot \frac{1}{2\pi} = \frac{\Delta E}{h}$$

Vakuumlichtgeschwindigkeit und elektrische bzw. magnetische Feldkonstante:

$$c_0 = \sqrt{\frac{1}{\varepsilon_0 \cdot \mu_0}}$$

Periodendauer einer Lichtwelle:

$$T = \frac{1}{f} = \frac{\lambda}{c}$$

Wellenzahl einer Lichtwelle:

$$k = \frac{2\pi}{\lambda}$$

Kreisfrequenz einer Lichtwelle:

$$\omega = 2\pi \cdot f$$

Phasengeschwindigkeit einer Lichtwelle:

$$\varphi = k \cdot z - \omega \cdot t$$

Phasenwinkel einer Lichtwelle:

$$v_{\text{Ph}} = c = f \cdot \lambda$$

Kohärenzlänge:

$$t_{\text{k}} = \frac{1}{\Delta f}$$

Kohärenzzeit:

$$l_{\text{k}} = \frac{c}{\Delta f \cdot n}$$

Absorptionskoeffizient:

$$\alpha(\lambda) = \frac{4\pi \cdot n(\lambda) \cdot K(\lambda)}{\lambda}$$

optische Eindringtiefe:

$$d_{\text{opt}}(\lambda) = \frac{1}{\alpha(\lambda)}$$

Plasmafrequenz:

$$\omega_{\text{P}} = \sqrt{\frac{N_{\text{e}} \cdot e^2}{\varepsilon_0 \cdot m_{\text{e}}}}$$

schallinduzierte Lichtablenkung (akustooptischer Effekt):

$$\theta_{\text{AO}} = \arcsin\left(\frac{\lambda}{2\lambda_{\text{S}}}\right)$$

Polarisationsdrehwinkel (magnetooptischer Effekt, Faraday-Effekt):

$$\theta_{\text{P}}(\lambda) = l_{\text{M}} \cdot B \cdot V(\lambda)$$

1.6   Übungsaufgaben zu Eigenschaften des Lichts

Verständnisfragen
Leser*innen des gedruckten Buches erhalten einen kostenlosen Zugang zu allen Verständnisfragen über die Springer Nature Flashcards-App.

Rechenaufgaben
1.29
   Ein Elektron werde in einem Wasserstoffatom vom Energieniveau E_1 ($E = -3{,}4$ eV) auf das Energieniveau E_0 ($E = -13{,}6$ eV) abgeregt. Bestimmen Sie

die Energie des dabei emittierten Photons, E_{Photon}, sowie die Wellenlänge λ der emittierten Strahlung, wenn diese sich im Vakuum ausbreitet.

1.30

Welche Energie (Angabe in eV) hat ein Photon bei einer Laserwellenlänge von 193 nm, 532 nm, 1064 nm bzw. 10.600 nm? Nehmen Sie zur Berechnung eine Lichtgeschwindigkeit von $3 \cdot 10^8$ m/s an.

1.31

Welche Wellenlänge hat eine Lichtwelle in Vakuum, deren Frequenz 600 THz beträgt?

1.32

In einem Atom befinde sich ein Elektron für eine Verweildauer von 2 ns im angeregten Zustand, bevor es in seinen Grundzustand zurückfällt. Bestimmen Sie die Energieunschärfe sowie die (natürliche) spektrale Frequenzbandbreite des dabei emittierten Lichts.

1.33

Gegeben sei Licht mit einer Photonenenergie von 2,33 eV, welches im Vakuum propagiere.

(a) Welche Wellenlänge hat dieses Licht?
(b) Ermitteln Sie die Periodendauer dieser Lichtwelle.
(c) Geben Sie die Kreisfrequenz der Lichtwelle an.

1.34

Ein Elektron werde von seinem Grundniveau auf ein höheres Energieniveau angehoben und verweile dort für eine Dauer von 8 ns, bevor es seinen Grundzustand wieder einnimmt. Bestimmen Sie die Kohärenzzeit und die Kohärenzlänge der bei diesem Prozess der spontanen Emission ausgesandten Lichtwelle im Vakuum.

1.35

Wie tief dringt eine Lichtwelle mit einer Wellenlänge von 405 nm in ein optisches Medium ein, das für diese Wellenlänge einen Brechungsindex von $n = 1,5302$ und einen Extinktionskoeffizienten von $K = 9,1261 \cdot 10^{-9}$ aufweist?

1.36

Durch ein geeignetes optisches Medium werde eine Ultraschallwelle mit einer Schallgeschwindigkeit von $c_S = 4500$ m/s und einer Schallfrequenz von $f_S = 150$ MHz gesandt. Gleichzeitig durchläuft eine Lichtwelle mit einer Wellenlänge von $\lambda = 1064$ nm dieses Medium. Um welchen Winkel wird die durch den akustooptischen Effekt entstehende erste Beugungsordnung der Lichtwelle abgelenkt?

1.37

Auf Basis eines Terbium-Gallium-Granat-Kristalls mit einer Länge von $l_M = 5$ cm und einer Verdet-Konstante von $V = 134$ rad/T · m soll ein optischer Rotator realisiert werden. Dabei soll sich die Polarisationsrichtung von einfallendem linear polarisiertem Licht um einen Winkel von $\theta_P = 45°$ drehen. Berechnen Sie die dazu benötigte magnetische Flussdichte B.

Grundbegriffe der Optik

2

Alltäglich zu beobachtenden optischen Phänomenen liegen unterschiedlichste Mechanismen zugrunde, die in nahezu allen Fällen in Kombination auftreten. So sind an der Entstehung eines Regenbogens beispielsweise die Brechung, Dispersion und Reflexion von Licht beteiligt. Diese Effekte bilden zudem die Grundlage zahlreicher Abbildungssysteme, Konsumgüter und Messgeräte. Die Beschreibung einer optischen Abbildung, die Bewertung der Abbildungsleistung eines optischen Systems und die Analyse optischer Messsignale erfordern die Kenntnis der zugrunde liegenden Einflussgrößen und das Verständnis der beteiligten Wirkmechanismen.

In diesem Kapitel werden daher die wesentlichen Phänomene und Kenngrößen der Optik erläutert. Dazu zählen die Grundlagen der geometrischen Optik (Strahlenoptik) sowie der Wellenoptik. Dabei werden wir die folgenden Erkenntnisse gewinnen:

- Der Brechungsindex eines optischen Mediums ist der Quotient aus der Lichtgeschwindigkeit innerhalb des Mediums und der Lichtgeschwindigkeit im Vakuum.
- Die optische Weglänge ist das Produkt aus Brechungsindex und geometrischer Weglänge.
- Das Snellius'sche Brechungsgesetz verknüpft den Einfallswinkel an einer optischen Grenzfläche und die beteiligten Brechungsindizes mit dem Brechungswinkel.
- Der Brechungsindex ist abhängig von der Intensität des eingestrahlten Lichts.
- Bei hohen Lichtintensitäten wird die Abhängigkeit des Brechungsindexes vom elektrischen Feld einer Lichtwelle nichtlinear.
- Doppelbrechung tritt in anisotropen optischen Medien auf, wenn der Brechungsindex von der Ausbreitungsrichtung abhängt.
- Die Dispersion beschreibt die Abhängigkeit des Brechungsindexes von der Wellenlänge.
- Die Dispersionseigenschaften optischer Medien werden durch die Sellmeier-Gleichung und die Abbe-Zahl charakterisiert.
- Optische Medien weisen in der Regel eine hohe Absorption im UV und IR auf.

© Springer-Verlag GmbH Deutschland, ein Teil von Springer Nature 2020
C. Gerhard, *Tutorium Optik*, https://doi.org/10.1007/978-3-662-61618-5_2

- Der komplexe Brechungsindex verknüpft den reellen Brechungsindex mit den Absorptionseigenschaften.
- Beim Durchgang durch ein optisches Medium nimmt die Intensität eines Lichtstrahls exponentiell ab.
- Entspricht die Lichtwellenlänge einer Resonanzwellenlänge eines optischen Mediums, tritt ein Absorptionsmaximum auf und es kommt zur anomalen („umgekehrten") Dispersion.
- Bei der Reflexion entspricht der Einfallswinkel betragsmäßig dem Ausfallswinkel.
- Der Reflexionsgrad ist abhängig von der Polarisation, den Brechungsindizes der beteiligten optischen Medien sowie dem Einfallswinkel.
- Der Brewster-Winkel bezeichnet den Einfallswinkel, unter welchem parallel polarisiertes Licht nicht reflektiert wird.
- Der Grenzwinkel der Totalreflexion tritt beim Übergang von Licht aus einem optisch dichteren in ein optisch dünneres Medium auf.
- Bei der kohärenten Überlagerung von Lichtwellen tritt konstruktive und/oder destruktive Interferenz auf, ausschlaggebend ist hierbei der Gangunterschied.
- Das Auftreten von Interferenzeffekten hängt von der Kohärenzlänge ab.
- Beugung beschreibt die Lichtausbreitung in den geometrischen Schatten von im Lichtweg stehenden Hindernissen aufgrund des Wellencharakters von Licht.
- Beugung und Interferenz führen zur Ausbildung von sogenannten Beugungsfiguren, d. h. Intensitätsmaxima und -minima.
- Streuung beschreibt die Ablenkung von Licht an mikroskopisch kleinen Objekten.

2.1 Brechungsindex und Brechung

2.1.1 Der Brechungsindex

Der **Brechungsindex** n (*index of refraction, refraction index*) ist aus technischer Sicht eine der wichtigsten Kenngrößen eines optischen Mediums. Physikalisch ist er wie folgt definiert: Tritt Licht aus dem Vakuum kommend in ein anderes optisches Medium ein, so ändert es aufgrund des optischen Dichteunterschieds seine Geschwindigkeit. Der Quotient aus der Lichtgeschwindigkeit im Vakuum c_0 (=299.792.458 m/s) und der Lichtgeschwindigkeit im Medium c_{Medium} ist der Brechungsindex des Mediums n_{Medium}:

$$n_{\text{Medium}} = \frac{c_0}{c_{\text{Medium}}}. \tag{2.1}$$

Diese Kenngröße ist ein Maß dafür, wie stark eine Lichtwelle in einem optischen Medium verlangsamt wird. Ein Beispiel: In einer normalen Fensterscheibe wird das einfallende Sonnenlicht um etwa 100.000.000 m/s abgebremst. Der Brechungsindex wird auch als **optische Dichte** (*optical density*) eines Mediums bezeichnet.

Allerdings wird dieser Begriff in der Optik auch noch in anderer Bedeutung benutzt (Abschn. 4.5.3), weswegen „Brechungsindex" die bessere Bezeichnung ist. Das optisch dünnste natürlich vorkommende Medium – und somit das grundlegende Referenzmedium – ist Vakuum mit einem Brechungsindex von 1. In der Praxis sind nahezu alle relevanten Medien optisch dichter, weisen also einen höheren Brechungsindex als das Vakuum auf. In Tab. 2.1 sind dazu einige Beispiele angegeben.

2.1.2 Die optische Weglänge

Zum Durchgang durch ein optisch dichteres Medium braucht Licht länger als zum Durchgang derselben Strecke in optisch dünneren Medien oder im Vakuum, woraus für eine konstante Zeit eine Wegdifferenz resultiert. Diese Wegdifferenz wird als **Gangunterschied** Δs (*optical retardation, optical path difference*) bezeichnet. Er kommt zustande, da das Licht jeweils eine andere **optische Weglänge** *OWL* (*optical path*) zu durchlaufen hat. Die *OWL* ist gemäß

$$\text{OWL} = n \cdot d \tag{2.2}$$

das Produkt des Brechungsindexes n mit der Strecke, also dem geometrischen Weg d.

Optische Weglänge im Alltag
Unter Normalbedingungen beträgt der Brechungsindex von Luft ca. 1,0003, er ist jedoch abhängig von der Lufttemperatur, der Luftfeuchte und dem Luftdruck. Diese Abhängigkeit wurde erstmals im Jahr 1966 vom schwedischen Astrophysiker *Bengt Edlén* in der nach ihm benannten Formel festgehalten. Im Alltag ist dies am Beispiel einer Kerzenflamme zu beobachten. Durch das Aufsteigen inhomogen erwärmter Luftschlieren oberhalb der Flamme kommt es zu einer dynamischen und chaotischen Verteilung von Luftschichten unterschiedlicher Brechungsindizes und somit unterschiedlicher optischer Weglängen – die Luft „wabert". Dasselbe Prinzip liegt dem Flimmern über asphaltierten Straßen an heißen Sommertagen zugrunde.

Tab. 2.1 Brechungsindizes einiger optischer Medien

Medium	Brechungsindex
Vakuum	1
Luft	1,0003
Wasser	1,33
Quarzglas	1,46
Fensterglas	1,52
Diamant	2,42

2.1.3 Brechung und Snellius'sches Brechungsgesetz

Die Brechung an optischen Grenzflächen lässt sich am einfachsten mit dem geometrischen Abbildungsmodell (der „Strahlenoptik") erklären. Dieses beschreibt die Lichtausbreitung mit geradlinigen Lichtstrahlen, die senkrecht auf den Lichtwellenfronten stehen. An einer Grenzfläche zwischen zwei optischen Medien kommt es aufgrund der Änderung der Lichtgeschwindigkeit gemäß dem Huygens'schen Prinzip (Abschn. 1.2.5) zur Ausbildung einer neuen Wellenfront mit anderen Ausbreitungscharakteristika als bei der einfallenden Wellenfront. Die neue Wellenfront ist die Tangente an phasengleichen Elementarkugelwellen, die alle denselben Abstand (optischen Weg) zu ihrer jeweiligen „Elementarquelle" aufweisen. Dadurch ändert sich, wie in Abb. 2.1 am vereinfachten Beispiel einer ebenen Wellenfront dargestellt, die Richtung der Lichtstrahlen an der Grenzfläche.

Die Richtungsänderung eines an einer optischen Grenzfläche gebrochen Lichtstrahls wird gemeinhin als Winkeländerung – bezogen auf das senkrecht auf der Grenzfläche stehende Einfallslot – angegeben. Zur Bestimmung dieser Winkeländerung formulierte der niederländische Naturwissenschaftler *Willebrord van Roijen Snell* im 17. Jahrhundert auf Basis älterer Erkenntnisse und Vorarbeiten von *Ptolemäus* (2. Jahrhundert n. Chr.) und *Abu Sad al-Ala ibn Sahl* (10. Jahrhundert n. Chr.) das nach ihm benannte **Snellius'sche Brechungsgesetz** (*Snell's law*). Dieses grund-

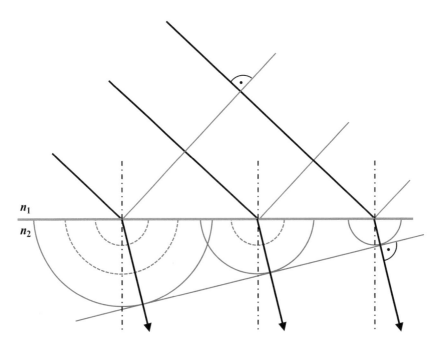

Abb. 2.1 Vereinfachtes Modell zur Brechung an einer optischen Grenzfläche durch die Entstehung einer neuen Wellenfront als Tangente auf Elementarkugelwellen. Die als schwarze Pfeile dargestellten Lichtstrahlen stehen senkrecht auf den Wellenfronten

legende Gesetz der technischen Optik verknüpft den Einfallswinkel ε eines Lichtstrahls auf einer Grenzfläche, die Brechungsindizes der beteiligten optischen Medien, n_1 und n_2, sowie den resultierenden Brechungswinkel ε' (Abb. 2.2) gemäß

$$n_1 \cdot \sin \varepsilon = n_2 \cdot \sin \varepsilon'. \tag{2.3}$$

Der Brechungswinkel beträgt also

$$\varepsilon' = \arcsin\left(\frac{n_1 \cdot \sin \varepsilon}{n_2}\right). \tag{2.4}$$

Die Ablenkung δ des Lichtstrahls von seiner ursprünglichen Ausbreitungsrichtung
ist vereinfacht (d. h. in Luft als Umgebungsmedium) gegeben durch

$$\delta = \varepsilon - \varepsilon'. \tag{2.5}$$

Generell gilt, dass ein Lichtstrahl beim Übergang von einem optisch dünneren Medium mit dem Brechungsindex n_1 in ein optisch dichteres Medium mit dem Bre-
chungsindex n_2 ($n_1 < n_2$) zum Einfallslot hin gebrochen wird ($\varepsilon' < \varepsilon$). Im umgekehrten Fall ist $\varepsilon' > \varepsilon$, die Brechung erfolgt dann vom Lot weg. Das Phänomen der
Brechung, die auch als Refraktion (*refraction*) bezeichnet wird, steckt hinter einem
Großteil der gebräuchlichen optischen Komponenten und Systeme. In diesem Zusammenhang wird zur Beschreibung des Brechzahlunterschieds an einer optischen
Grenzfläche auch die relative Brechzahl n_{rel} verwendet. Sie ist das Verhältnis der
absoluten Brechungsindizes der beteiligten Medien, n_1 und n_2,

$$n_{rel} = \frac{n_2}{n_1}, \tag{2.6}$$

mit $n_2 > n_1$.

Brechung im Alltag

Ein eindrückliches Beispiel für die Brechung ist der Strohhalm im Wasser-
glas, der so aussieht, als sei er an der Wasseroberfläche geknickt bzw. gebrochen. Eine Beobachtung, die bei der Namensgebung des physikalischen Sach-
verhalts durchaus Pate stand!

2.1.4   Nichtlinearer Brechungsindex und Suszeptibilität

Der Brechungsindex wird zur Vereinfachung zwar als feststehende Materialkonstante angesehen, ist jedoch unter anderem von der Intensität der einfallenden
optischen Strahlung abhängig, was in der Praxis im Falle von hochenergetischer
Laserstrahlung zum Tragen kommt. Dabei ist die Intensität proportional zum Qua-
drat der elektrischen Feldamplitude. Wenn also der Brechungsindex von der Lichtintensität abhängt, hängt er (mindestens) quadratisch, also nichtlinear von der Feldstärke ab und man spricht vom **nichtlinearen Brechungsindex** n_{nl} (*nonlinear index
of refraction*). Er ist gegeben durch

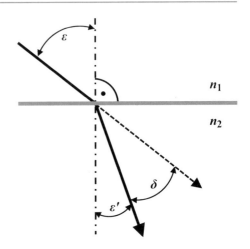

$$n_{\mathrm{nl}} = \frac{3\pi \cdot \chi^{(3)}}{n^2 \cdot c} \qquad (2.7)$$

Dabei ist $\chi^{(3)}$ die sogenannte nichtlineare elektrische Suszeptibilität 3. Ordnung, welche mathematisch einen Tensor vierter Stufe darstellt. Generell gibt die **elektrische Suszeptibilität** χ (*susceptibility*) die Abhängigkeit der dielektrischen Polarisation P_{de} und somit der optischen Eigenschaften eines Mediums von einem elektrischen Feld an. Die dielektrische Polarisation ist eine Materialeigenschaft und kennzeichnet die Stärke des elektrischen Dipolmoments im Medium. Sie beträgt in einem linearen Medium

$$P_{\mathrm{de}} = \varepsilon_0 \cdot \chi^{(1)} \cdot E. \qquad (2.8)$$

Dabei ist ε_0 die elektrische Feldkonstante, $\chi^{(1)}$ die lineare elektrische Suszeptibilität und E die elektrische Feldstärke, also etwa die einer elektromagnetischen Lichtwelle, die das Medium durchläuft. Bei hohen Feldstärken, beispielsweise bei einem hochenergetischen Laserpuls mit hoher Frequenz, kann die dielektrische Polarisation der Elektronenhülle, hervorgerufen durch die Ablenkung von Valenzelektronen, dem elektrischen Feld nicht mehr folgen. Man muss dann weitere Suszeptibilitäten höherer Ordnung berücksichtigen, die nichtlinearen Suszeptibilitäten $\chi^{(2)}$, $\chi^{(3)}$ usw. Somit ergeben sich innerhalb eines optischen Mediums in Abhängigkeit von den elektrischen Suszeptibilitäten nichtlineare Effekte höherer Ordnungen.

Der intensitätsabhängige Brechungsindex $n(I)$ kann vereinfacht auch in Abhängigkeit vom Kerr-Koeffizienten n_{Kerr} als

$$n(I) = n_0 + n_{\mathrm{Kerr}} \cdot I \qquad (2.9)$$

ausgedrückt werden. Eine Folge dieses Verhaltens des Brechungsindexes innerhalb eines nichtlinearen optischen Mediums ist die Selbstfokussierung oder Selbstdefokussierung von Licht mit hoher Intensität (Abschn. 1.4.2). Eine Selbstfokussierung tritt auf, wenn $n_{Kerr} > 0$ gilt. Für $n_{Kerr} < 0$ kommt es hingegen zur Selbstdefokussierung.

2.1.5 Doppelbrechung

Ein weiterer interessanter Effekt tritt auf, wenn Licht optisch anisotrope Medien wie beispielsweise den Kristall Kalkspat (auch Doppelspat oder Calcit, $Ca[CO_3]$) durchläuft. Solche Medien weisen je nach Ausbreitungsrichtung und Polarisation des Lichts verschiedene Brechungsindizes auf, man spricht hier von einem ordentlichen Brechungsindex n_o und einem außerordentlichen Brechungsindex n_{ao}. Diese sind gegeben durch

$$n_o = \frac{c_0}{c_s} \tag{2.10}$$

bzw.

$$n_{ao} = \frac{c_0}{c_p}. \tag{2.11}$$

Dabei sind c_s und c_p die Lichtgeschwindigkeiten im anisotropen Medium für senkrecht (Index s) bzw. parallel (Index p) polarisiertes Licht. Als Folge dieser Materialeigenschaft wird ein einfallendes unpolarisiertes Lichtbündel in zwei zueinander senkrecht polarisierte Lichtbündel zerlegt. Dieser Effekt wird als **Doppelbrechung** (*birefrigence*) bezeichnet. Sie wird durch die Größe

$$\Delta n_{DB} = n_{ao} - n_o \tag{2.12}$$

charakterisiert, die man der Einfachheit halber auch „Doppelbrechung" nennt. In optisch anisotropen Medien ist entweder der außerordentliche Brechungsindex größer als der ordentliche ($n_{ao} > n_o$) oder umgekehrt ($n_{ao} < n_o$). Als Folge davon kann die Doppelbrechung positive oder negative Werte annehmen. Ist $\Delta n_{DB} > 0$, so liegt per Definitionem positive Doppelbrechung vor. Dies ist beispielsweise bei Quarzkristall der Fall. Negative Doppelbrechung ($\Delta n_{DB} < 0$) findet sich im Kalkspat. Man macht sich die Doppelbrechung z. B. in Polarisationsprismen aus optischen Kristallen (Abschn. 4.7.1) technisch zunutze. Dabei wird die optische Achse innerhalb des Kristalls, für welche der jeweils niedrigere Brechungsindex gilt, als schnelle Achse bezeichnet. Die langsame Achse hingegen gibt die Ausbreitungsrichtung an, in welcher der größere Brechungsindex (und damit die kleinere Lichtgeschwindigkeit im Medium) vorliegt. Die Brechungsindizes entlang dieser Achsen werden dementsprechend auch als $n_{schnell}$ bzw. $n_{langsam}$ angegeben, wobei diese Brechungsindizes je nach Kristalleigenschaft entweder durch den ordentlichen oder den außerordentlichen Brechungsindex gegeben sein können (Tab. 2.2).

Tab. 2.2 Definition des Brechungsindexes der schnellen bzw. langsamen Achse eines doppelbrechenden Mediums

$n_o > n_{ao}$	$\rightarrow$	$n_{ao} = n_{\text{schnell}}$
		$n_o = n_{\text{langsam}}$
$n_o < n_{ao}$	$\rightarrow$	$n_o = n_{\text{schnell}}$
		$n_{ao} = n_{\text{langsam}}$

2.2   Dispersion

2.2.1   Zur Entstehung der Dispersion

Der Brechungsindex stellt wie oben erläutert keine eigentliche Konstante dar, sondern hängt von verschiedenen physikalischen Größen ab. Dazu zählt vorrangig die Wellenlänge des einfallenden Lichts, sodass der Brechungsindex n praxisnäher als $n(\lambda)$, also als wellenlängenabhängiger Brechungsindex geschrieben werden sollte. Diese Wellenlängenabhängigkeit wird als **Dispersion** (*dispersion*) bezeichnet. Abb. 2.3 veranschaulicht die Entstehung dieses optischen Phänomens auf Grundlage des Huyges'schen Prinzips (siehe auch Abb. 2.1).

An der Grenzfläche zwischen zwei optischen Medien kommt es demnach zur Ausbildung neuer kugelförmiger Elementarwellen, wobei deren Abstand der Wellenlänge des einfallenden Lichts entspricht. Ausgehend von einer ebenen einfallenden Wellenfront wird die neue Wellenfront innerhalb des zweiten beteiligten optischen Mediums durch die Tangente an die Kugelwellen gleicher Phase gebildet (Abschn. 1.2.2). Die Neigung dieser Wellenfront zur Grenzfläche ist umso geringer, je kürzer die Wellenlänge des einfallenden Lichts ist. Da ein Lichtstrahl wie bereits erwähnt senkrecht auf den Wellenfronten steht, ergibt sich somit für kürzere Wellenlängen ein kleinerer Brechungswinkel, alsо eine stärkere Brechung. Diesen Zusammenhang nennt man **normale Dispersion**, hier gilt $dn/d\lambda < 0$. Die **anomale Dispersion** bedeutet das Gegenteil: je kürzer die Wellenlänge, desto geringer der Brechungsindex ($dn/d\lambda > 0$). In jedem Fall kommt es an optischen Grenzflächen aufgrund der Dispersion zu einer Zerlegung von polychromatischem Licht in dessen Spektralfarben.

> **Dispersion im Alltag**
> Sonnenlicht und Regen liefern uns unter günstigen Bedingungen ein buchstäblich sagenhaftes Anschauungsobjekt zur Dispersion: den Regenbogen. Regentropfen stellen aus Sicht der technischen Optik kleine Kugellinsen dar. An den Grenzflächen Luft-Wasser bzw. Wasser-Luft erfolgt aufgrund der Wellenlängenabhängigkeit des Brechungsindexes die farbliche Aufspaltung des Sonnenlichts. Doch das ist nur die halbe Wahrheit, zur Entstehung eines Regenbogens trägt auch noch ein weiteres optisches Phänomen, die Totalreflexion bei, siehe Exkurs „Totalreflexion im Alltag" in Abschn. 2.4.

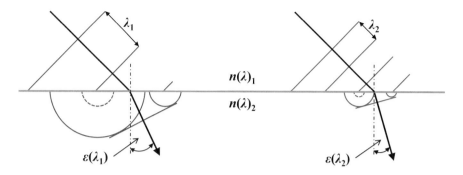

Abb. 2.3 Entstehung der Dispersion durch Konstruktion der Wellenfronten auf Elementarwellen unterschiedlicher Wellenlänge nach dem Huygens'schen Prinzip

2.2.2 Die Sellmeier-Gleichung

Die Dispersion optischer Medien wird im Allgemeinen durch die von *Wolfgang von Sellmeier* aufgestellte **Sellmeier-Gleichung** beschrieben:

$$n(\lambda) = \sqrt{1 + \frac{B_1 \cdot \lambda^2}{\lambda^2 - C_1} + \frac{B_2 \cdot \lambda^2}{\lambda^2 - C_2} + \frac{B_3 \cdot \lambda^2}{\lambda^2 - C_3}}. \qquad (2.13)$$

Die Sellmeier-Koeffizienten B_{1-3} und C_{1-3} sind materialspezifische Kenngrößen. Abb. 2.4 zeigt diese durch *von Sellmeier* aufgestellte Gesetzmäßigkeit qualitativ am Beispiel eines optischen Glases im UV-, VIS- und NIR-Bereich. Außerhalb dieser Wellenlängenbereiche kommt es zu anomaler Dispersion, somit haben die Brechungsindizes nahezu aller Medien Maxima und Minima im fernen Ultravioletten oder Infraroten.

Eine wichtige Kenngröße zur Charakterisierung des Dispersionsverhaltens ist die **Abbe-Zahl** (*Abbe number*), benannt nach dem deutschen Physiker *Ernst Abbe* (Abschn. 3.1.4).

2.3 Absorption und Transmission

Für optische Medien gibt es neben dem bereits eingeführten Brechungsindex eine weitere wichtige Materialkonstante. Beim Durchgang durch ein optisches Medium erfährt ein Lichtstrahl neben einer Verlangsamung auch eine Abschwächung, d. h., er verliert einen Teil seiner Intensität, der letztlich als Wärme an das durchlaufene optische Medium abgegeben wird. Diese in Abschn. 1.4.1 bereits eingeführte Lichtabschwächung aufgrund von **Absorption** (*absorption*) ist wie der Brechungsindex wellenlängenabhängig. Sie kann unterschiedliche physikalische Ursachen haben: Im infraroten Wellenlängenbereich regen Lichtwellen Vibrationen (Schwingungen) und Rotationen von Molekülen an. Im ultravioletten Bereich hingegen er-

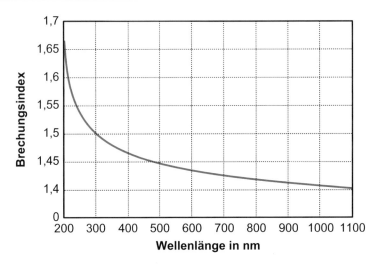

Abb. 2.4 Qualitative Darstellung des wellenlängenabhängigen Brechungsindexverlaufs eines Glases

folgt die Absorption des Lichts durch gebundene Elektronen, man spricht hierbei auch von der fundamentalen Absorptionskante, die am Beispiel von Quarzglas in Abb. 2.5 deutlich zu erkennen ist.

Absorption im Alltag
Die wellenlängenselektive Absorption ist eine der beiden Hauptursachen für die blaue Färbung von Seen, tiefen Flüssen und Meeren. Das Medium Wasser hat im Normalfall (sprich: unter Vernachlässigung von färbenden Schwebeteilchen wie beispielsweise Plankton) bei langwelligem, rotem Licht einen höheren Absorptionsgrad als bei kurzwelligem, blauem Licht. Letzteres kann also tiefer in ein Gewässer eindringen. Somit wirkt eine Wasserschicht wie ein optischer Filter, der in ca. 60 m Wassertiefe alle Spektralfarben außer Blau aus dem einfallenden Sonnenlicht herausgefiltert hat. Zurück an die Wasseroberfläche gelangt dieses gefilterte Licht dann durch Streuung (Abschn. 2.7).

2.3.1 Der komplexe Brechungsindex

Die wellenlängenabhängige Abschwächung von Licht wird durch eine Erweiterung des Brechungsindexes berücksichtigt. Hierzu wird dieser als komplexe Zahl, also als **komplexer Brechungsindex** N dargestellt:

$$N = n + \mathrm{i}K. \tag{2.14}$$

Der Realteil n ist der bereits aus Abschn. 2.1.1 bekannte (reelle) Brechungsindex, den man in diesem Zusammenhang meist als Brechzahl bezeichnet. Der neu dazu-

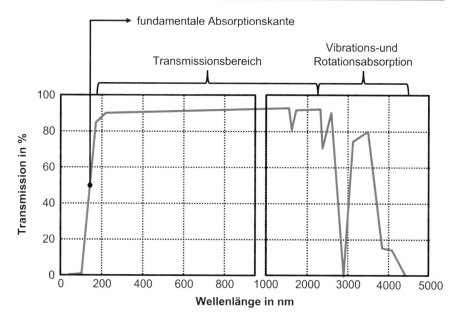

Abb. 2.5 Transmissionsverhalten eines Quarzglases in Abhängigkeit von der Wellenlänge: Man sieht die fundamentale Absorptionskante im ultravioletten Spektralbereich, den Transmissionsbereich im Sichtbaren und die Vibrations- und Rotationsabsorption im infraroten Spektralbereich. Beachten Sie die unterschiedliche Skalierung der x-Achse im linken und rechten Bereich des Diagramms

gekommene Imaginärteil K ist der **Extinktionskoeffizient** (*extinction coefficient*). Diese Größe ist wie der Realteil wellenlängenabhängig und beschreibt die oben erwähnte Abschwächung eines Lichtstrahls mit einer Ausgangsintensität I_0. In der Praxis lässt sich die durch ein optisches Medium transmittierte Intensität I_t über das **Bouguer-Lambert'sche Gesetz** (benannt nach dem französischen Physiker *Pierre Bouguer* und dem schweizerischen Mathematiker *Johann Heinrich Lambert*), das besser auch als **Lambert-Beer'sches Gesetz** (*Beer-Lambert-law*) bekannt ist, gemäß

$$I_t = I_0 \cdot e^{-\alpha \cdot d} \tag{2.15}$$

berechnen. Der Parameter d ist hierbei die Dicke des optischen Mediums, also der geometrische Weg des Lichtstrahls. Die Größe α ist der in Abschn. 1.4.1 näher erläuterte Absorptionskoeffizient, der über

$$\alpha = \frac{2 \cdot K \cdot \omega}{c} \tag{2.16}$$

mit dem Imaginärteil K des komplexen Brechungsindexes verknüpft ist, wobei ω die Kreisfrequenz und c die Geschwindigkeit des Lichts angeben. Beim Durchgang durch ein optisches Medium kommt es also zu einem exponentiellen Abfall der Ausgangsintensität, d. h., es wird immer weniger Licht transmittiert als eingestrahlt.

2.3.2 Der Transmissionsgrad

Aus dem Bouguer-Lambert'schen Gesetz lässt sich der **Transmissionsgrad** T (*transmittance*) eines optischen Mediums gegebener Dicke ableiten, der bei der Auslegung optischer Systeme eine wichtige Rolle spielt. Er ist gegeben durch

$$T = \left(1 - R\right)^2 \cdot e^{-\alpha \cdot d}. \tag{2.17}$$

Dabei stellt der Term $(1 - R)^2$ die im nachfolgenden Abschnitt näher erläuterten Reflexionsverluste an den beiden Grenzflächen (am Beispiel einer Glasplatte also die Übergänge von Luft ins Glas und von Glas in Luft) dar. Unter Vernachlässigung der Reflexionsverluste erhält man den **Reintransmissionsgrad**,

$$T_{\text{rein}} = e^{-\alpha \cdot d}, \tag{2.18}$$

der lediglich vom Absorptionskoeffizienten und der Dicke abhängt und somit nur die Abschwächung im Volumenmaterial berücksichtigt. Mit diesem Wert lässt sich sehr einfach die Absorption A innerhalb eines optischen Mediums bestimmen:

$$A = 1 - T_{\text{rein}}. \tag{2.19}$$

Ein einfallender Strahl mit der Intensität I_0 unterliegt wie in Gl. 2.17 gezeigt der Reflexion und der Absorption, die den Betrag der transmittierten Intensität I_T nahezu vollständig bestimmen. Hinzu kommt jedoch noch eine weitere Größe, die **Streuung** S (*scattering*), die an Unregelmäßigkeiten in optischen Medien auftritt. Am Beispiel von Glas können dies beispielsweise Partikel, Lufteinschlüsse oder Kristalle sein, die einen Teil des Lichtstrahls ablenken, also streuen (Abschn. 3.1.4). Die Gesamtenergiebilanz beim Durchgang durch ein endliches optisches Medium lässt sich in der einfachen Beziehung

$$T + R + A + S = 1 \tag{2.20}$$

ausdrücken (Abb. 2.6); oder für die Einzelintensitäten:

$$I_T = I_0 - I_R - I_A - I_S. \tag{2.21}$$

In der Praxis sind diese vier interagierenden Größen bzw. Vorgänge nur schwer zu trennen, vor allem die Streuung stellt oft eine messtechnische Herausforderung dar.

Besondere Bedingungen gelten in der Nähe einer Resonanzkreisfrequenz ω_{res} bzw. Resonanzwellenlänge λ_{res} des durchstrahlten optischen Mediums, oder genauer: einer Komponente des optischen Mediums (z. B. einer Molekülsorte). Hier verhalten sich sowohl der Realteil n (Brechzahl) als auch der Imaginärteil K (Extinktionskoeffizient) des komplexen Brechungsindexes N ungewöhnlich. Wie Abb. 2.7 zeigt, hat der Realteil von N, also die Brechzahl, bei einer solchen Resonanzwellenlänge anders als sonst eine negative Steigung. Man spricht dann von anomaler Dispersion, außerhalb der Resonanzbereiche von normaler Dispersion.

Am Wendepunkt des Realteils liegt ein Maximum des Imaginärteils und somit des Extinktionskoeffizienten. Dieser Sachverhalt wird in spektroskopischen Ver-

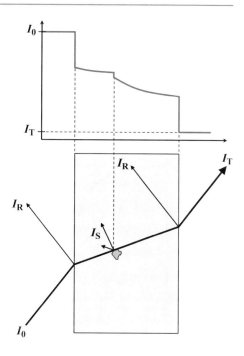

Abb. 2.6 Abschwächung eines Lichtstrahls mit der Eingangsintensität I_0 beim Durchgang durch ein optisches Medium als Folge von Reflexion an den Grenzflächen, Absorption und Streuung

fahren zur Materialanalyse genutzt, da die Maxima des Extinktionskoeffizienten absorptionsspektroskopisch ermittelt und sehr genau den jeweiligen Molekülen zugeordnet werden können.

2.4 Reflexion

Die **Reflexion** (*reflection*) stellt wahrscheinlich das älteste „technisch" genutzte optische Phänomen dar, da Menschen schon in der Urzeit stehende Gewässer – also die natürliche Grenzfläche der optischen Medien Luft und Wasser – als erste Spiegel nutzten. Vor ca. 5000 Jahren wurden dann die ersten künstlichen Spiegel aus poliertem Metall hergestellt. Spätestens zu diesem Zeitpunkt wird den Nutzern solcher Spiegel das **Reflexionsgesetz** (*law of reflection*) bewusst geworden sein: Der Einfallswinkel ε_{ein} entspricht dem Ausfallswinkel ε_{aus}:

$$\varepsilon_{ein} = \varepsilon_{aus}. \tag{2.22}$$

Für eine ideale Spiegeloberfläche, etwa eine stehende Wasserfläche bei absoluter Windstille, bedeutet dies, dass ein Bündel paralleler Lichtstrahlen parallel reflektiert wird (Abb. 2.8). Dieser Sachverhalt wird als gerichtete Reflexion bezeichnet. An einer rauen Spiegeloberfläche kommt es hingegen zur ungerichteten, diffusen Reflexion, da für jeden Lichtstrahl aufgrund der mikroskopisch stark variierenden Oberflächengeometrie der spiegelnden Oberfläche ein anderer Einfalls- und somit Ausfallswinkel gilt.

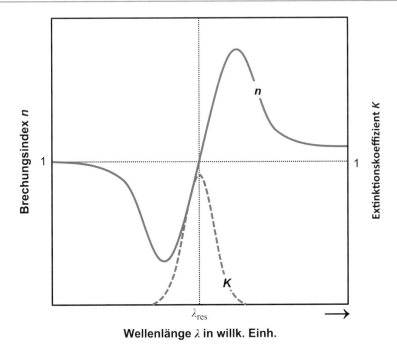

Abb. 2.7 Verlauf von Realteil (durchgezogene graue Linie, Brechungsindex n) und Imaginärteil (gestrichelte graue Linie, Extinktionskoeffizient K) des komplexen Brechungsindexes bei einer Resonanzwellenlänge λ_{res}

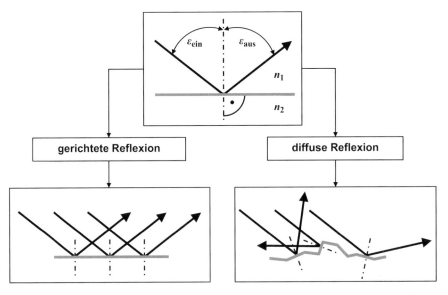

Abb. 2.8 Darstellung des Reflexionsgesetzes: gerichtete Reflexion an einer ideal glatten (links), diffuse Reflexion an einer rauen spiegelnden Oberfläche (rechts)

Der grundlegende Funktionsmechanismus der Reflexion ist durch die verschiedenen Brechungsindizes der beteiligten optischen Medien gegeben. An der Grenzfläche dieser Medien wird ein Teil des einfallenden Lichts reflektiert, es gilt in guter
Näherung

$$R = r^2 = \left(\frac{n_2 - n_1}{n_2 + n_1} \right)^2 . \tag{2.23}$$

Dabei ist R der **Reflexionsgrad** (*reflectivity*), der manchmal auch als **Reflektivität**
(*reflectance*) bezeichnet wird und sich auf die Intensität einer einfallenden Lichtwelle bezieht. Die Reflektivität r der Amplituden beträgt $\sqrt{R}$.

2.4.1 Die Fresnel'schen Formeln

Bei Gl. 2.23 ist zu beachten, dass diese Beziehung lediglich im Sonderfall senkrecht
einfallenden Lichts ($\varepsilon = 0°$) gilt. Für größere Einfallswinkel zeigt der Reflexionsgrad wie an der Grenzfläche Luft-Glas in Abb. 2.9 eine deutliche Abhängigkeit von
der Polarisation des einfallenden Lichts (Abschn. 1.2.3).

Es fällt auf, dass die Reflektivität für senkrecht polarisiertes Licht größer ist als
für parallel polarisiertes. Darüber hinaus erreicht die Reflektivität für beide Polari-
sationsrichtungen ihr Maximum, wenn der Einfallswinkel gegen 90° geht, also bei
fast parallelem Einfall. Die in Abb. 2.9 dargestellten polarisations- und winkelab-
hängigen Reflexionsgrade $R_s(\varepsilon)$ (für senkrecht polarisiertes Licht) und $R_p(\varepsilon)$ (für
parallel polarisiertes) lassen sich mittels den nach dem französischen Physiker *Au-
gustin Jean Fresnel* benannten **Fresnel'schen Formeln** (*Fresnel equations*)
berechnen:

$$R_s\left(\varepsilon\right) = \left(\frac{n_1 \cdot \cos\varepsilon - n_2 \cdot \cos\varepsilon'}{n_1 \cdot \cos\varepsilon + n_2 \cdot \cos\varepsilon'} \right)^2 , \tag{2.24}$$

bzw.

$$R_p\left(\varepsilon\right) = \left(\frac{n_2 \cdot \cos\varepsilon - n_1 \cdot \cos\varepsilon'}{n_2 \cdot \cos\varepsilon + n_1 \cdot \cos\varepsilon'} \right)^2 . \tag{2.25}$$

Für jeden Einfallswinkel lässt sich zudem der winkelabhängige Gesamtreflexions-
grad $R(\varepsilon)$ durch das arithmetische Mittel von $R_s(\varepsilon)$ und $R_p(\varepsilon)$ angeben gemäß

$$R\left(\varepsilon\right) = \frac{\left[R_s\left(\varepsilon\right) + R_p\left(\varepsilon\right) \right]}{2} . \tag{2.26}$$

2.4.2   Der Brewster-Winkel

Bei der polarisationsabhängigen Betrachtung der Reflexion tritt eine Besonderheit
zutage: Für einen bestimmten Einfallswinkel, der lediglich vom Brechungsindexunterschied der beteiligten optischen Medien abhängt, wird das parallel polarisierte
Licht nicht reflektiert, R_p bzw. r_p beträgt in diesem Fall 0 (Abb. 2.9). Dieses Phänomen wurde erstmals 1814 von dem schottischen Physiker *David Brewster* beobachtet. Der nach ihm benannte **Brewster-Winkel** ε_B (*Brewster angle*) beschreibt somit
den Einfallswinkel, unter welchem das reflektierte Licht vollständig senkrecht polarisiert ist. Er ist gegeben durch

$$\varepsilon_B = \arctan\left(\frac{n_2}{n_1}\right) \tag{2.27}$$

(Brewster'sches Gesetz) und findet vorrangig in optischen Polarisatoren
(Abschn. 4.7.1) technische Anwendung. Die Messung des Brewster-Winkels erlaubt
darüber hinaus die Bestimmung des Brechungsindexes optischer Materialien und
kommt beispielsweise in sogenannten Brewster-Winkel-Ellipsometern zum Einsatz.

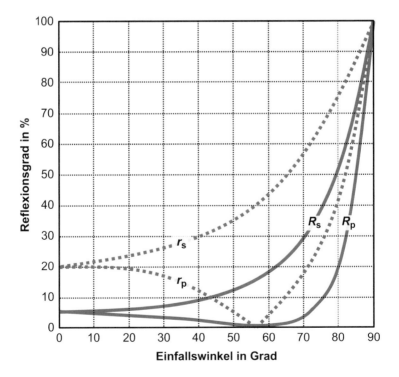

Abb. 2.9 Intensitäts- und Amplituden-Reflektivität R (durchgezogene Linien) bzw. r (gestrichelte
Linien) für senkrecht (s) und parallel (p) polarisiertes Licht an einer Grenzfläche zwischen Luft
($n_1 \approx 1$) und Glas ($n_2 \approx 1{,}5$)

2.4.3 Der Grenzwinkel der Totalreflexion

Eine weitere und technisch überaus relevante Art der Reflexion tritt beim Übergang eines Lichtstrahls von einem optisch dichteren Medium mit dem Brechungsindex n_2 in ein optisch dünneres Medium mit dem Brechungsindex n_1 auf ($n_1 < n_2$), also etwa aus einem Schwimmbecken in die Luft darüber. Dabei kommt es nach Snellius zur Ablenkung des Lichtstrahls vom Einfallslot weg. Dies gilt jedoch nur bis zu einem kritischen Einfallswinkel, dem **Grenzwinkel der Totalreflexion** ε_g (*critical angle of total reflection*), der sich wiederum aus dem Quotienten der Brechungsindizes der beteiligten Medien gemäß

$$\varepsilon_g = \arcsin\left(\frac{n_1}{n_2}\right) \qquad (2.28)$$

ergibt. Lichtstrahlen, die unter einem Einfallswinkel größer oder gleich ε_g auf eine solche Grenzfläche auftreffen, werden wie in Abb. 2.10 skizziert vollständig zurückreflektiert.

Dieses Phänomen der **Totalreflexion** (*total reflection, total internal reflection*) beruht darauf, dass sich gemäß dem Snellius'schen Brechungsgesetz (Gl. 2.3) für größere Einfallswinkel als dem Grenzwinkel rein rechnerisch größere Brechungswinkel als 90° ergäben. Somit ist ein Übergang des Lichtstrahls in das dünnere Medium nicht mehr möglich. Die Totalreflexion ist die Grundlage einer Vielzahl optischer Bauteile und Systeme. Beispiele hierfür sind unter anderem Umlenkprismen (Abschn. 4.2.1) und optische Fasern (Abschn. 4.9.1).

Totalreflexion im Alltag

Zur Erinnerung: Grundlage der Entstehung eines Regenbogens ist die farbliche Aufspaltung (Dispersion) des Sonnenlichts bei dessen Eintritt in einen Wassertropfen („Dispersion im Alltag" in Abschn. 2.2). Das aufgespaltene Strahlenbündel propagiert nun durch den Tropfen und wird an dessen Rückseite totalreflektiert. Die Brechung beim Austritt sorgt für eine weitere Aufspaltung der Spektralfarben. Die Wahrnehmung der so entstandenen Farbstreifen, die Regenbogenfarben, erfolgt lediglich unter einem bestimmten Sehwinkel, der wiederum aus der Position der Lichtquelle (in diesem Fall die Sonne) und dem Grenzwinkel der Totalreflexion innerhalb der Wassertropfen resultiert. Für einen festen Beobachter beschreibt dieser Sehwinkel einen Kreisbogen am Himmel – den Regenbogen.

Ein weiteres, wenn auch eher eingeschränkt alltägliches Phänomen der Totalreflexion können Taucher beobachten, die unter Wasser nach oben blicken. Bis zu einen bestimmten Winkel ist die Wasseroberfläche transparent. Überschreitet der Sehwinkel jedoch den Grenzwinkel der Totalreflexion an der Grenzfläche von Wasser zu Luft von ca. 49°, so wird die Wasseroberfläche zum perfekten Spiegel. Beim Blick aus der Tiefe nach oben sieht der Taucher einen durchsichtigen Kreis an der Wasseroberfläche, um den herum der Untergrund gespiegelt wird.

Eine zumindest in neueren Fahrzeugmodellen alltägliche technische Anwendung des Grenzwinkels der Totalreflexion ist der Regensensor. Dieser besteht aus einer Lichtquelle (z. B. einer Leuchtdiode) und einem Detektor. Der Einfallswinkel des von der Quelle emittierten Lichtstrahls an der Grenzfläche zwischen Windschutzscheibe ($n \approx 1,5$) und Luft ($n \approx 1$) ist größer als der Grenzwinkel der Totalreflexion ($\varepsilon_g \approx 42°$), der Lichtstrahl wird somit auf den Detektor reflektiert. Die Bedingung der Totalreflexion wird jedoch verletzt, sobald ein Regentropfen ($n \approx 1,33$) auf die Scheibe trifft, siehe nachfolgende Skizze. Da der Grenzwinkel der Totalreflexion an der Grenzfläche Glas-Wasser ($\varepsilon_g \approx 62°$) nun unterschritten wird, verlässt der Lichtstrahl das Glas. Die Autoelektronik reagiert auf den detektierten Intensitätsabfall mit dem Starten der Scheibenwischer.

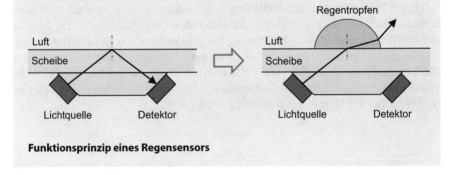

Funktionsprinzip eines Regensensors

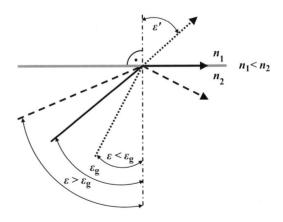

Abb. 2.10 Der Grenzwinkel der Totalreflexion ε_g

2.5   Interferenz

Der Effekt der **Interferenz** (*interference*) tritt aufgrund des Wellencharakters von Licht bei der Überlagerung kohärenter Lichtwellen auf. Einfach ausgedrückt beschreibt man die Interferenz zweier Wellen als die Gesamtamplitude A_{res}, die aus der vektoriellen Addition der Einzelamplituden A_1 und A_2 resultiert. Ausschlaggebend ist hierbei der Gangunterschied Δs, also der Wellenlängenversatz der beteiligten Lichtwellen.

2.5.1   Konstruktive und destruktive Interferenz

Bei der Überlagerung von Lichtwellen gibt es zwei Extremfälle: Wenn jeweils Wellenberg auf Wellenberg und Wellental auf Wellental trifft, beträgt der **Gangunterschied** Δs (*path difference*)

$$\Delta s = x \cdot \lambda, \qquad (2.29)$$

die Phasenverschiebung $\Delta\varphi$ ist somit

$$\Delta\varphi = x \cdot 360°. \qquad (2.30)$$

Der Vorfaktor x beträgt in diesem Fall 0, 1, 2, 3, …, Δs ist somit ein ganzzahliges Vielfaches der Wellenlänge. Als Folge einer solchen Überlagerung entspricht die Amplitude der resultierenden Welle der Summe der Einzelamplituden der sich überlagernden Wellen. Dieser Effekt wird **konstruktive Interferenz** (*constructive interference*) genannt und wird technisch z. B. bei der Herstellung dielektrischer Spiegelschichten mit hoher Reflektivität angewendet (Abschn. 4.5.1). **Destruktive Interferenz** (*destructive interference*), das physikalische Wirkprinzip optischer Antireflexschichten (Abschn. 4.5.2), liegt dagegen vor, wenn immer ein Wellenberg der einen Welle auf ein Wellental der anderen trifft. Gangunterschied und Phasenverschiebung betragen dann

$$\Delta s = \left(x + \frac{1}{2} \right) \cdot \lambda \qquad (2.31)$$

bzw.

$$\Delta\varphi = \left(x + \frac{1}{2} \right) \cdot 360° \qquad (2.32)$$

und entsprechen somit einem Versatz um eine halbe Wellenlänge. Daraus resultiert die Auslöschung beider interferierender Wellen. Diese beiden Extremfälle der Interferenz werden in Abb. 2.11 verdeutlicht.

Zwischen diesen beiden Extremfällen sind jegliche Überlagerungszustände möglich, die Gesamtamplitude ergibt sich auch hier durch die Addition der Einzelamplituden. Bei der Überlagerung zweier Wellen mit unterschiedlichen, aber nah beieinander liegenden Wellenlängen (λ_1 und λ_2 mit $\lambda_1 < \lambda_2$) kommt es zum Sonderfall

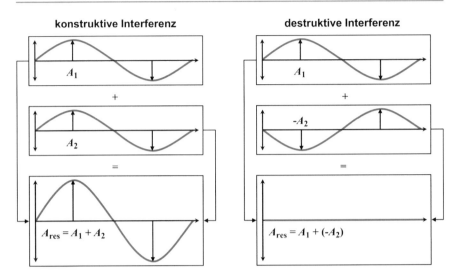

Abb. 2.11 Konstruktive und destruktive Interferenz bei der Überlagerung zweier Wellen mit den Amplituden A_1 und A_2

der Schwebung. Die Einhüllende der so entstandenen Schwebung stellt eine virtuelle Wellenlänge λ_v dar, diese beträgt

$$\lambda_v = \frac{\lambda_1 \cdot \lambda_2}{\left(\lambda_2 - \lambda_1 \right)}. \tag{2.33}$$

2.5.2 Interferenzbedingungen

Um überhaupt interferieren zu können, müssen die beteiligten Wellen in jedem Fall zwei Voraussetzungen erfüllen: Sie müssen erstens eine feste Phasenbeziehung aufweisen, also z. B. aus derselben Lichtquelle stammen, und sich zweitens innerhalb ihrer jeweiligen Kohärenzlänge

$$l_k = \frac{c}{\Delta f \cdot n} \tag{2.34}$$

überlagern (vgl. Abschn. 1.2.4). Dabei ist Δf die Frequenzbandbreite der Lichtquelle. Interferenzeffekte treten also nicht auf, sobald der Gangunterschied der Wellen größer als die Kohärenzlänge ist, es gilt somit die Interferenzbedingung

$$\Delta s \leq l_k. \tag{2.35}$$

Die Kohärenzlänge von weißem Licht beträgt wenige Mikrometer, die von Laserquellen kann hingegen mehrere Kilometer überschreiten. Sie bestimmt maßgeblich das Auflösungsvermögen interferometrischer Messsysteme (Abschn. 6.6).

2.5.3 Farben dünner Blättchen

In der Praxis tritt Interferenz bei der Überlagerung des an den Grenzschichten dünner optischer Medien reflektierten Lichts auf. Bei polychromatischem Licht, im einfachsten Fall also Sonnenlicht, finden die oben erläuterten Interferenzeffekte hierbei prinzipiell für jede Wellenlänge statt. Welche Wellenlängen konstruktiv oder destruktiv interferieren, d. h. verstärkt oder ausgelöscht werden, hängt dabei von der Dicke des optischen Mediums sowie dessen Brechungsindex ab. Abb. 2.12 veranschaulicht diesen Sachverhalt am einfachen Beispiel der Überlagerung von Vorderseiten- und Rückseitenreflexion an einem optischen Keil. Die einfallenden Lichtwellen sind hier der Einfachheit halber als Lichtstrahlen dargestellt, zudem wird die Brechung an den Grenzflächen vernachlässigt.

Aufgrund der Keilgeometrie durchläuft das einfallende Licht nach Durchtritt durch die erste Grenzfläche (n_1 zu n_2) unterschiedliche optische Weglängen, bevor es an der zweiten Grenzfläche (n_2 zu n_3) zur Rückseitenreflexion kommt. Hieraus ergeben sich für die Überlagerung der reflektierten Teilstrahlen bzw. -wellen 1 und 2 als Folge der ortsabhängigen Dicke des optischen Keils (d_1 bzw. d_2) verschiedene Gangunterschiede. Zur Ausbildung von Interferenzeffekten dürfen diese Gangunterschiede wie bereits erwähnt die Kohärenzlänge nicht überschreiten. Interferenzerscheinungen, die durch Überlagerung von Vorder- und Rückseitenreflexion bei der Bestrahlung dünner optischer Medien mit Weißlicht ($l_k \approx 1{,}5\ \mu m$) entstehen, werden daher auch bildhaft „Farben dünner Blättchen" genannt.

Interferenz im Alltag
Interferenzeffekte durch die Überlagerung von Vorder- und Rückseitenreflexion an dünnen Schichten sind im Alltag vielerorts zu beobachten: Ein Beispiel sind die sogenannten Anlassfarben, die bei der Wärmebehandlung von Metalloberflächen durch Interferenzen an thermisch induzierten Oxidschichten entstehen. Darüber hinaus basiert das bunte Farbenspiel der Natur manchmal auf Interferenzeffekten. Als Beispiel für dünne optische Schichten seien hier Insektenflügel oder das Gefieder mancher Vogelarten genannt. Weniger natürlich äußert sich die Interferenz bei farblich schimmernden Pfützen am Straßenrand (Abb. 2.13). Hier liegt die dünne Schicht in Form eines Benzin- oder Ölfilms vor. Und auch an den dünnen Wänden von Seifenblasen lassen sich sehr schöne Interferenzfarben beobachten.

2.6 Beugung

Das Phänomen der **Beugung** (*diffraction*) lässt sich gut an Wasserwellen, die genau wie Lichtwellen transversal propagieren, untersuchen. Hier begegnet uns wieder das Huygens'sche Prinzip: Trifft eine ebene Welle auf ein Hindernis, so entsteht an dessen Rand eine neue Elementarwelle. Diese breitet sich wie in

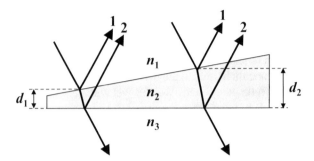

Abb. 2.12 Die Vorderseiten- und Rückseitenreflexion an einem optischen Keil führt zu jeweils unterschiedlichen Interferenzbedingungen zwischen den reflektierten Lichtwellen 1 und 2

Abb. 2.13 Interferenzerscheinung an einer Ölpfütze

Abb. 2.14 dargestellt in den geometrischen Schatten des Hindernisses aus, der im Fall von Lichtwellen bei einer strahlenoptischen Beschreibung der Propagation nicht ausgeleuchtet würde.

2.6.1 Beugung am Spalt

In der Optik treten oft Hindernisse in einem Strahlengang in Form von Kanten von Blenden oder Spalten auf. Dabei ist das Beugungsverhalten wie in Abb. 2.15 dargestellt maßgeblich vom Blendendurchmesser bzw. der Spaltbreite b abhängig.

Nach Durchlaufen des Spalts ergibt sich für große Spaltbreiten ($b \gg \lambda$) durch die Ausbildung neuer Elementarwellen an den Kanten eine Krümmung in den Randbereichen der Wellenfronten. Ist die Spaltbreite sehr viel kleiner als die Wellenlänge

Abb. 2.14 Beugung an
einem Hindernis; durch die
Ausbildung einer neuen
Elementarwelle kann Licht
in den geometrischen
Schatten des Hindernisses
propagieren

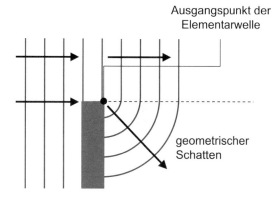

Abb. 2.15 Beugung am Spalt für unterschiedliche Spaltbreiten b

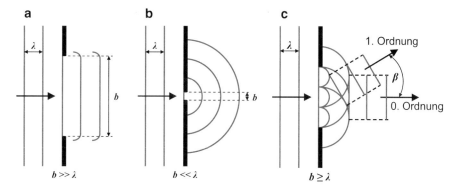

($b \ll \lambda$), so kommt es zur Ausbildung einer einzigen Elementarwelle, die sich vom
Spaltmittelpunkt aus halbkugelförmig ausbreitet. Ein Sonderfall liegt vor, wenn die
Spaltbreite der Wellenlänge entspricht oder diese geringfügig überschreitet ($b \geq \lambda$).
In diesem Fall bilden sich wie in Abb. 2.15c gezeigt durch die Überlagerung der am
Spalt entstehenden Elementarwellen mehrere Wellenfronten aus. Folge dieses Inter-
ferenzeffekts ist die winkel- und wellenlängenabhängige Ausbildung von Beugungsmaxima und -minima. Diese werden in **Beugungsordnungen** (*diffraction
orders*) m mit $m = 0, 1, 2, 3, \ldots$ eingeteilt, wobei die 0. Beugungsordnung ($m = 0$)
das Maximum der nicht gebeugten Lichtwelle darstellt. Die höheren Beugungsordnungen treten unter charakteristischen Beugungswinkeln $\beta_{\max}$ bzw. $\beta_{\min}$ zur Ausbreitungsrichtung der 0. Beugungsordnung auf. Dabei findet man Beugungsmaxima
unter einem Winkel von

$$\beta_{\max} = \pm \arcsin\left(\frac{(m+0{,}5) \cdot \lambda}{b}\right), \tag{2.36}$$

während der Winkel für Beugungsminima

$$\beta_{\min} = \pm \arcsin\left(\frac{m \cdot \lambda}{b}\right) \tag{2.37}$$

beträgt. Hinter einer Blende oder einem Spalt ergibt sich daraus die in Abb. 2.16 dargestellte Intensitätsverteilung (Beugungsfigur), die auf einem Schirm abgebildet entweder ein kreisförmiges (im Fall einer Lochblende) oder streifenförmiges (im Fall eines Spalts) Bild ergibt.

Die winkelabhängige Intensitätsverteilung $I(\beta)$ einer solchen Beugungsfigur ist in vereinfachter Form gegeben durch

$$I(\beta) \propto \frac{\sin^2\left(\dfrac{\pi \cdot b \cdot \beta}{\lambda}\right)}{\left(\dfrac{\pi \cdot b \cdot \beta}{\lambda}\right)}. \tag{2.38}$$

Bei der Abbildung durch eine Blende auf einen Schirm lassen sich drei Fälle unterscheiden: Die Fraunhofer-Beugung, die Fresnel-Beugung und der Grenzfall der geometrischen Optik. Die Einordnung des jeweiligen Falls erfolgt anhand der **Fresnel-Zahl** F (*Fresnel number*):

$$F = \frac{\left(\dfrac{b}{2}\right)^2}{a \cdot \lambda}. \tag{2.39}$$

Dabei ist a der Abstand zwischen dem Spalt und dem Schirm, auf welchem das Beugungsmuster betrachtet wird. Ist $F \ll 1$, so liegt Fraunhofer-Beugung vor. Dabei handelt es sich um eine Fernfeldnäherung, sodass die Lichtausbreitung mittels Fourier-Analyse beschrieben werden kann. Für $F \gg 1$ ergibt sich hingegen der Fall der auch als Strahlenoptik bezeichneten geometrischen Optik, in welcher Beugungseffekte gemeinhin nicht berücksichtigt werden (Abschn. 5.1). Bei der Nahfeldnäherung, die sich für $F \approx 1$ ergibt, ist eine umfassende numerische Beschreibung der Lichtausbreitung notwendig.

Bei der Beugung an Doppel- oder Mehrfachspalten kommt es zu einer Überlagerung der oben beschriebenen Effekte. Hier gehen zwei weitere Größen, nämlich der Abstand zwischen den Spalten und deren Anzahl in die Form und Intensitätsverteilung der Beugungsfigur mit ein. Die Beugung an Mehrfachspalten ist der grundlegende Funktionsmechanismus optischer Gitter (Abschn. 4.6), die z. B. in Spektrometern (Abschn. 6.8.1) zur Wellenlängenselektion verwendet werden.

2.6.2 Beugung an Hindernissen

Beugungsfiguren treten ebenso auf, wenn ein Hindernis bzw. Objekt teilweise oder gar voll ausgeleuchtet wird. Auch hier kommt es durch Beugung und Interferenzen zur Ausbildung einer Beugungsfigur im geometrischen Schatten des Objekts (Abb. 2.17a).

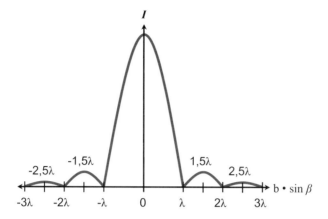

Abb. 2.16 Beugungsfigur hinter einer Blende bzw. einem Spalt

Der Effekt der Beugung kann auch durch Reflexion an geeignet strukturierten Oberflächen, z. B. mit Stegen und Vertiefungen auftreten. Analog zum bereits behandelten optischen Spalt spielen dabei in erster Linie die geometrischen Maße der Vertiefung zwischen den Stegen eine entscheidende Rolle. Darüber hinaus trägt die Strukturform (z. B. Rechteck- oder Sägezahnprofile) zur Wellenlängenselektivität und Effizienz des Beugungseffekts bei.

Beugung im Alltag
Im Alltag lassen sich Beugungsphänomene z. B. an Compact Discs (CDs) beobachten. Die Oberfläche dieser Datenträger besteht aus mikroskopischen Rillen. Diese agieren wie ein optisches Gitter, also wie ein reflektierender Mehrfachspalt. Somit ergeben sich die winkel- und wellenlängenabhängige Ausbildung von Beugungsmaxima und damit einhergehende Interferenzerscheinungen. Unter einem günstigen Betrachtungswinkel erstrahlt die Oberfläche einer CD in polychromatischem Tages- oder Lampenlicht daher in allen Regenbogenfarben.

2.7 Streuung

Das optische Phänomen der **Streuung** (*scattering*) beschreibt die örtlich begrenzte Ablenkung eines Lichtstrahls von seiner ursprünglichen Ausbreitungsrichtung. In diesem Zusammenhang haben wir in Abschn. 2.4 bereits die geometrische Streuung an rauen Oberflächen und die damit einhergehende diffuse Reflexion kennen gelernt. In Abschn. 2.3.2 wurde zudem auf die Streuung an Unregelmäßigkeiten innerhalb optischer Medien wie beispielsweise Partikel oder Lufteinschlüsse in Glas eingegangen. Anhand solcher **Streuzentren** (*scattering centers*) lassen sich zwei Hauptmechanismen der Lichtstreuung verdeutlichen:

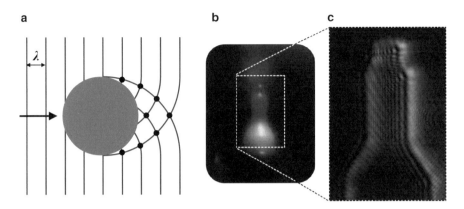

Abb. 2.17 Bildung von Beugungsfiguren an einem voll ausgeleuchteten Hindernis: (**a**) Prinzip der Interferenz (dargestellt durch Knotenpunkte) nach Beugung, (**b**) mittels Laserstrahlung voll ausgeleuchtete Stiftspitze, (**c**) Beugungsmuster hinter der Stiftspitze

Die nach dem englischen Physiker und Nobelpreisträger *John William Strutt Lord Rayleigh* benannte **Rayleigh-Streuung** beschreibt die Streuung von Licht an Objekten, deren Ausmaße kleiner als die Lichtwellenlänge sind. Bei Streuung an Objekten mit Ausdehnungen in der Größenordnung der Wellenlänge handelt es sich hingegen um **Mie-Streuung** bzw. **Lorenz-Mie-Streuung**. Namensgeber waren hier der deutsche Physiker *Gustav Mie* und der dänische Physiker *Ludvig Lorenz*. Beide Arten der Streuung treten im oben genannten Beispiel Glas auf. Darüber hinaus gibt es noch weitere Streumachismen wie die Thomson-Streuung, Raman-Streuung und Brillouin-Streuung, auf die im Rahmen des vorliegenden Werks jedoch nicht weiter eingegangen werden soll.

Streuung ist ein komplexer Prozess, der mathematisch nicht auf eine so einfache Weise wie die Absorption oder Transmission beschrieben werden kann. Vielmehr erfolgt die Quantifizierung der Streuung anhand des Streukoeffizienten μ_s, gegeben durch

$$\mu_s = \sum c_s \cdot \sigma_s , \qquad (2.40)$$

der wiederum von mehreren Größen abhängt. Dazu zählen die Konzentration (= Anzahl pro Volumeneinheit) der Streuzentren c_s sowie der Streuquerschnitt σ_s. Letzterer ist das Produkt aus der Fläche der streuenden Struktur A und der Streueffizienz Q_s, die sich aus dem Durchmesser eines Streuzentrums (z. B. Partikels) d und dessen Brechungsindex n_s, dem Brechungsindex des umgebenden Mediums n (also der Matrix, in welche das Streuzentrum eingebettet ist) sowie der Lichtwellenlänge λ gemäß

$$Q_s = \frac{128 \cdot \pi^4 \cdot d^4}{3 \cdot \lambda^4} \cdot \left(\frac{n_s^2 - n_2}{n_s^2 + 2 \cdot n_2} \right) \qquad (2.41)$$

zusammensetzt.

Der Kehrwert des Streukoeffizienten $1/\mu_s$ gibt letztendlich die freie Weglänge an, also die Strecke, die Licht innerhalb eines Mediums zurücklegen kann, bevor es auf ein streuendes Partikel trifft.

Streuung im Alltag

Im Alltag begegnen wir der geometrischen Streuung an rauen Oberflächen am Beispiel von Mattglasscheiben (geschliffenem Glas) oder schmutzigen Autoscheiben (Staubpartikel). Die hierbei auftretende diffuse Reflexion führt zu einer im wahrsten Sinne des Wortes offensichtlichen Abnahme der Lichttransmission. Ein Effekt, der zumindest bei Mattglasscheiben durchaus gewollt ist.

Eine allmorgendliche bzw. allabendliche Folge der Rayleigh-Streuung stellt das orangerote Farbenspiel von Morgen- und Abendrot dar, wenn das Sonnenlicht unter einem flachen Winkel in die Erdatmosphäre einstrahlt. Die Rayleigh-Streuung ist umso effizienter, je kürzer die Lichtwellenlänge ist; die Streuung von blauem Licht beträgt ein Vielfaches der Streuung von rotem Licht. Der Blauanteil des weißen Sonnenlichts wird daher von der optischen Achse zwischen Sonne und Betrachter weggestreut. Darüber hinaus ist bei tief stehender Sonne der optische Weg durch die Atmosphäre größer als etwa zur Mittagsstunde. Dies bedeutet auch eine Vervielfachung der im Lichtweg vorhandenen Streuzentren wie Staubpartikel (Mie) und Wassermoleküle (Rayleigh).

Auf die Filterung weißen Sonnenlichts durch Wasser wurde bereits im Exkurs „Absorption im Alltag" in Abschn. 2.3 eingegangen. Zur Blaufärbung großer Wasserflächen trägt die Rayleigh-Streuung bei. Durch diesen Mechanismus wird blaues Licht innerhalb des Wassers in alle Richtungen, also auch zurück zur Wasseroberfläche und somit zum Betrachter gestreut.

Der Effekt der Lichtstreuung wird technisch auch in Rauchmeldern genutzt. Hierbei wird ein Sensor (Empfänger) von einer Lichtquelle (Sender) bestrahlt. Füllt sich der Raum zwischen Sender und Empfänger nun mit Rauch, so kommt es zu Streuung an den darin enthaltenen Ruß- und Rauchpartikeln, wodurch das Signal beim Empfänger abgeschwächt oder – ähnlich wie bei einer Lichtschranke – gar gänzlich abgeschattet wird. Dieser Intensitätsabfall löst das Warnsignal des Rauchmelders aus.

2.8   Grundbegriffe der Optik mathematisch

2.8.1   Die wichtigsten Gleichungen auf einen Blick

Brechungsindex:

$$n_{\text{Medium}} = \frac{c_0}{c_{\text{Medium}}}$$

optische Weglänge:

$$OWL = n \cdot d$$

Snellius'sches Brechungsgesetz:

$$n_1 \cdot \sin \varepsilon = n_2 \cdot \sin \varepsilon'$$

Doppelbrechung:

$$\Delta n_{DB} = n_{ao} - n_o$$

komplexer Brechungsindex:

$$N = n + iK$$

Absorptionskoeffizient:

$$\alpha = \frac{2 \cdot K \cdot \omega}{c}$$

Transmissionsgrad:

$$T = \left(1 - R\right)^2 \cdot e^{-\alpha \cdot d}$$

Reintransmissionsgrad:

$$T_{rein} = e^{-\alpha \cdot d}$$

Absorptionsgrad:

$$A = 1 - T_{rein}$$

Reflexionsgrad (nur gültig für senkrechten Lichteinfall):

$$R = r^2 = \left(\frac{n_2 - n_1}{n_2 + n_1}\right)^2$$

Reflexionsgrad für senkrecht polarisiertes Licht (Fresnel'sche Formel):

$$R_s\left(\varepsilon\right) = \left(\frac{n_1 \cdot \cos \varepsilon - n_2 \cdot \cos \varepsilon'}{n_1 \cdot \cos \varepsilon + n_2 \cdot \cos \varepsilon'}\right)^2$$

Reflexionsgrad für parallel polarisiertes Licht (Fresnel'sche Formel):

$$R_p\left(\varepsilon\right) = \left(\frac{n_2 \cdot \cos \varepsilon - n_1 \cdot \cos \varepsilon'}{n_2 \cdot \cos \varepsilon + n_1 \cdot \cos \varepsilon'}\right)^2$$

Gesamtreflexionsgrad:

$$R\left(\varepsilon\right) = \frac{\left[R_s\left(\varepsilon\right) + R_p\left(\varepsilon\right)\right]}{2}$$

Brewster-Winkel:

$$\varepsilon_B = \arctan\left(\frac{n_2}{n_1}\right)$$

Grenzwinkel der Totalreflexion:

$$\varepsilon_g = \arcsin\left(\frac{n_1}{n_2}\right)$$

Gangunterschied für konstruktive Interferenz:

$$\Delta s = x \cdot \lambda$$

Gangunterschied für destruktive Interferenz:

$$\Delta s = (x + 0,5) \cdot \lambda$$

Kohärenzlänge:

$$l_k = \frac{c}{\Delta f \cdot n}$$

Beugungswinkel für Beugungsmaximum:

$$\beta_{max} = \pm \arcsin\left(\frac{(m + 0,5) \cdot \lambda}{b}\right)$$

Beugungswinkel für Beugungsminimum:

$$\beta_{min} = \pm \arcsin\left(\frac{m \cdot \lambda}{b}\right)$$

2.9 Übungsaufgaben zu Grundbegriffen der Optik

Verständnisfragen
Leser*innen des gedruckten Buches erhalten einen kostenlosen Zugang zu allen Verständnisfragen über die Springer Nature Flashcards-App.

Rechenaufgaben
2.25
Licht bewege sich innerhalb eines optischen Mediums mit einer Geschwindigkeit von c_{Medium} = 205.479.452 m/s (Die Vakuumlichtgeschwindigkeit beträgt c_0 = 299.792.458 m/s.).

(a) Bestimmen Sie den Brechungsindex n_{Medium} dieses Mediums.
(b) Um welches optische Medium handelt es sich nach Tab. 2.1?

2.26

Die Phasengeschwindigkeit einer Lichtwelle mit einer Wellenlänge von 785 nm, die in Vakuum propagiert, entspricht der Vakuumlichtgeschwindigkeit. Welche Phasengeschwindigkeit hat eine Lichtwelle in einem optischen Medium, dessen Brechungsindex 1,65 beträgt?

2.27

Welchen Brechungsindex muss ein planparalleler Glasblock mit einer Dicke von 20 cm aufweisen, damit die optische Weglänge eines den Glasblock orthogonal durchlaufenden Lichtstrahls 360 mm beträgt?

2.28

Ein Lichtstrahl treffe aus Luft (n_{Luft} = 1) kommend unter einem Einfallswinkel von 45° auf eine ebene Wasseroberfläche mit n_{Wasser} = 1,33. Um wie viel Grad wird der Lichtstrahl nach Durchtritt durch die Grenzfläche Luft-Wasser von seiner ursprünglichen Ausbreitungsrichtung abgelenkt?

2.29

Licht treffe unter einem Einfallswinkel von 45° auf eine optische Grenzfläche. Auf der anderen Seite der optischen Grenzfläche sei der Brechungsindex 1,72. Der von dem gebrochenen Lichtstrahl und dem Einfallslot nach der Brechung eingeschlossene Winkel betrage 33,146°. Welchen Brechungsindex n_1 hat das optische Medium vor der Grenzfläche und um welches Medium handelt es sich (Tab. 2.1)?

2.30

Welchen Wert hat Δn_{DB} bei einem doppelbrechenden optischen Medium, wenn dort der außerordentliche Brechungsindex 1,47 und der ordentliche Brechungsindex 1,306 betragen?

2.31

Ein optisches Medium weise bei einer Wellenlänge von 546 nm einen Absorptionskoeffizienten α von 0,001.604.5 cm^{-1} und einen Brechungsindex n von 1,5187 auf.

(a) Wieviel Prozent der einfallenden Intensität werden beim Durchgang durch dieses Medium transmittiert, wenn dessen Dicke d = 10 mm beträgt?

(b) Welche Dicke d hat das Medium, wenn lediglich 10 % der einfallenden Intensität transmittiert werden?

2.32

Welchen Reflexionsgrad R weist eine Glasplatte unter einem Einfallswinkel von 0° mit einem Brechungsindex n_{Glas} = 1,5 auf, die sich in

(a) Luft mit $n_{Luft} \approx 1$ bzw. in

(b) Wasser mit n_{Wasser} = 1,33 befindet?

(c) Wie erklären Sie sich die Unterschiede zwischen Lösung a) und b)? Gehen Sie dabei auch auf die jeweiligen relativen Brechzahlen ein.

2.33

Ein Lichtstrahl treffe auf eine Grenzfläche Luft-Glas mit $n_{\text{Luft}} = 1,0003$ und $n_{\text{Glas}} = 1,499.55$. Der Einfallswinkel betrage $\varepsilon = 56,294°$.

(a) Berechnen Sie die jeweiligen Reflexionsgrade für senkrecht und parallel polarisiertes Licht.
(b) Welcher Effekt tritt unter den gegebenen Bedingungen auf? Begründen Sie Ihre Aussage durch eine Kontrollrechnung.

2.34

Bestimmen Sie die Differenz der jeweiligen Brewster-Winkel für folgende Fälle:

(a) Eine Quarzglasoberfläche in Luft bzw. in Wasser
(b) Eine Diamantoberfläche in Luft bzw. in Wasser

Hinweis: Nutzen Sie zur Berechnung die in Tab. 2.1 angegebenen Brechungsindizes.

2.35

An der Grenzfläche eines optischen Mediums zu Luft ($n_{\text{Luft}} = 1$) werde ein Brewster-Winkel von 56,31° gemessen.

(a) Welchen Brechungsindex hat dieses Medium?
(b) Welcher Brewster-Winkel ergäbe sich, wenn das Medium in Wasser getaucht würde?

2.36

Ein Taucher befinde sich in einer Tiefe von $t = 10$ m unter der Wasseroberfläche ($n_{\text{Wasser}} = 1,33$) und schaue senkrecht nach oben. Über sich nimmt er einen Kreis an der Wasseroberfläche wahr, innerhalb dessen er aus dem Wasser heraus den Himmel erkennen kann. Außerhalb dieses Kreises wirkt die Wasseroberfläche für ihn wie ein Spiegel.

(a) Welcher optische Effekt liegt dieser Beobachtung zugrunde?
(b) Wie groß ist der Durchmesser D dieses Kreises? Nehmen Sie zur Berechnung als Brechungsindex von Luft $n_{\text{Luft}} = 1$ an.
(c) Wie groß ist der Durchmesser des Kreises, wenn der Taucher auf eine Tiefe von $t = 5$ m und dann auf $t = 2$ m aufsteigt?

2.37

Ein Regensensor sei derart aufgebaut, dass der Einfallswinkel des verwendeten Lichtstrahls auf der Grenzfläche von Glas ($n_{\text{Glas}} = 1,52$) zu Luft ($n_{\text{Luft}} = 1,0003$) bei einer PKW-Frontscheibe 64° betrage.

(a) Erfüllt ein solcher Sensor seine Funktion, wenn die Frontscheibe mit Regenwasser (n_{Wasser} = 1,33) benetzt wird?

(b) Würde der Regensensor ansprechen, wenn die Frontscheibe mit Ethanol ($n_{Etha\text{-}nol}$ = 1,36) gereinigt würde?

2.38

Ein Lichtstrahl werde von einem Helium-Neon-Laser mit einer Kohärenzlänge l_k = 30 cm ausgesandt und in zwei Teilstrahlen aufgeteilt. Der erste Teilstrahl lege eine Strecke von 10 cm in Luft mit n_{Luft} = 1 zurück. Der zweite Teilstrahl hingegen durchlaufe eine Strecke von 1 cm in Luft und treffe dann auf eine Glasküvette mit quadratischer Grundfläche (orthogonaler Einfall, also keine Brechung). Diese Glasküvette bestehe aus einem Glas mit einem Brechungsindex n_{Glas} = 1,4 und weise eine Wandstärke von 5 mm auf. Das Innere der Küvette habe eine quadratische Grundfläche mit einer Kantenlänge von 2 cm und sei mit einem Öl mit dem Brechungsindex $n_{Öl}$ = 1,45 gefüllt. Nach dem Austritt aus der Küvette durchlaufe der Strahl noch eine Strecke von 6 cm in Luft. Anschließend werden beide Strahlen wieder vereinigt, siehe nachfolgende Skizze.

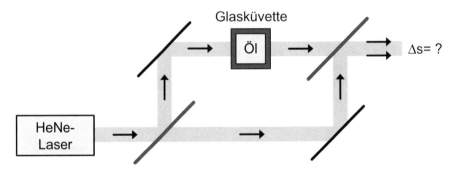

(a) Wie groß ist der Gangunterschied Δs zwischen den Strahlen?

(b) Kann es zwischen den wiedervereinigten Strahlen zu Interferenzeffekten kommen?

2.39

Ein Spalt mit einer Breite von b = 500 µm werde mit monochromatischem Licht der Wellenlänge 405 nm beleuchtet. In einem Abstand von 1 mm hinter dem Spalt befinde sich ein Schirm, auf welchem sich eine Beugungsfigur abzeichnet.

(a) Unter welchem Winkel treten die Maxima der ersten, zweiten und dritten Beugungsordnung auf?

(b) Welcher Fall der Beugung liegt vor?

Optische Materialien

3

Optische Materialien sind der essenzielle „Rohstoff" für optische Komponenten und Systeme. Allen voran sind hier optische Gläser zu nennen. Die künstliche Herstellung von Glas kann auf eine mehr als 5500-jährige Geschichte zurückblicken. Die im deutschen und angelsächsischen Sprachraum verwendete Bezeichnung für dieses Medium, Glas bzw. *glass*, hat ihren Ursprung im germanischen Wort „glasa", was so viel bedeutet wie „das Glänzende, Schimmernde". Ab Beginn des 19. Jahrhunderts konnte man Gläser mit definierten optischen Eigenschaften herstellen. Auf Basis dieser Entwicklung verfügen wir heute über eine Fülle unterschiedlichster optischer Gläser, mit denen sich komplexe optische Systeme mit hoher Abbildungsqualität realisieren lassen.

Neben den optischen Gläsern kommen weitere Materialien wie transparente Kunststoffe oder Glaskeramiken in optischen Komponenten zum Einsatz, wobei optische Kristalle eine Sonderstellung einnehmen. Letztere setzt man insbesondere in der Lasertechnologie ein, wobei neben dem Brechungsindex auch weitere Charakteristika ausgenutzt werden.

In diesem Kapitel werden Eigenschaften und Besonderheiten der wichtigsten optischen Medien vorgestellt und näher erläutert. Dabei werden wir die folgenden Erkenntnisse gewinnen:

- Optische Gläser werden aus Glasbildnern, Flussmitteln und Netzwerkwandlern hergestellt.
- Glas ist ein amorpher und isotroper Werkstoff.
- Zur Produktion von Glas wird ein Gemenge aus den Bestandteilen niedergeschmolzen, die Schmelze wird dann geläutert, abgekühlt und geformt.
- Glas ist eine stark unterkühlte Flüssigkeit, es weist keinen klar definierten Übergang vom flüssigen zum festen Aggregatzustand auf.
- Die optischen Eigenschaften von optischen Gläsern werden meist durch Auftragen des Brechungsindexes über die Abbe-Zahl dargestellt (Abbe-Diagramm).
- Gläser mit niedriger Dispersion werden als Krongläser bezeichnet, Gläser mit hoher Dispersion als Flintgläser.

- Die Grenze zwischen Kron- und Flintgläsern liegt bei einer Abbe-Zahl von ca. 50.
- Betrachtet man die Dispersion nur in einem bestimmten Wellenlängenbereich, spricht man von der Teildispersion.
- Schlieren sind örtlich begrenzte Inhomogenitäten des Brechungsindexes.
- Durch spannungsinduzierte Änderungen des Brechungsindexes kann in optischen Gläsern Doppelbrechung auftreten.
- Die Brechungsindexinhomogenität beschreibt großskalige Schwankungen des Brechungsindexes.
- Der Temperaturkoeffizient der Brechung beschreibt die Temperaturabhängigkeit des Brechungsindexes eines optischen Glases.
- Optische Gläser können Einschlüsse enthalten, z. B. Luft- bzw. Gasblasen, Kristalle, Staub oder Partikel.
- Außer nach ihren optischen Eigenschaften unterscheidet man Gläser auch nach ihrem mechanischen, thermodynamischen und chemischen Verhalten.
- Optisches Glas ist im ultravioletten und infraroten Wellenlängenbereich nicht transparent.
- Optische Kristalle können im Gegensatz zu optischen Gläsern eine hohe Transmission im ultravioletten und infraroten Wellenlängenbereich aufweisen.
- Einige optische Kristalle weisen eine definierte Doppelbrechung und/oder nichtlineare optische Eigenschaften auf und wechselwirken mit externen Magnetfeldern und elektrischen Feldern.
- Optische Kristalle werden als Wirtskristalle für laseraktive Dotierungen verwendet.
- Glaskeramik ist teilkristallines Glas und stellt somit einen Hybrid aus einem Glas und einer Keramik dar.
- Glaskeramik zeichnet sich durch eine besonders hohe mechanische Festigkeit und einen niedrigen thermischen Ausdehnungskoeffizienten aus.
- Gradientenindexlinsen weisen einen sich von der Linsenmitte radial zum Linsenrand hin stetig ändernden Brechungsindex auf.
- Kunststoffe stellen aufgrund ihrer einfachen Verarbeitbarkeit und ihres geringen Gewichts für manche Anwendungen eine Alternative zu optischen Gläsern dar.
- Optische Flüssigkeiten werden beispielsweise zur Erhöhung der Numerischen Apertur oder zur Realisierung adaptiver Linsen eingesetzt.

3.1   Optische Gläser

3.1.1   Bestandteile optischer Gläser

Glas zählt zu den ältesten Werkstoffen der Technikgeschichte. Seit ca. 11.000 v. Chr. wurde Obsidian, ein durch vulkanische Aktivität entstehendes Gesteinsglas, zur Produktion von Werkzeugen und Waffen verwendet. Die ersten Funde künstlich hergestellter Glasgefäße datieren um ca. 3500 v. Chr. und das älteste Glasrezept findet sich in der Bibliothek des assyrischen Königs *Assurbanipal* aus dem 7.

Jahrhundert v. Chr.: „Nimm 60 Teile Sand, 180 Teile Asche aus Meerespflanzen, 5 Teile Kreide und du erhältst Glas."

Dieses Rezept besitzt in seinen Grundzügen bis auf den heutigen Tag Gültigkeit. Quarzsand, oder genauer gesagt reines Siliciumdioxid (SiO_2), bildet das Grundgerüst des Glases, man nennt es deshalb den Glasbildner oder **Netzwerkbildner** (*network former*). Für manche Gläser wird anstatt Siliciumdioxid als Netzwerkbildner auch Bortrioxid (B_2O_3) oder Phosphorpentoxid (P_2O_5) verwendet. Oft werden Glassorten nach dem jeweiligen Netzwerkbildner benannt (Tab. 3.1).

Dem Glasbildner setzt man sogenannte **Flussmittel** zu, etwa Kaliumcarbonat (K_2CO_3), umgangssprachlich auch als Pottasche bezeichnet, oder Soda ($Na_2[CO_3] \cdot 10$ H_2O), um die Schmelztemperatur während des Schmelzens zu verringern. Hierzu können auch Kaliumoxid (K_2O), Zinkoxid (ZnO) oder Thallium (Tl) eingesetzt werden. Calciumcarbonat bzw. Kalk ($CaCO_3$) dient als Stabilisator, kann jedoch auch die Funktion eines Netzwerkbildners oder **Netzwerkwandlers** einnehmen und somit die optischen Eigenschaften des Glases beeinflussen. Dies wird auch über andere Zusätze wie beispielsweise Natriumoxid (Na_2O), Bariumoxid (BaO) oder Bleioxid (PbO) erreicht.

Es gibt also eine Vielzahl an möglichen Netzwerkbildnern und -wandlern mit den unterschiedlichsten chemischen Eigenschaften. Die chemische Zusammensetzung des Glases bestimmt unter anderem auch seine optischen Eigenschaften. Hier sind vorrangig der Brechungsindex, die Dispersion sowie die Transmission bzw. Absorption zu nennen (Kap. 2).

3.1.2 Der Aggregatzustand von Glas

Glas ist ein amorpher Werkstoff, d. h., es weist im Gegensatz zu Kristallen keine Fernordnung auf, die Bestandteile liegen stattdessen als ungeordnetes Netzwerk vor. Daraus resultiert eine wesentliche Materialeigenschaft von Glas, die Isotropie. Das bedeutet, dass die Wirkung eines Glases auf einfallendes Licht richtungsunabhängig ist. Es gibt somit keine Vorzugsrichtung wie bei anisotropen optischen Medien, etwa Kristallen. Diese Eigenschaft wird durch ein kontrolliertes Abkühlen der Glasschmelze erreicht, wobei die Abkühlkurve von Glas im Gegensatz zu kristallinen Festkörpern keinen definierten Transformationspunkt vom flüssigen zum festen Aggregatzustand aufweist. Es gibt vielmehr einen sogenannten Transformationsbereich, aus welchem man wie in Abb. 3.1 gezeigt durch lineare Extrapolation der Abkühlkurve einen nominellen Transformationspunkt T_g ableitet. Dieser

Tab. 3.1 Einteilung von Gläsern nach ihrem Netzwerkbildner

Netzwerkbildner	Glassorte
Siliciumdioxid	Silicatgläser
Bortrioxid	Boratgläser
Phosphorpentoxid	Phosphatgläser
Siliciumdioxid und Bortrioxid	Borosilicatgläser

Abb. 3.1 Schematische
Abkühlkurve einer
Glasschmelze. In der Mitte
erkennt man den
Transformationsbereich
und die Extrapolation auf
den
Transformationspunkt T_g

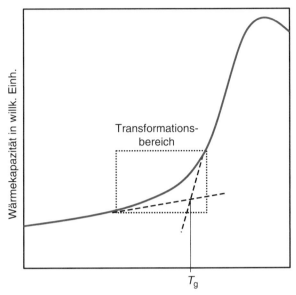

Temperatur in willk. Einh.

Transformationspunkt wird auch als Glasübergangstemperatur (*glass transition temperature*) bezeichnet. Er liegt bei technischen Gläsern wie Fensterglas oder Behälterglas etwa um 540 °C, bei reinem Quarzglas bei ca. 1150 °C.

Somit ist Glas laut physikalischer Definition kein Festkörper, sondern eine stark unterkühlte Schmelze, d. h. eine Flüssigkeit.

3.1.3 Herstellung optischer Gläser

Zur Produktion optischer Gläser werden zunächst die benötigten Bestandteile (Glasbildner, Flussmittel, Netzwerkwandler und etwaige weitere Zusätze) zu einem sogenannten Gemenge in Pulverform vermischt. Dieses Gemenge wird im Anschluss in Häfen genannten Schmelzwannen gegeben und bei einer Temperatur von bis zu 1700 °C niedergeschmolzen. Um eine möglichst homogene Glasschmelze zu erzielen, folgt auf das Niederschmelzen ein Homogenisierungsprozess, das Läutern. Dabei wird die Temperatur der Schmelze weiter erhöht, um deren Viskosität zu verringern. Dadurch können in der Schmelze vorhandene Gas- und Luftblasen leichter aufsteigen, was in manchen Fällen auch durch gezielte Gaszufuhr mittels Düsen im Schmelzwannenboden unterstützt wird. Nach ausreichender Homogenisierung erfolgen nun das kontrollierte Abkühlen und die Formgebung (zu Scheiben, Platten, Barren, Blöcken oder vorgeformten Presslingen) des Glases. Die Kontrolle des Abkühlprozesses ist besonders bei optischen Gläsern essenziell, da ein unkontrollierter Abkühlungsprozess zur Kristallisation sowie zu mechanischen Spannungen – und somit zu Spannungsdoppelbrechung oder gar Materialversagen führen kann.

Bei der Glasherstellung nimmt Quarzglas, das zu 100 % aus dem Glasbildner SiO_2 besteht und keinerlei weitere Zusätze enthält, eine Sonderstellung ein: Das mit dem gerade vorgestellten klassischen Verfahren hergestellte Quarzglas nennt man Kieselglas. Zur Erzeugung von hochreinem synthetischem Quarzglas kommt hingegen die Flammenpyrolyse zum Einsatz. Dabei wird gasförmiges Siliciumtetrachlorid ($SiCl_4$) in Gegenwart von Wasserstoff (H_2) und Sauerstoff (O_2) zersetzt. Das dabei frei werdende Silicium (Si) wird gemäß

$$SiCl_4 + 2H_2 + O_2 \rightarrow SiO_2 + 4HCl \qquad (3.1)$$

zu SiO_2 oxidiert. Durch diesen Fertigungsprozess weist synthetisches Quarzglas eine besonders hohe Reinheit auf und hat dadurch, anders als andere optische Gläser, auch im ultravioletten Wellenlängenbereich bis hinunter zu einer Wellenlänge von ca. 170 nm eine hohe Transmission.

3.1.4 Charakterisierung optischer Gläser

Gläser werden durch ihre relevanten optischen, mechanischen, chemischen und thermischen Eigenschaften charakterisiert. Zentral sind dabei der Brechungsindex und die Reintransmission für diskrete Wellenlängen, meist geläufige Laserwellenlängen und Fraunhofer-Linien im UV, VIS und NIR-Bereich. Die Angabe der Reintransmission erfolgt für definierte Materialdicken, woraus sich mit Gl. 2.15 der Absorptionskoeffizient ableiten lässt.

Die Dispersionseigenschaften quantisiert man mit den Koeffizienten der Sellmeier-Gleichung aus Abschn. 2.2.2.

$$n(\lambda) = \sqrt{1 + \frac{B_1 \cdot \lambda^2}{\lambda^2 - C_1} + \frac{B_2 \cdot \lambda^2}{\lambda^2 - C_2} + \frac{B_3 \cdot \lambda^2}{\lambda^2 - C_3}}, \qquad (3.2)$$

und der **Abbe-Zahl** (*Abbe number*). Letztere ist vor allem für die Auslegung optischer Systeme von Bedeutung (Abschn. 5.5.2). Die heute standardmäßig verwendete Abbe-Zahl ν_e ist gegeben durch

$$\nu_e = \frac{n_e - 1}{n_{F'} - n_{C'}}. \qquad (3.3)$$

In der Literatur wird darüber hinaus vereinzelt noch die mittlerweile veraltete Definition der Abbe-Zahl ν_d angegeben, die sich aus

$$\nu_d = \frac{n_d - 1}{n_F - n_C}. \qquad (3.4)$$

ergibt. In beiden Fällen gibt der Term im Nenner, $n_{F'} - n_{C'}$ bzw. $n_F - n_C$, die jeweilige Hauptdispersion Δn an. Die Abbe-Zahl stellt die Beziehung der Brechungsindizes für drei diskrete Wellenlängen her (Gl. 3.3 bzw. Gl. 3.4), nämlich für ν_e die Fraunhofer-Linien e, F′ und C′ und für ν_d die Fraunhofer-Linien d, F und C. Diese ele-

mentspezifischen Absorptionslinien wurden von dem englischen Naturwissen-
schaftler *William Wollaston* und dem deutschen Optiker und Physiker *Joseph von Fraunhofer* im Spektrum des Sonnenlichts entdeckt (Tab. 3.2). Die neue Definition der Abbe-Zahl ν_e wurde vor einigen Jahren eingeführt, da die hierfür gewählten Linien besser an das menschliche Auge angepasst sind.

Je nach ihrer Abbe-Zahl unterscheidet man nieder- bzw. hochdispersive optische Gläser. Gläser mit geringer Dispersion werden auch als **Kronglas** (*crown glass*), diejenigen mit hoher Dispersion als **Flintglas** (*flint glass*) bezeichnet. Generell gilt hierbei der zugegebenermaßen etwas verwirrende Grundsatz: Je höher die Abbe-Zahl, desto geringer die Dispersion. Die Abbe-Zahl 50 markiert die Grenze zwischen beiden Glastypen ($\nu_{Flintglas} < \nu_e = 50 < \nu_{Kronglas}$), die ihrerseits noch in Untergruppen aufgeteilt werden. Eine geläufige Darstellungsart zur Einteilung optischer Gläser ist das sogenannte Abbe-Diagramm, in dem der Brechungsindex n_e über ν_e (in älteren Versionen n_d über ν_d) aufgetragen wird. (Abb. 3.2).

Derzeit verfügbare optische Gläser decken bezüglich der Abbe-Zahl einen Bereich von 20 bis 85 ab. Zur Beschreibung des Dispersionsverhaltens optischer Glä-

Tab. 3.2 Fraunhofer-Linien und deren Wellenlänge zur Berechnung der Abbe-Zahl ν_e bzw. ν_d

Fraunhofer-Linie	Element	Wellenlänge in nm
e	Quecksilber	546,0740
F′	Cadmium	479,9914
C′	Cadmium	643,8469
d	Helium	587,5618
F	Wasserstoff	486,1327
C	Wasserstoff	656,2725

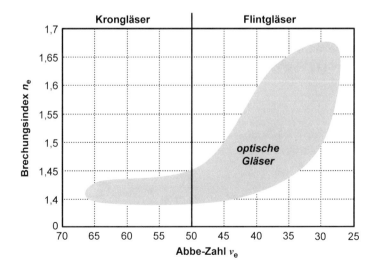

Abb. 3.2 Ein typisches Abbe-Diagramm

ser kann neben der Abbe-Zahl und der Sellmeier-Gleichung auch die **Teildisper-sion** P_{xy} (*partial dispersion*) herangezogen werden. Diese gibt gemäß

$$P_{xy} = \frac{n_x - n_y}{n_F - n_C} \qquad (3.5)$$

den Brechungsindexunterschied für zwei frei definierte Wellenlängen x und y an. Dabei stellt der Term $n_F - n_C$ die Hauptdispersion nach alter Definition dar.

Neben Transmission, Brechungsindizes und Dispersionsverhalten beeinflussen auch optische Glasfehler die Qualität eines optischen Glases:

- **Schlieren** (*schlieren, striae*) sind begrenzte Inhomogenitäten des Brechungsindexes in Form dünner Bänder, deren räumliche Ausdehnungen im Submillimeterbereich liegen. Sie entstehen durch unzureichende Durchmischung und Homogenisierung der Glasschmelze.
- Die **Spannungsdoppelbrechung** (*stress birefringence*) entsteht aufgrund einer spannungsinduzierten Änderung des Brechungsindexes. Sie wird hervorgerufen durch mechanische Spannungen aufgrund von räumlichen Temperaturunterschieden bei einem unzureichend kontrollierten Abkühlprozess oder durch mechanische Einwirkung wie Zug oder Druck auf ein Glaswerkstück. Dies hat eine Änderung der optischen Weglänge *OWL* zur Folge, die sich gemäß

$$\Delta\text{OWL} = 10 \cdot K \cdot d \cdot \sigma_m \qquad (3.6)$$

- aus dem Produkt des materialspezifischen photoelastischen Koeffizienten K, der Dicke d des Glaswerkstücks und der mechanischen Spannung σ_m ergibt.
  - Die **Brechungsindexinhomogenität** (*inhomogeneity of index of refraction*) beschreibt großskalige Schwankungen des Brechungsindexes innerhalb eines Glasblocks. Sie wird als Abweichung Δn des Brechungsindexes angegeben und interferometrisch über die Wellenfrontdeformation Δw (Abschn. 5.5.8) bestimmt, die bei einem zweimaligen Durchgang eines Messsignals durch einen Glasprüfling der Dicke d auftritt. Dabei ist

$$\Delta n = \frac{\Delta w}{2 \cdot d}. \qquad (3.7)$$

  - Thermische Instabilitäten beschreibt der **Temperaturkoeffizient der Brechung** (*temperature coefficient of refraction*). Er verknüpft die Änderung des Brechungsindexes mit der Temperaturänderung des Glases. Für diese Brechungsindexänderung gilt die Beziehung

$$\frac{dn}{dT} = \frac{n^2 - 1}{2 \cdot n} \cdot \left(D_0 + 2 \cdot D_1 \cdot \Delta T + 3 \cdot D_2 \cdot \Delta T^2 + \frac{E_0 + 2 \cdot E_1 \cdot \Delta T}{\lambda^2 - \lambda_{TK}^2} \right). \qquad (3.8)$$

- Dabei stellt n den Brechungsindex des Glases bei der Ausgangstemperatur T_0 dar. Bei den Größen D_0, D_1, D_2, E_0, E_1 und λ_{TK} handelt es sich um glasspezifische Konstanten, die den Datenblättern der jeweiligen Glashersteller entnommen werden können.
- **Blasen** und **Einschlüsse** (*bubbles and inclusions*) sind Luft- und Gasblasen, die während des Läuterns nicht vollständig aus der Glasschmelze ausgetrieben wurden, Kristalle, die bei einem unkontrollierten Abkühlprozess entstehen können, sowie Staub und Steinchen, die während des Schmelzprozesses von der Schamottwand der Schmelzwannen abplatzen. Sie wirken optisch wie Mikrolinsen und/oder Streuzentren.

Neben den optischen Eigenschaften muss man auch die wichtigsten mechanischen Kenngrößen eines optischen Glases angeben. Dazu gehört die Knoop-Härte *HK*, benannt nach dem amerikanischem Physiker *Frederick Knoop*. Diese wird ermittelt, indem eine Diamantspitze mit einer bestimmten Kraft F für einen definierten Zeitraum auf das Glas gepresst wird. Aus der Länge d des dabei entstehenden Abdrucks wird die Knoop-Härte gemäß

$$HK = 1{,}451 \cdot \frac{F}{d^2} \tag{3.9}$$

berechnet. Weitere relevante mechanische Kenngrößen sind unter anderem die Dichte, die in einem nahezu linearen Zusammenhang zur optischen Dichte und damit zum Brechungsindex steht, der Elastizitätsmodul E sowie die Bruchfestigkeit σ. Die beiden letzteren Größen hängen über die von dem britischen Ingenieur *Alan Griffith* aufgestellte Beziehung

$$\sigma = \sqrt{\frac{2 \cdot E \cdot \gamma}{t}} \tag{3.10}$$

zusammen. Hier sind γ die Oberflächenenergie des Glases und t die Tiefe der an der Glasoberfläche vorliegenden Mikrorisse.

Die Resistenz optischer Gläser gegen Umwelteinflüsse ist für eine Vielzahl von Anwendungen, z. B. bei Abbildungssystemen in Industrieumgebungen, relevant. Es werden die folgenden chemischen Resistenzklassen unterschieden:

- Die Klimaresistenz (CR) bezeichnet die Widerstandsfähigkeit des Glases gegen eine durch Wasserdampf und Luftfeuchte verursachte Oberflächentrübung (sogenannter Glasrost).
- Die Fleckenresistenz (FR) beschreibt die Beständigkeit des Glases gegenüber Veränderungen der Oberfläche durch leicht saures Wasser wie beispielsweise Schweiß und saure Kondensate.
- Die Resistenz eines Glases gegen Fleckenbildung oder gar Materialabtrag durch Säuren wird durch die Säureresistenz (SR) charakterisiert.

- Demgegenüber wird die Resistenz eines Glases gegen chemischen Abtrag durch alkalische Lösungen (Basen) wie etwa Reinigungsbäder anhand der Alkali- und Phosphatresistenz (AR, PR) angegeben.

Die wichtigsten thermodynamischen Materialeigenschaften eines Glases sind die Glaserweichungstemperatur, die Wärmekapazität, die Wärmeleitfähigkeit sowie der materialspezifische thermische Längenausdehnungskoeffizient α_{th}. Dieser gibt die Längenänderung Δl eines Bauteils mit der ursprünglichen Länge l_0 in Abhängigkeit von der Temperaturänderung ΔT an. Er ist gegeben durch

$$\alpha_{th} = \frac{1}{\Delta T} \frac{\Delta l}{l_0}. \tag{3.11}$$

Dabei stellt der Ausdruck $\Delta l / l_0$ die relative Längenänderung dar.

Optische Standardgläser weisen im Allgemeinen hohe Transmissionen im sichtbaren und nahinfraroten Wellenlängenbereich zwischen 350 und 2500 nm auf (Abb. 2.5). Für optische Komponenten, die im nahen bis fernen Ultraviolett (Tab. 1.1) verwendet werden, kann in vielen Fällen synthetisches Quarzglas eingesetzt werden, da dessen fundamentale Absorptionskante zwischen 160 und 170 nm liegt. Für Anwendungen im Vakuum-Ultraviolett ($\lambda = 100$–200 nm) bzw. im mittleren und fernen Infrarot ($\lambda = 3$ μm–1 mm) müssen für refraktive und transmittierende optische Komponenten spezielle optische Sondermaterialien eingesetzt werden.

3.2 Optische Sondermaterialien

3.2.1 Kristalle

Optische Kristalle sind natürlich oder künstlich gewachsene optische Medien. Sie sind optisch inhomogen, da die Moleküle in Kristallen in einer Fernordnung, dem Kristallgitter vorliegen. Diese Gitter weisen Vorzugs- bzw. Kristallachsen auf, woraus eine Anisotropie, also eine Richtungsabhängigkeit für einfallendes Licht resultiert. Dies drückt sich in der Praxis durch die Doppelbrechung Δn_{DB} eines optischen Kristalls aus (Abschn. 2.1.5). Dieser Effekt ist je nach Kristall mehr oder weniger stark ausgeprägt. Ein besonderer Vorteil einiger optischer Kristalle ist deren im Vergleich zu optischen Gläsern hohe Transmission im Ultravioletten und/oder Infraroten. Solche Kristalle mit vernachlässigbarer Doppelbrechung werden daher in optischen Komponenten für diese Wellenlängenbereiche eingesetzt. Dazu zählen unter anderem die in Tab. 3.3 und 3.4 aufgelisteten Werkstoffe.

Zur Realisierung von Polarisationsprismen oder Verzögerungsplatten (Abschn. 4.7) sind doppelbrechende Kristalle mit polarisationsabhängigen Brechungsindizes notwendig. Dazu eignet sich insbesondere auch der Kalkspat bzw. Calcit ($Ca[CO_3]$), der eine hohe Doppelbrechung aufweist. Diese beträgt im Mittel $\Delta n_{DB} = -0{,}164$, dabei ist Calcit im Wellenlängenbereich von 220 nm bis 3 μm transparent. Natürlicher Quarz (SiO_2) zeigt dagegen nur eine vergleichsweise niedrige

Tab. 3.3 UV–transparente Kristalle

Kristall	Summenformel	Transmissionsbereich
Lithiumfluorid	LiF	0,12–6,5 µm
Calciumfluorid	CaF_2	0,15–9 µm
Magnesiumfluorid	MgF_2	0,13–7 µm
Saphir	Al_2O_3	0,17–5 µm
Bariumfluorid	BaF_2	0,18–12 µm

Tab. 3.4 IR–transparente Kristalle

Kristall	Summenformel bzw. Elementsymbol	Transmissionsbereich
Zinkselenid	ZnSe	0,55–18 µm
Galliumarsenid	GaAs	1–15 µm
Silicium	Si	1,2–15 µm
Zinksulfid	ZnS	1,8–12,5 µm
Germanium	Ge	1,8–23 µm

mittlere Doppelbrechung von $\Delta n_{DB} = 0{,}009$. Sein Transmissionsbereich liegt zwischen 400 nm und 4,5 µm. Weitere Kristalle mit geringer Doppelbrechung sind beispielsweise Korund (Al_2O_3) oder Ammoniumdihydrogenphosphat ($(NH_4)H_2PO_4$).

Optische Kristalle können auch mehrere lineare und nichtlineare optische Eigenschaften aufweisen und somit unterschiedlichste Licht-Materie-Wechselwirkungen hervorrufen (Abschn. 1.4.2). Sie eignen sich somit zur Realisierung optischer Funktionselemente für Laserquellen wie beispielsweise Schalter oder Isolatoren (Abschn. 6.9).

- Der akustooptische Effekt führt beispielsweise in Tellurit (TeO_2) zur Ausbildung eines optischen Gitters. Daher lassen sich mit diesem Kristall akustooptische Modulatoren, Bragg-Zellen und Schalter zur Erzeugung kurzer Laserpulse realisieren.
- Terbium-Gallium-Granat ($Tb_3Ga_5O_{12}$, TGG) unterliegt dem magnetooptischen Effekt (Faraday-Effekt) und eignet sich daher für Faraday-Rotatoren oder -Isolatoren.
- Elektrooptisch aktive Kristalle sind unter anderem Kaliumdihydrogenphosphat (KH_2PO_4, KDP), Kaliumdeuteriumphosphat (KD_2PO_4, KD*P) und Bariumborat (BaB_2O_4, BBO). Diese Kristalle findet man in Pockels-Zellen und Modulatoren.
- KD*P eignet sich zudem zur Frequenzverdopplung bzw. -vervielfachung von Laserstrahlung, die auch mit dem Kristall Kaliumtitanylphosphat ($KTiOPO_4$, KTP) realisiert werden kann.
- Optische Kristalle werden darüber hinaus als Trägermedium für laseraktive dotierte Materialien eingesetzt. Dazu zählen Yttrium-Aluminium-Granat (YAG) oder Yttrium-Vanadat (YVO_4).

3.2.2 Glaskeramik

Die thermische Längenausdehnung optischer Gläser kann in manchen Fällen einen signifikanten Einfluss auf die Abbildungsqualität haben. So führen schon kleine Längenausdehnungen bei Teleskopspiegeln zur Deformation der reflektierten Wellenfront sowie zur Defokussierung. Aus diesem Grund ist bei solchen Systemen der Einsatz möglichst temperaturstabiler optischer Materialien wünschenswert. Dazu sollte das Material eine hohe mechanische Festigkeit und eine gute Bearbeitbarkeit ähnlich der von optischen Gläsern aufweisen, um die Herstellung hochpräziser optischer Oberflächen zu ermöglichen.

Diese Anforderungen erfüllen sogenannte Glaskeramiken. Die Herstellung dieser Werkstoffe ähnelt in weiten Teilen dem Herstellungsprozess optischer Gläser. Beim Abkühlen kommt es jedoch durch geeignete Temperatursteuerung zur Teilkristallisation, sodass das Endprodukt von seiner Netzwerkstruktur her sowohl Glas- als auch Keramikeigenschaften aufweist. Daraus ergeben sich ein extrem geringer thermischer Längenausdehnungskoeffizient von bis zu minimal $0,02 \cdot 10^{-6}$/K und eine hohe mechanische Festigkeit. Der Brechungsindex n_e von Glaskeramiken liegt je nach Herstellungsverfahren etwa zwischen 1,48 und 1,55, die Abbe-Zahl ν_e beträgt ca. 53–56.

In der Optik finden Glaskeramiken hauptsächlich Verwendung als Spiegelmaterial für erdgebundene und Weltraumteleskope, die hohen Belastungen durch Vibrationen oder Temperaturschwankungen ausgesetzt sind.

Glaskeramik im Alltag
Aufgrund ihrer äußerst geringen Wärmeausdehnungskoeffizienten und der hohen mechanischen Festigkeit haben sich Glaskeramiken als Material für Elektroherdkochfelder durchgesetzt. Darüber hinaus verwendet man diese außerordentlich temperaturstabilen Materialien als Sichtfenster von Kaminöfen.

3.2.3 Gradientenindexmaterialien

Während man bei optischen Gläsern einen über ein großes Volumen homogenen Brechungsindex anstrebt, wird der Brechungsindex bei den sogenannten optischen Gradientenindexmaterialien (GRIN-Materialien) gezielt räumlich variiert: Dieser nimmt z. B. in einer Gradientenindexlinse von der Mitte zum Rand hin stetig ab (Abb. 3.3, siehe auch Abschn. 4.9). Der Brechungsindexgradient, also die Verteilung des Brechungsindexes über den Durchmesser eines GRIN-Materials ist dabei meist durch eine parabolische Funktion gegeben, welche also keine sprungartigen Übergänge zwischen den vorliegenden Brechungsindices aufweist.

Dieses besondere Verhalten ist dem Herstellungsprozess von GRIN-Materialien geschuldet: Man bringt ein Glas in eine Lösung ein, woraufhin Ionen aus der Lösung in das Glas diffundieren. Innerhalb des Glases kommt es nun zu einem Ionenaustausch und somit zu einer vom Rand aus stetigen Modifikation des Brechungs-

Abb. 3.3 Verlauf des
Brechungsindexes in einer
Gradientenindexlinse

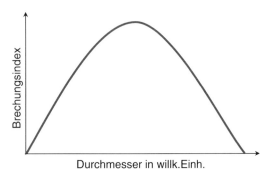

indexes. Dieser Ionenaustausch kann beispielsweise in einem natriumhaltigen Glas erfolgen, welches in eine Lithiumlösung getaucht wird. Durch den Austausch von Natrium- gegen Lithiumionen sinkt der Brechungsindex des Glases. Die Dynamik der Ionendiffusion im Glas führt auf die oben erwähnte parabolische Radialvertei- lung des Brechungsindexes.

GRIN-Materialien eignen sich zur Herstellung von Linsen mit sehr kurzen Brenn- weiten oder für optische Fasern bzw. Lichtwellenleiter (Abschn. 4.4 und 4.9.2).

Brechungsindexgradienten im Alltag
Warme oder heiße Luft hat einen geringeren Brechungsindex als kalte Luft. Wird Luft in der Nähe des Bodens durch starke Sonneneinstrahlung erwärmt, so hat die Luftschicht direkt über dem Boden einen niedrigeren Brechungsin- dex als höhere Schichten. Diese Gradientenindexschichtung kann unter einem großen Einfallswinkel, d. h. flach einfallende Lichtstrahlen krümmen und ab- lenken. Sie erscheinen dann unter Umständen in der Luft zu schweben, da das menschliche Auge unbewusst von geraden Lichtwegen ausgeht. Dieser Effekt ist mit der Totalreflexion von Lichtstrahlen beim Übergang von einem optisch dichteren in ein optisch dünneres Medium verwandt. Bei Windstille wird er noch dadurch verstärkt, dass die durch den Boden erhitzte Luft nicht abtrans- portiert wird. Im Alltag lassen sich solche Luftspiegelungen auf heißen As- phaltfahrbahnen beobachten. Auch die sprichwörtliche Fata Morgana beruht auf der Luftspiegelung an Gradientenindexschichten.

3.2.4   Kunststoffe

Kunststoffe sind bei vielen Anwendungen eine interessante Alternative zu optischen Gläsern. Ein großer Vorteil ist, dass sie leichter und viel weniger spröde und somit weniger zerbrechlich sind. Zudem lassen sich aufgrund der vergleichsweise einfa- chen Formbarkeit von Kunststoffen kostengünstig hohe Stückzahlen, etwa durch Pressverfahren herstellen. Daher werden optische Kunststoffe vorrangig zur Herstel-

Tab. 3.5 Kenngrößen optischer Kunststoffe

Kunststoff	Kurzbezeichnung	Brechungsindex n_d	Abbe-Zahl ν_d
Polymethylmethacrylat	PMMA	1,49	57,2
Polycarbonat	PC	1,58	30
Cyclo-Olefin-Polymer	COP	1,51–1,53	52–56
Cyclo-Olefin-Copolymer	COC	1,53–1,54	56
Polystyrol	PS	1,59	30,8
Polysulfon	PSU	1,63	23

lung von Konsumgütern wie günstigen Kameras, Spielzeugferngläsern oder -mikroskopen und Lupen verwendet. Aufgrund des geringen Gewichts und der vergleichsweise hohen mechanischen Stabilität findet man sie auch als Brillengläser. Im Vergleich zu Glas sind optische Kunststoffe jedoch weicher und somit kratzempfindlicher und ihre Brechungsindexhomogenität und plastische Verformung sind temperaturempfindlicher.

Einer der am häufigsten eingesetzten optischen Kunststoffe ist das umgangssprachlich auch als Acrylglas oder Plexiglas bezeichnete Polymethylmethacrylat. Weitere optische Kunststoffe und ihre Eigenschaften sind in Tab. 3.5 angegeben.

3.2.5 Optische Flüssigkeiten

Optische Flüssigkeiten finden vorrangig in Form von Immersionsflüssigkeiten in der Mikroskopie Verwendung (Abschn. 6.5). Hier kann man mit Immersionsöl, dessen Brechungsindex in etwa dem der Frontlinse des verwendeten Mikroskopobjektivs entspricht, die Numerische Apertur vergrößern (Abschn. 6.5).

Optische Flüssigkeiten können vergleichsweise geringe Brechungsindizes aufweisen (Beispiel: Ethanol mit $n_D = 1,3641$) und decken somit im Abbe-Diagramm Bereiche ab, für welche keine optischen Gläser zur Verfügung stehen. Daher eröffnet die Kombination optischer Gläser und Flüssigkeiten neue Möglichkeiten. Durch Verwendung zweier optischer Flüssigkeiten lassen sich zudem adaptive Linsen realisieren (Abschn. 4.4). Ein weiteres Einsatzgebiet optischer Flüssigkeiten ist die Bestimmung des Brechungsindexes von durchsichtigen Objekten. Wird ein solches Objekt in eine Flüssigkeit eingetaucht, deren Brechungsindex dem des Objekts entspricht, so erscheint dieses Objekt unsichtbar. Man kann dann aus dem bekannten Brechungsindex der Flüssigkeit auf den unbekannten Brechungsindex des Objekts schließen. Schließlich kann man auch flüssige laseraktive Medien als optische Flüssigkeiten ansehen (Abschn. 7.3.1).

3.3   Optische Materialien mathematisch

3.3.1   Die wichtigsten Gleichungen auf einen Blick

Sellmeier-Gleichung:

$$n(\lambda) = \sqrt{1 + \frac{B_1 \cdot \lambda^2}{\lambda^2 - C_1} + \frac{B_2 \cdot \lambda^2}{\lambda^2 - C_2} + \frac{B_3 \cdot \lambda^2}{\lambda^2 - C_3}}$$

Abbe-Zahl ν_e:

$$\nu_e = \frac{n_e - 1}{n_{F'} - n_{C'}}$$

Hauptdispersion:

$$\Delta n = n_{F'} - n_{C'}$$

Teildispersion:

$$P_{xy} = \frac{n_x - n_y}{n_F - n_C}$$

Änderung der optischen Weglänge durch Spannungsdoppelbrechung:

$$\Delta \text{OWL} = 10 \cdot K \cdot d \cdot \sigma_m$$

Brechungsindexinhomogenität:

$$\Delta n = \frac{\Delta w}{2 \cdot d}$$

Änderung des Brechungsindexes durch Temperaturänderung:

$$\frac{\mathrm{d}n}{\mathrm{d}T} = \frac{n^2 - 1}{2 \cdot n} \cdot \left(D_0 + 2 \cdot D_1 \cdot \Delta T + 3 \cdot D_2 \cdot \Delta T^2 + \frac{E_0 + 2 \cdot E_1 \cdot \Delta T}{\lambda^2 - \lambda_{\text{TK}}^2} \right)$$

Knoop-Härte:

$$HK = 1{,}451 \cdot \frac{F}{d^2}$$

Bruchfestigkeit:

$$\sigma = \sqrt{\frac{2 \cdot E \cdot \gamma}{t}}$$

thermischer Längenausdehnungskoeffizient:

$$\alpha_{\text{th}} = \frac{1}{\Delta T} \frac{\Delta l}{l_0}$$

3.4   Übungsaufgaben zu optischen Materialien

Verständnisfragen

Leser*innen des gedruckten Buches erhalten einen kostenlosen Zugang zu allen Verständnisfragen über die Springer Nature Flashcards-App.

Rechenaufgaben
3.26

In nachstehender Tabelle sind die Sellmeier-Koeffizienten B_1 bis C_3 eines optischen Glases angegeben.

B_1	1,039.612.12
B_2	0,231.792.344
B_3	1,010.469.45
C_1	0,006.000.698.67 µm²
C_2	0,020.017.914.4 µm²
C_3	103,560.653 µm²

Handelt es sich hierbei um ein Kronglas oder um ein Flintglas?

3.27

In der nachfolgenden Tabelle sind die Brechungsindizes eines optischen Glases für unterschiedliche Fraunhofer-Linien angegeben.

Fraunhofer-Linie	Brechungsindex
e	1,704.38
F′	1,716.77
C′	1,693.26
d	1,698.92
F	1,715.36
C	1,692.22

(a) Bestimmen Sie die Differenz der Abbezahlen $\nu_d - \nu_e$.
(b) Handelt es sich um ein Kronglas oder ein Flintglas?

3.28

Die nachstehende Tabelle gibt die Brechungsindizes zweier optischer Medien bei drei Wellenlängen an:

	Brechungsindex	
Wellenlänge in nm	Medium 1	Medium 2
546,0740	1,3332	1,7919
479,9914	1,3358	1,8084
643,8469	1,3312	1,7773

Beurteilen Sie diese beiden Medien in Hinblick auf ihre Dispersionseigenschaften.

3.29

An einem Block aus unbekanntem Glas werden für drei unterschiedliche Wellenlängen (480, 546 und 644 nm) bei einem Einfallswinkel von 0° folgende Reflexionsgrade ermittelt:

- R (480 nm) = 0,0829
- R (546 nm) = 0,0816
- R (644 nm) = 0,0783

Handelt es sich bei diesem Glas um ein Kronglas oder ein Flintglas? Nehmen Sie zur Berechnung als Brechungsindex des Umgebungsmediums $n_{Luft} = 1$ an.

3.30

Welche Hauptdispersion hat ein optisches Glas mit der Teildispersion $P_{e,d} = 0,2388$? Die Brechungsindizes des Glases bei den Fraunhofer-Linien e bzw. d betragen $n_e = 1,498.45$ bzw. $n_d = 1,497$.

3.31

Welchen Brechungsindex n_e hat ein optisches Medium, welches eine Hauptdispersion $\Delta n = n_{F'} - n_{C'}$ von 0,008.11 und eine Abbe-Zahl $\nu_e = 63,93$ aufweist?

3.32

Auf eine $d = 5$ mm dicke Glasscheibe mit einem photoelastischen Koeffizienten $K = 2,91 \cdot 10^{-6}$ mm^2/N werde eine mechanische Spannung ausgeübt. Als Folge davon tritt innerhalb dieser Glasscheibe eine Änderung der optischen Weglänge von $\Delta OWL = 6,5475 \cdot 10^{-3}$ mm auf. Bestimmen Sie die mechanische Spannung σ.

3.33

Für einen Glasprüfling werde eine Brechungsindexinhomogenität von $\Delta n = 2,532 \cdot 10^{-6}$ bestimmt. Dabei wurde für eine Prüfwellenlänge von $\lambda = 633$ nm interferometrisch eine Wellenfrontdeformation von $\Delta w = \lambda/2$ ermittelt. Welche Dicke d weist der Glasprüfling auf?

3.34

Ein Stab aus Glaskeramik ($\alpha_{th} = 0,1 \cdot 10^{-6}$/K) mit einer Länge von 10 mm werde von 20 °C auf 50 °C erwärmt.

(a) Bestimmen Sie die aus dieser Erwärmung resultierende Längenänderung Δl des Stabs.
(b) Bestimmen Sie bei gleicher Erwärmung die Längenänderung eines gleich langen Stabs aus einem optischen Glas, dessen thermischer Längenausdehnungskoeffizient $12,7 \cdot 10^{-6}$/K beträgt.

Optische Komponenten

4

Die wohl älteste optische „Komponente" ist in der Natur zu finden. Ein einfacher Wassertropfen wirkt aufgrund seiner durch die Oberflächenspannung hervorgerufenen nahezu kugelförmigen Geometrie wie eine Sammellinse, die das Sonnenlicht unter ungünstigen Umständen so stark fokussieren kann, dass ein Waldbrand entsteht. Je nach Einfallswinkel des Lichts sind in einem Regentropfen auch Totalreflexion und Dispersion möglich. Bei polychromatischem Licht führen beide Effekte zusammen zur Entstehung von Regenbögen.

Vom Menschen hergestellte optische Komponenten sind die Schlüsselelemente der abbildenden Optik. Mit Spiegeln, Prismen, Linsen und Fasern lassen sich die verschiedensten optischen Systeme realisieren, von denen viele aus dem modernen Alltag nicht mehr wegzudenken sind. So enthält beispielsweise jeder CD- oder DVD-Spieler optische Komponenten zur Erzeugung und Führung des Laserstrahls, der das jeweilige Speichermedium abtastet. Glasfaserkabel und die zugehörigen optischen Verstärkerstufen und Koppler wiederum bilden das Rückgrat der modernen Datenübertragung.

In diesem Kapitel werden wir die grundlegenden optischen Komponenten und Elemente, ihre Bauformen, jeweilige Wirkungsweise und besonderen Charakteristika kennenlernen und dabei die folgenden Erkenntnisse gewinnen:

- Planplatten bewirken keine Richtungsablenkung eines Lichtstrahls, sondern – abhängig vom Plattenmaterial und der Plattendicke – einen Parallel- und Längsversatz.
- Mittels Umlenkprismen kann eine optische Strecke durch Lichtumlenkung gefaltet und ein Bild gegebenenfalls umgekehrt werden.
- Dispersionsprimen erlauben die spektrale Zerlegung von einfallendem polychromatischem Licht und damit die Selektion einzelner Wellenlängen.
- Je nach Oberflächenform können Spiegel auftreffendes Licht durch Reflexion gerichtet ablenken oder fokussieren bzw. defokussieren.
- Je nach Typ fokussieren oder defokussieren optische Linsen einfallendes Licht durch Brechung.

© Springer-Verlag GmbH Deutschland, ein Teil von Springer Nature 2020
C. Gerhard, *Tutorium Optik*, https://doi.org/10.1007/978-3-662-61618-5_4

- Fokussierende optische Linsen werden als Sammellinsen bezeichnet.
- Defokussierende optische Linsen heißen Zerstreuungslinsen.
- Die Eigenschaften optischer Linsen ergeben sich aus ihrem Material, ihrer Dicke und ihrer Oberflächenform, wobei die Form der Linsen die wichtigste Rolle spielt.
- Die Oberfläche von sphärischen Linsen ist Teil einer Kugelfläche.
- Als Oberflächenform asphärischer Linsen sind Paraboloide, Ellipsoide, Hyperboloide oder Freiformen gebräuchlich.
- Der Begriff „konvex" bezeichnet eine nach außen gewölbte, die Bezeichnung „konkav" eine nach innen gewölbte Oberfläche.
- Spiegelschichten können mit metallischen Oberflächen erzeugt werden, dielektrische Schichtmaterialien erlauben hohe Reflexionsgrade in bestimmten Wellenlängenbereichen.
- Dielektrische Spiegelschichten basieren auf dem Effekt der konstruktiven Interferenz.
- Dielektrische Antireflexschichten nutzen die destruktive Interferenz.
- Außer Dispersionsprismen erlauben auch Beugungsgitter die Selektion einzelner Lichtwellenlängen aus einem breitbandigen Spektrum.
- Brewster-Fenster polarisieren einfallendes Licht gemäß dem Brewster'schen Gesetz.
- Die Polarisation von Licht durch Polarisationsprismen beruht auf dem Effekt der Doppelbrechung in optischen Kristallen.
- Strahlteiler ermöglichen es, Licht nach Polarisationsrichtung oder Energie aufzuspalten.
- Stufenindexfasern führen Licht auf Basis der Totalreflexion an optischen Grenzflächen.
- Bei Gradientenindexfasern erfolgt die Führung von Licht durch einen radialen Gradienten des Brechungsindexes innerhalb der Faser.
- Innerhalb optischer Fasern unterliegt das darin geführte Licht mehreren Dämpfungsmechanismen.

4.1 Planplatten

Planplatten oder genauer: **Planparallelplatten** (*plane-parallel plates*) stellen die wohl einfachste optische Komponente dar. Sie werden durch ihre Dicke d und ihren Brechungsindex n definiert. Das wohl bekannteste Beispiel hierfür ist eine Fensterscheibe. Im Fall eines lotrechten Lichteinfalls passiert der einlaufende Strahl eine solche Planplatte unverändert. Auf schräg auftreffende Lichtstrahlen üben Planplatten dahingegen eine optische Wirkung aus. Da die an den Grenzflächen auftretenden Winkel, der Einfallswinkel ε_{ein} und der Ausfallswinkel ε_{aus}, gemäß dem Snellius'schen Brechungsgesetz (Abschn. 2.1.3) den gleichen Betrag haben, erfährt ein Lichtstrahl beim Durchgang durch eine Planplatte zwar keine Ablenkung von seiner ursprünglichen Ausbreitungsrichtung (sofern der Brechungsindex des optischen Mediums vor der Platte dem Brechungsindex des Mediums hinter der Platte entspricht). Wie Abb. 4.1 zeigt, ist der austretende Lichtstrahl allerdings parallel versetzt.

Dieser Parallelversatz V_p ist abhängig vom Einfallswinkel sowie von der Dicke und dem Brechungsindex der Planplatte. Für eine Planplatte in Luft ist er gegeben durch

$$V_\mathrm{p} = d \cdot \sin\varepsilon_\mathrm{ein} \cdot \left(1 - \frac{\cos\varepsilon_\mathrm{ein}}{\sqrt{n^2 - \sin^2\varepsilon_\mathrm{ein}}}\right). \tag{4.1}$$

Es tritt auch ein Längsversatz V_l auf, der besonders bei einer optischen Abbildung von Bedeutung ist, d. h. im Fall von Lichtstrahlen, die hinter der Planplatte konvergieren, sich also in einem Bildpunkt schneiden. Hierbei kommt es zu einer Verschiebung des durch den Schnittpunkt der konvergierenden Strahlen gegebenen Bildpunkts, das Resultat ist ein Bildebenenversatz V_BE (Abb. 4.2).

Für kleine Einfallswinkel ($\sin\varepsilon_\mathrm{ein} \approx \varepsilon_\mathrm{ein}$) ist dieser Bildebenenversatz gegeben durch

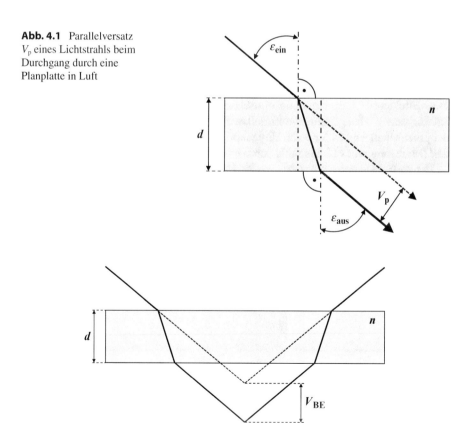

Abb. 4.1 Parallelversatz V_p eines Lichtstrahls beim Durchgang durch eine Planplatte in Luft

Abb. 4.2 Bildebenenversatz V_BE konvergierender Strahlen beim Durchgang durch eine Planplatte in Luft

$$V_{BE} = d \cdot \frac{n-1}{n}. \tag{4.2}$$

Bildebenenversatz im Alltag
Das Phänomen des Bildebenenversatzes lässt sich gut an frei im Raum stehenden Aquarien beobachten. Die Entfernung der sich dahinter befindlichen Objekte ist für den Betrachter meist nur schwierig einzuschätzen, da das Wasser optisch wie eine dicke Planparallelplatte wirkt und somit einen merklichen Versatz der Bildebene bewirkt.

4.2   Prismen

Allgemein ausgedrückt ist ein **Prisma** (*prism*) ein auf einer mehreckigen geometrischen Grundform basierendes dreidimensionales Element, welches aus einem optischen Medium besteht. Je nach Anwendung gibt es eine Vielzahl optischer Prismen. Grundsätzlich lassen sich je nach Verwendung drei Haupttypen unterscheiden: **Umlenkprismen** (*deflection prisms*), **Dispersionsprismen** (*dispersion prisms*) und **Polarisationsprismen** (*polarising prisms*) (zu letzteren siehe Abschn. 4.7.1). Der Verlauf eines Lichtstrahls beim Durchgang durch ein Prisma unterliegt im Wesentlichen zwei Effekten: der Brechung an optischen Grenzflächen gemäß dem Gesetz von *Snellius* sowie – bei geeignetem Einfallswinkel – der Totalreflexion. Letztere tritt in der praktischen Anwendung von Umlenkprismen ein. Zunächst diskutieren wir aber den Durchgang eines Lichtstrahls durch ein Prisma ohne Totalreflexion.

Die einfachste Form eines Prismas ist der **optische Keil** (*optical wedge plate*). In der Praxis wird dieser eingesetzt, um eine geringe Strahlablenkung zu generieren. Die Ablenkung erfolgt wie in Abb. 4.3 dargestellt aufgrund von Brechung an der zweiten optischen Grenzfläche, da die erste Grenzfläche senkrecht durchlaufen wird.

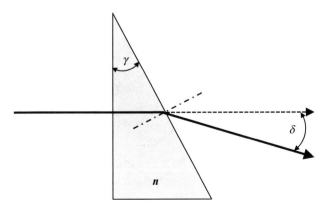

Abb. 4.3 Ablenkung δ eines Lichtstrahls an einem optischen Keil in Luft

Diese Ablenkung δ ist der Winkel zwischen der ursprünglichen und der vom Keil bewirkten neuen Ausbreitungsrichtung eines Lichtstrahls und beträgt

$$\delta = \gamma \left(n - 1 \right), \tag{4.3}$$

wobei γ den Keilwinkel und n den Brechungsindex des optischen Keils bezeichnen. Beachten Sie, dass Gl. 4.3 nur für kleine Keilwinkel ($\gamma < 10°$) gilt.

Für eine allgemeine Beschreibung der Ablenkung eines Lichtstrahls durch ein Prisma muss man den gesamten Strahlverlauf betrachten, da in der Regel bereits an der ersten optischen Grenzfläche eine Brechung erfolgt. Hier wird die sogenannte **Vier-Schritt-Methode** angewandt. Abb. 4.4 illustriert die dabei zu berücksichtigenden Parameter

- Einfallswinkel auf der ersten Grenzfläche ε_1,
- Brechungswinkel nach der ersten Grenzfläche ε_1',
- Einfallswinkel auf der zweiten Grenzfläche ε_2,
- Brechungswinkel nach der zweiten Grenzfläche ε_2' und
- Ablenkung des Lichtstrahls von der ursprünglichen Ausbreitungsrichtung δ.

Zur Veranschaulichung berechnen wir im Folgenden den Verlauf eines Lichtstrahls durch ein Prisma in Luft mit der Vier-Schritt-Methode. Mit dem Snellius'schen Brechungsgesetz (Gl. 2.3) beträgt bei gegebenem Einfallswinkel ε_1 der Brechungswinkel ε_1' an der ersten Grenzfläche des Prismas (erster Schritt)

$$\varepsilon_1' = \arcsin \left(\frac{\sin \varepsilon_1}{n} \right). \tag{4.4}$$

Der Einfallswinkel ε_2 des Lichtstrahls auf die zweite Grenzfläche auf der anderen Seite des Prisma ergibt sich im zweiten Schritt dann zu

$$\varepsilon_2 = \gamma - \varepsilon_1', \tag{4.5}$$

wobei γ den der Prismenbasis gegenüberliegenden Prismenwinkel darstellt (Abb. 4.4). Der Austrittswinkel ε_2' folgt im dritten Schritt gegeben zu

$$\varepsilon_2' = \arcsin \left(n \cdot \sin \varepsilon_2 \right). \tag{4.6}$$

Analog zu Gl. 2.5 kann auch im Fall eines Ablenkprismas die Ablenkung δ des Lichtstrahls von seiner ursprünglichen Ausbreitungsrichtung angegeben werden. Diese wird im vierten Schritt ermittelt und beträgt

$$\delta = \varepsilon_1 + \varepsilon_2' - \gamma. \tag{4.7}$$

Ein Sonderfall tritt bei symmetrischem Durchgang auf, also wenn der Lichtstrahl innerhalb des Prismas parallel zur Prismenbasis verläuft. Hier gilt $\varepsilon_1 = \varepsilon_2'$ bzw. $\varepsilon_1' = \varepsilon_2$. Dabei liegt das Minimum der Ablenkung vor, es ist gegeben durch

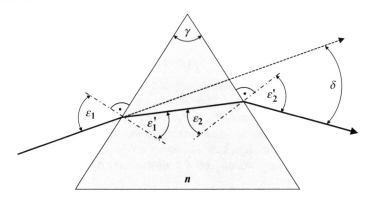

Abb. 4.4 Weg eines Lichtstrahls durch ein Prisma in Luft

$$\delta_{\min} = 2 \cdot \arcsin\left(n \cdot \sin\frac{\gamma}{2} \right) - \gamma = 2 \cdot \varepsilon_1 - \gamma. \qquad (4.8)$$

Ein- und Ausfallswinkel (ε_1 und ε_2') betragen in diesem Fall

$$\varepsilon_1 = \varepsilon_2' = \arcsin\left(n \cdot \sin\frac{\gamma}{2} \right). \qquad (4.9)$$

Der Parameter $\delta_{\min}$ findet technische Anwendung bei der messtechnischen Bestimmung des Prismenmaterials durch Ermittlung seines Brechungsindexes gemäß

$$n = \frac{\sin\dfrac{\delta_{\min} + \gamma}{2}}{\sin\dfrac{\gamma}{2}}. \qquad (4.10)$$

4.2.1 Umlenkprismen und Umkehrprismen

Umlenkprismen dienen dazu, Lichtstrahlen um einen bestimmten Winkel aus ihrer ursprünglichen Ausbreitungsrichtung abzulenken. Darüber hinaus erlauben sie eine Bildumkehr bzw. -spiegelung. Außer der oben beschriebenen Brechung an den Prismengrenzflächen trägt zum Teil auch die Totalreflexion (Abschn. 2.4.3) zu diesem Effekt bei. Dies wird auch an den in Abb. 4.5 dargestellten optischen Prismen deutlich.

Je nach Grundform, Prismenwinkel und Strahlengang gibt es eine Vielzahl an unterschiedlichen Umlenk- und Umkehrprismen. Dazu zählen unter anderem folgende Prismentypen:

- **90°-Prismen** weisen als Grundform ein gleichschenklig-rechtwinkliges Dreieck auf. Aufgrund der Winkel 45°, 90°, 45° werden diese Prismen auch als Halbwürfelprismen bezeichnet. Durch ein- oder zweifache Totalreflexion im Prismeninneren können sie – je nach Einfallswinkel – einen Lichtstrahl um 90° oder 180° (Porro-Anordnung) umlenken (Abb. 4.5a).

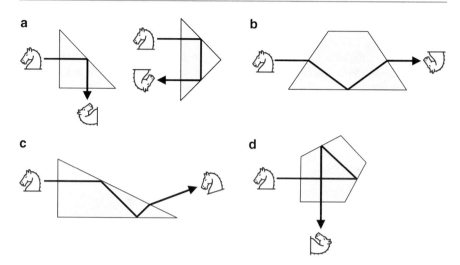

Abb. 4.5 Beispiele unterschiedlicher Umlenk-/Umkehrprismen: (**a**) 90°-Prisma als Umlenk-prisma (links) bzw. als Umkehrprisma nach Porro (rechts), (**b**) Dove-Prisma, (**c**) Bauernfeind-Prisma, (**d**) Pentagonalprisma

- Das nach dem deutschen Physiker und Meteorologen *Heinrich Wilhelm Dove* benannte **Dove-Prisma**, auch bekannt als Wendeprisma, hat als Grundform ein Trapez (Abb. 4.5b). Ein Dove-Prisma ändert die Ausbreitungsrichtung eines ankommenden Lichtstrahls nicht, das Bild wird jedoch um 180° gedreht, bzw. umgekehrt.
- **Bauernfeindprismen** haben den Querschnitt eines rechtwinkligen Dreiecks und lenken Licht je nach Prismenwinkel und -material um diskrete Winkel, z. B. 45° oder 60°um. Das Bild wird dabei jedoch nicht umgekehrt (Abb. 4.5c). Der etwas kuriose Name stammt von ihrem Erfinder, dem deutschen Ingenieur *Carl Maximilian von Bauernfeind*.
- **Pentagonalprismen** (Abb. 4.5d) lenken einen Lichtstrahl sozusagen „über Bande" um 90° ab und weisen dabei eine Besonderheit auf: Dieser Umlenkwinkel ist aufgrund der mehrfachen (Total-)Reflexion im Prismeninneren unabhängig von Einfallswinkel.
- Darüber hinaus gibt es auch komplexere **Prismensysteme** aus mehreren, meist miteinander verkitteten Einzelprismen, die deren charakteristische Eigenschaften kombinieren. Dazu zählt beispielsweise das Prismenumkehrsystem nach *Abbe-König*.

Umlenkprismen im Alltag
Umlenkprismen finden sich beispielsweise in Ferngläsern. Hier dienen sie dazu, die effektive Baulänge eines Teleskops (Abschn. 6.4) auf die handlichen Abmessungen eines Fernglases zu verkürzen. Dies gelingt, indem der optische Weg innerhalb eines Fernglases durch Verwendung von Umlenkprsimen mehrfach gefaltet wird.

4.2.2   Dispersionsprismen

Aufgrund der Dispersion, also der Wellenlängenabhängigkeit des Brechungsindexes, gibt es bei einfallendem weißem (polychromatischem) Licht für jede Wellen-
länge λ_1, λ_2 etc. eine spezifische wellenlängenabhängige Ablenkung $\delta(\lambda_1)$, $\delta(\lambda_2)$ etc.
Daher wird das einfallende Licht in seine spektralen Farbanteile zerlegt, wobei im
Fall der normalen Dispersion die Ablenkung δ für kurzwelliges Licht (blau) größer
ist als für langwelliges Licht (rot) (Abb. 4.6, Abschn. 2.2).

Die Differenz der mit Gl. 4.7 bestimmten Ablenkwinkel für zwei gegebene Wellenlängen λ_1 und λ_2 (mit $\lambda_2 < \lambda_1$),

$$\delta_D = \delta(\lambda_2) - \delta(\lambda_1), \tag{4.11}$$

ist der in Abb. 4.6 dargestellte Dispersionswinkel δ_D für die beiden betrachteten
Wellenlängen. Um einen hohen Dispersionswinkel zu erreichen, benutzt man bei
einem Dispersionsprisma mit dem Standard-Prismenwinkel 60° hochdispersive optische Materialien mit einer geringen Abbe-Zahl. Dispersionsprismen werden technisch unter anderem zur Wellenlängenselektion in Spektrometern genutzt (Abschn. 6.8.2).

Auch Dispersionsprismen werden gerne als Prismensysteme aus mehreren hin-
tereinander angeordneten Prismen mit verschiedenen Eigenschaften gefertigt. Hier
nimmt das aus mindestens drei Einzelprismen zusammengesetzte **Geradsichtprisma** eine Sonderstellung ein. Dieser Prismentyp bewirkt zwar eine spektrale
Zerlegung von einfallendem Weißlicht, im Mittel wird der einfallende Lichtstrahl
aber nicht aus seiner ursprünglichen Ausbreitungsrichtung abgelenkt (Abb. 4.7).

4.3   Spiegel

Spiegel haben die Aufgabe, einfallende Lichtstrahlen zu reflektieren bzw. umzulen-
ken. Die Reflexion erfolgt dabei gemäß dem in Abschn. 2.4 eingeführten Reflexionsgesetz. Um möglichst hohe Reflexionsgrade zu erreichen, werden optische

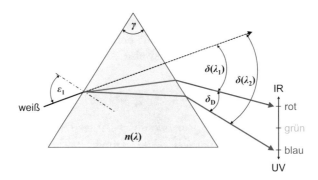

Abb. 4.6   Ein Dispersionsprisma zerlegt einfallendes Licht in seine spektralen Komponenten

Abb. 4.7 Dispersion in
einem Geradsichtprisma
(in Luft)

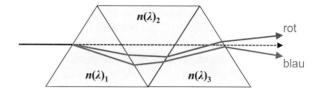

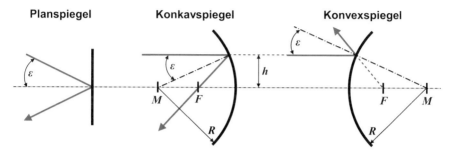

Abb. 4.8 Grundformen optischer Spiegel: Planspiegel sowie Konkav- und Konvexspiegel mit
Krümmungsradius R, Krümmungsmittelpunkt M und Brennpunkt F. Die Lichtstrahlen fallen unter
dem Einfallswinkel ε und in der Strahleinfallshöhe h ein

Komponenten mit speziellen Beschichtungen versehen (Abschn. 4.5.1). Je nach
Anwendung kommen auch polierte Metalle zum Einsatz, so eignet sich Kupfer beispielsweise aufgrund seines hohen Reflexionsgrads im infraroten Wellenlängenbereich als Spiegelmaterial für CO_2-Laserstrahlung.

Prinzipiell lassen sich zwei Hauptarten von Spiegeln unterscheiden: Planspiegel
und Wölbspiegel. Letztere sind entweder **konvex** (*convex*) oder **konkav** (*concave*)
geformt (Abb. 4.8).

Die Bezeichnungen „konvex" (von lateinisch „convexus", „gewölbt") und „konkav" (lateinisch „concavus", „ausgehöhlt") werden ganz allgemein zur Beschreibung der Oberflächenform optischer Komponenten, also z. B. auch bei Linsen
verwendet.

Konvexe und konkave Oberflächen können unterschiedliche Grundgeometrien
aufweisen (Abschn. 4.4), wobei die am weitesten verbreitete Geometrie optischer
Komponenten ein Kugelabschnitt mit Radius R und Mittelpunkt M ist. Die verlän-
gerte Verbindungslinie zwischen Kugelmittelpunkt und Scheitelpunkt nennt man
optische Achse (*optical axis*). Für diese kugelbasierten Wölbspiegel ergibt sich die
Brennweite f (*focal length*) näherungsweise zu

$$f = \frac{R}{2}. \tag{4.12}$$

Die Brennweite beschreibt vereinfacht ausgedrückt den Abstand zwischen einer
optischen Komponente und dem Punkt, an dem parallel zur optischen Achse einfallende Lichtstrahlen durch diese optische Komponente gebündelt werden. Dieser Ort
ist der auch als **Fokus** bezeichnete **Brennpunkt** F (*focus*). Bei einem Wölbspiegel

liegt dieser gemäß Gl. 4.12 auf halber Strecke zwischen dem Kugelmittelpunkt M und der Kugeloberfläche, in diesem Fall also der Spiegeloberfläche. Gl. 4.12 ist allerdings nur im achsnahen Raum, dem sogenannten **Paraxialraum** (Abschn. 5.1) anwendbar, d. h., wenn die Strahleinfallshöhe h, also der Abstand zwischen Einfallsstrahl und optischer Achse, nicht zu groß wird. Außerhalb des Paraxialraums muss zur Bestimmung der Brennweite eines Wölbspiegels auch der Einfallswinkel ε gemäß

$$f = R \cdot \left(1 - \frac{1}{2 \cdot \cos \varepsilon} \right) \tag{4.13}$$

berücksichtigt werden.

Hochwertige konkave Wölbspiegel bzw. Hohlspiegel werden unter anderem in optischen Systemen und Geräten wie Spiegelobjektiven oder Teleskopen (Abschn. 6.4.2) eingesetzt. Sie sind darüber hinaus in einfacherer Form auch in Konsumgütern des alltäglichen Gebrauchs wie etwa Taschenlampen zu finden.

Wölbspiegel im Alltag

Bei Verkehrsspiegeln an unübersichtlichen Kreuzungen oder auch im Außenrückspiegel von Kraftfahrzeugen ist es oft schwierig, den Abstand zu den abgebildeten Objekten richtig einzuschätzen. Daher muss in manchen Ländern auch der Warnhinweis *„Objects in mirror are closer than they appear"* („Objekte im Spiegel sind näher, als sie erscheinen") am Außenrückspiegel angebracht werden. Dieses Verhalten ist bei derartigen Spiegeln deren konvexer Form geschuldet. Durch die Oberflächenkrümmung wird für den Betrachter das Sichtfeld zwar vergrößert, dies führt jedoch zu einer verkleinernden Abbildung von Objekten, deren Abstand zum Spiegel größer ist als dessen Brennweite (Abb. 5.7), was wiederum das Sehsystem des Fahrers zu dem Fehlschluss führt, das Objekt (z. B. ein heranrasendes Auto) sei noch relativ weit entfernt.

4.4   Linsen

Linsen sind in der optischen Praxis die am häufigsten anzutreffenden Komponenten von Systemen und Geräten. Generell lassen sich Linsen in zwei Hauptgruppen einteilen: **Sammellinsen** (*converging lenses*) und **Zerstreuungslinsen** (*diverging lenses*). Diese Namensgebung basiert auf der Wirkung des jeweiligen Linsentyps auf einfallende Lichtstrahlen: Sammellinsen bündeln das Licht, sodass Lichtstrahlen nach dem Durchgang durch eine Sammellinse konvergieren und in einem Brennpunkt fokussiert werden. Im Fall von Zerstreuungslinsen divergieren die Lichtstrahlen, sie werden nicht gebündelt, sondern defokussiert.

Generell ist eine Linse, wie in Abb. 4.9 am Beispiel einer Bikonvexlinse gezeigt, durch folgende Kenngrößen definiert:

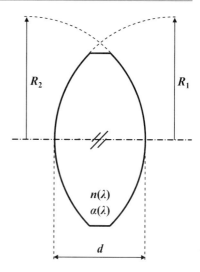

Abb. 4.9 Kenngrößen einer Bikonvexlinse; die optische Achse verläuft hier durch die Scheitelpunkte der Oberflächen

- die material-/wellenlängenabhängigen Größen Brechungsindex $n(\lambda)$ und Absorptionskoeffizient $\alpha(\lambda)$,
- die auch als Mittendicke bezeichnete Scheiteldicke d der Linse und
- die Form der optisch wirksamen Fläche, in der Abbildung sind dies die Krümmungsradien R_1 und R_2 der Kugelabschnitte.

Die meisten Linsen haben einen Kugelabschnitt als optisch wirksame Fläche. Solche Linsen werden daher allgemein als **sphärische Linsen** (*spherical lenses*) bezeichnet. Die Namensgebung basiert auf dem griechischen bzw. lateinischen Wort für Kugel „sphaira/sphaera". Es gibt aber auch Linsen mit nichtsphärischen Oberflächengrundformen wie Paraboloide, Ellipsoide, Hyperboloide oder gar Freiformen. Hierbei spricht man entsprechend von **asphärischen Linsen** (*aspheres*, *aspherical lenses*). In der Regel ist die Grundform aber auch bei asphärischen Linsen rotationssymmetrisch zur optischen Achse.

Während die Oberfläche einer sphärischen Linse lediglich durch ihren Krümmungsradius definiert ist, weist eine asphärische Linsenoberfläche eine mathematisch komplexere Oberflächengeometrie auf. Diese wird durch die ortsabhängige Pfeilhöhe $p(h)$ beschrieben (Abb. 4.10).

Die Pfeilhöhe $p(h)$ gibt den von der Strahleinfallshöhe h abhängigen Abstand eines Punkts auf der asphärischen Oberfläche zu deren Scheitelpunkt an und ist gegeben durch

$$p(h) = \frac{\dfrac{h^2}{R}}{1 + \sqrt{1 - e\left(\dfrac{h}{R}\right)^2}} + \sum_{i=2}^{i_{max}} A_{2i} \cdot h^{2i}. \tag{4.14}$$

Abb. 4.10 Charakteristische Größen zur Definition
einer asphärischen
Linsenoberfläche:
ortsabhängige Pfeilhöhe
$p(h)$ und Krümmungsra-
dius R einer zugrunde
liegenden Basiskugel

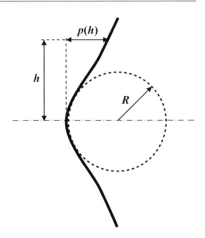

Dabei ist R der Radius einer der Asphäre zugrunde liegenden Basiskugel, e die
Konuskonstante, die die geometrische Grundform der Asphäre angibt ($e < 0$: Hyperbel, $e = 0$: Parabel, $e > 0$: Ellipse und $e = 1$: Kreis) und A der Asphärenkoeffizient.

Zu den Linsenoberflächen ohne Rotationssymmetrie um die optische Achse zählen die **Zylinderlinsen** (*cylindrical lenses*), deren Oberflächenform ein Zylinderab-
schnitt ist. Am Beispiel solcher Zylinderlinsen lässt sich die Definition der zur Beschreibung von Abbildungsfehlern (Abschn. 5.5) benutzten **Meridional-** und
Sagittalebene (*meridional and sagittal planes*) gut veranschaulichen. Abb. 4.11
zeigt, dass diese beiden Ebenen aufeinander senkrecht stehen. Die Meridionalebene
ist dabei die Zeichnungsebene, die gemäß der Definition von Konstruktionsstrahlen
für die optische Abbildung durch die Ebene von Hauptstrahl und optischer Achse
gegeben ist (Abschn. 5.2). Senkrecht zur Meridionalebene liegt die Sagittalebene,
welche die Meridionalebene in der optischen Achse schneidet.

Aufgrund der Zylindergeometrie ergibt sich für Lichtstrahlen, die eine Zylinderlinse durchlaufen, nun folgender Fall: Die in der Meridionalebene einfallenden
Lichtstrahlen unterliegen der Brechung an der Zylinderoberfläche und werden somit fokussiert. Für die in der Sagittalebene einfallenden Lichtstrahlen wirkt eine
Zylinderlinse dagegen wie eine planparallele Platte, da in dieser Ebene die Grenzfläche nicht gekrümmt ist. Daraus ergibt sich kein punktförmiger Fokus, sondern
vielmehr ein Linienfokus. Daher eignen sich Zylinderlinsen besonders für den Einsatz in Linienscannern.

Linsenoberflächen können neben einer Kugel und einem Zylinder auch einen
Torus als Grundform aufweisen. Die Linsenobefläche stellt dann den Abschnitt einer Torusoberfläche dar, bei einer solchen **torischen Linsen** (*torical lenses*) hat der
Meridionalschnitt (der Schnitt der Meridionalebene mit der Linsenoberfläche) einen anderen Krümmungsradius als der Sagittalschnitt. Torische Linsen werden
hauptsächlich für Brillen verwendet und in diesem Zusammenhang auch als astig-
matische Linsen bezeichnet.

In der Praxis trifft man sphärische Linsen wesentlich häufiger an als asphärische
Linsen, da erstere wesentlich einfacher und günstiger herzustellen sind. Daher

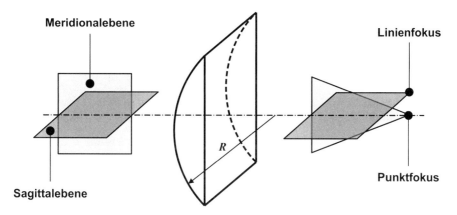

Abb. 4.11 Definition der Meridional- und Sagittalebene am Beispiel einer Zylinderlinse

wollen wir uns im Folgenden auf diesen Linsentyp konzentrieren. Die bereits erwähnten Kenngrößen zur Beschreibung einer sphärischen Linse – Linsenmaterial, Mittendicke und Krümmungsradien – sind maßgeblich für deren optische Wirksamkeit. Diese wird durch die bereits in Abschn. 4.3 eingeführte Brennweite f charakterisiert. Bei der Bestimmung der Brennweite einer Linse unterscheidet man zwei Fälle: Bei einer **dünnen Linse** ist die Mittendicke sehr viel kleiner als die Krümmungsradien der Linsenoberfläche. Daher kann die Mittendicke d bei der Bestimmung der Brennweite vernachlässigt werden. Die Brennweite f einer solchen Linse in Luft ergibt sich dann aus dem Brechungsindex des Linsenmaterials, n, und den Krümmungsradien der optisch wirksamen Linsenoberflächen, R_1 und R_2, gemäß.

$$f = \frac{1}{n-1} \cdot \left(\frac{R_1 \cdot R_2}{R_2 - R_1} \right). \tag{4.15}$$

Diese mathematische Beschreibung der Abhängigkeit der Brennweite von den Krümmungsradien der Linse wird auch als Linsenschleiferformel oder Linsenmachergleichung bezeichnet. Im Sonderfall betragsmäßig gleicher Krümmungsradien ($R = R_1 = R_2$), also für symmetrische Linsen, vereinfacht sich Gl. 4.15 zu

$$f = \frac{1}{n-1} \cdot \frac{R}{2}. \tag{4.16}$$

Eine andere Vereinfachung ergibt sich, wenn die Linse eine Planfläche mit $R_{PF} = \infty$ aufweist, hier wird zur Berechnung der Brennweite lediglich der Radius R der gekrümmten Oberfläche berücksichtigt:

$$f = \frac{R}{n-1}. \tag{4.17}$$

Wenn die Mittendicke d gegenüber den Krümmungsradien nicht mehr vernachlässigt werden kann, hat man es mit einer sogenannten **dicken Linse** zu tun. Es empfiehlt sich, die Brennweite dann zwecks Übersichtlichkeit der Gleichung eher über den Kehrwert der Brennweite zu berechnen. Das Ergebnis ist dann die **Brech-kraft** D (*refraction power*) der Linse, also

$$D = \frac{1}{f}. \tag{4.18}$$

Die Brechkraft wird meist in der Einheit Dioptrie, Kurzzeichen D bzw. dpt, an-gegeben, es gilt 1 dpt = 1 m^{-1}. Die Linsenschleiferformel lautet dann allgemein

$$\frac{1}{f} = (n-1) \cdot \frac{1}{R_1} - \frac{1}{R_2} + \frac{(n-1) \cdot d}{n \cdot R_1 \cdot R_2}. \tag{4.19}$$

Aus Gl. 4.15, 4.16 und 4.19 ist zu ersehen, dass die Brennweite aufgrund der Wellenlängenabhängigkeit des Brechungsindexes ebenfalls von der Wellenlänge abhängt. Genauer müsste man anstatt f daher $f(\lambda)$ schreiben. Die Folgen dieser Wel-lenlängenabhängigkeit der Brennweite werden näher in Abschn. 5.5.2 erläutert.

Wie bereits eingangs erwähnt, lassen sich die verschiedenen Linsenformen in zwei Hauptgruppen unterteilen, nämlich Sammel- und Zerstreuungslinsen (Abb. 4.12). Man benennt Linsentypen nach ihrer Wölbung (konvex oder konkav) und der relativen Größen der Krümmungsradien, wobei der größere Radius die Be-zeichnung des Linsentyps anführt. So ist beispielsweise eine Linse mit $R_{\mathrm{konvex}} > R_{\mathrm{konkax}}$

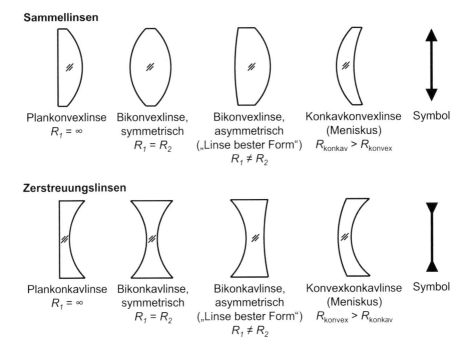

Abb. 4.12 Übersicht über verschiedene Linsentypen und deren Bezeichnungen inklusive der Ra-dienverhältnisse und jeweiligen Symbole

eine Konvexkonkavlinse, eine Linse mit einer Planfläche ($R = \infty$) und einer Konkav-
fläche eine Plankonkavlinse. Symmetrische Linsen mit $R_1 = R_2$ heißen bikonvex bzw.
bikonkav. Die Abbildung enthält auch die gebräuchlichen Symbole für die jeweiligen Linsentypen, die auch für Linsensysteme benutzt werden können.

Neben diesen klassischen optischen Linsen gibt es eine Vielzahl von weiteren
Linsenkonzepten. Hier ist beispielsweise die **Fresnel-Linse** zu erwähnen, die in
ihrer Grundform aus einer planparallelen Platte besteht, in welche konzentrische,
nahezu prismenförmige Ringe eingearbeitet sind. Im Gegensatz zu einer Plankonvexlinse gleicher Brennweite weist eine Fresnel-Linse dank dieser Anordnung eine
sehr geringe Mittendicke und durch die damit verbundene Materialeinsparung ein
viel geringeres Gewicht auf. Technische Anwendung findet dieses Linsenkonzept
daher in der Beleuchtungstechnik für große Räume bzw. Gebiete, etwa bei Leucht-
feuern, Seezeichen, Scheinwerfern und Projektoren, oder bei sehr kleinen optischen
Systemen.

Ein anderes Linsenkonzept, welches an das biologische Vorbild einer Augenlinse
(Abschn. 6.1.1) angelehnt ist, ist die sogenannte **elastische Linse**. Diese besteht aus
einem transparenten und verformbaren Kunststoff, der in einer Fassung montiert ist.
Wird auf diesen Kunststoff Druck ausgeübt, was im einfachsten Fall durch einen
Schraubring an der Innenseite der Fassung erfolgen kann, so verformt sich dieser
mechanisch, woraus eine Änderung des Krümmungsradius der Kunststoffoberflä-
che resultiert. Dadurch ändert sich mit Gl. 4.19 bzw. Gl. 4.20 auch die Brennweite
einer solchen elastischen Linse. Ein ähnliches Prinzip kommt bei **Flüssigkeitslinsen** zum Einsatz, die aus einer metallischen Fassung und zwei Planplatten bestehen,
zwischen denen sich zwei nicht durchmischbare optische Flüssigkeiten befinden.
Die Verformung der optischen Flüssigkeiten erfolgt hierbei durch das Anlegen einer
elektrischen Spannung an die Fassung und die damit einhergehende Änderung der
Oberflächenspannung der Flüssigkeiten. Adaptive Linsenkonzepte wie elastische
und Flüssigkeitslinsen zeichnen sich dadurch aus, dass die Änderung ihrer Brennweite (in einem bestimmten Bereich) innerhalb kürzester Zeit erfolgt. Zudem ist zur
Fokussierung keine mechanische Positionierung von einzelnen optischen Komponenten notwendig, wie es beispielsweise bei klassischen Objektiven der Fall ist.
Nachteilig ist jedoch, dass nur wenige geeignete Materialien (Kunststoffe und Flüssigkeiten) zur Verfügung stehen und somit die Korrektur einiger Abbildungsfehler
bei solchen Systemen nur bedingt möglich ist. Solche Linsen können zudem nur mit
relativ kleinen Durchmessern realisiert werden.

Einen weiteren Ansatz stellt der Einsatz von Gradientenindexmaterialien (Abschn. 3.2.3) dar. Dies erlaubt die Realisierung sogenannter **Gradientenindexlinsen**, kurz: GRIN-Linsen. Diese haben im Gegensatz zu optischen Komponenten,
die auf der Brechung an Grenzflächen basieren, keinerlei Krümmungsradien an den
optisch wirksamen Grenzflächen (Abb. 4.13).

Die optische Wirksamkeit von GRIN-Linsen beruht vielmehr auf einem stetigen,
radial verteilten Gradienten des Brechungsindexes im Volumenmaterial. Die Brennweite f_{GL} einer solchen GRIN-Linse hängt gemäß

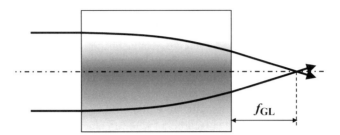

Abb. 4.13 Fokussierung paralleler Lichtstrahlen durch eine Gradientenindexlinse

$$f_{GL} = \frac{1}{n_z \cdot g_n \cdot \sin\left(g_n \cdot l_{GL}\right)} \tag{4.20}$$

vom Brechungsindex im Zentrum der GRIN-Linse, n_z, dem Gradienten des Brechungsindexes, $g_n = \mathrm{d}n/\mathrm{d}r$, und der geometrischen Länge l_{GL} der GRIN-Linse ab. Dabei beschreibt g_n die Steilheit des Brechungsindexgradienten.

Abschließend seien noch die sogenannten **Mikrolinsenarrays** erwähnt, denen eine Schlüsselrolle in der Lasertechnik, vorrangig bei der Homogenisierung von Laserstrahlen zukommt. Diese Komponenten bestehen aus plankonvexen Mikrolinsen mit Durchmessern und Krümmungsradien im Bereich einiger hundert Mikrometer. Die Mikrolinsen sind dabei periodisch auf einem planparallelen Glasträger angeordnet. Dies erlaubt die Zerlegung eines einfallenden Strahlbündels in eine Vielzahl kleinerer Strahlbündel. Durch eine geeignete nachgeschaltete Abbildungsoptik können diese Einzelbündel dann zu einem Feld mit homogener Intensitätsverteilung transformiert werden.

4.5 Optische Schichten

Die Grenzflächen optischer Komponenten weisen, wie in Kap. 2 näher erläutert, in Abhängigkeit vom verwendeten Material oder besser gesagt: von dessen Brechungsindex bestimmte Reflexions- und Transmissionseigenschaften auf. Zur gezielten Beeinflussung dieser Eigenschaften versieht man optische Komponenten im Regelfall mit dünnen **optischen Schichten** bzw. Beschichtungen (*optical coatings*). Dieser Vorgang wird auch als Vergütung oder Veredelung bezeichnet und kann je nach Anwendung zu sehr unterschiedlichen Schichteigenschaften führen. Prinzipiell ist bei der Auslegung jeglicher optischen Schicht zu beachten, dass die erreichbaren Reflexions- und Transmissionsgrade gemäß den Fresnel'schen Formeln sowohl von der Wellenlänge als auch von der Polarisation des einfallenden Lichts abhängen.

4.5.1 Reflexionsschichten

Reflexions- bzw. **Spiegelschichten** (*reflective layers, mirror coatings*) können – wie bei einen gewöhnlichen Badezimmerspiegel – einfach hauchdünne Metallschichten sein. Hier wird die hohe Reflektivität von Metalloberflächen genutzt. Dazu verwendete Standardmaterialien sind Silber oder Aluminium, die im sichtbaren Wellenlängenbereich Reflexionsgrade von ca. 85–98 % aufweisen. Darüber hinaus werden für optische Komponenten dielektrische Schichten verwendet. Im Gegensatz zu metallischen Schichten sind dielektrische optische Schichten transparent. Um hohe Reflexionsgrade zu erzielen, nutzt man hier das Prinzip der konstruktiven Interferenz (Abschn. 2.5.1). Für ein gegebenes Schichtmaterial mit dem Brechungsindex $n(\lambda)$ kommt es bei der Wellenlänge λ zur konstruktiven Interferenz aufgrund des Gangunterschieds der an den Schichtgrenzflächen (Luft–Schicht und Schicht–Substrat) reflektierten Lichtwellen (siehe auch Abb. 2.12). Entscheidend ist dabei die Schichtdicke d_{Schicht}. Beträgt diese

$$d\left(\lambda\right)_{\text{Schicht}} = \frac{\lambda}{2n\left(\lambda\right)_{\text{Schicht}}}, \tag{4.21}$$

so kommt es zur konstruktiven Interferenz und somit zu einer Verstärkung der sich überlagernden reflektierten Lichtwellen (Abb. 4.14a).

Der Reflexionsgrad eines solchen Schicht-Substrat-Systems nimmt also zu und kann bei geeigneter Materialauswahl über 99,99 % betragen. Um derart hohe Reflexionsgrade für mehrere Wellenlängen, also einen definierten Wellenlängenbereich zu erreichen, sind jedoch Schichtstapel, sogenannte Multilayersysteme, mit unterschiedlichen Dicken und Brechungsindizes der jeweiligen Einzelschichten notwendig. Eine Auswahl von dazu standardmäßig verwendeten dielektrischen Materialien ist in Tab. 4.1 zusammengefasst.

Die Kunst bei der Erstellung solcher Schichtdesigns besteht also darin, für einen möglichst großen Wellenlängenbereich einen möglichst hohen und homogenen Reflexionsgrad R_{tot} zu erreichen. Für ein Multilayersystem mit N Schichten aus zwei unterschiedlichen Schichtmaterialien ist dieser gegeben durch

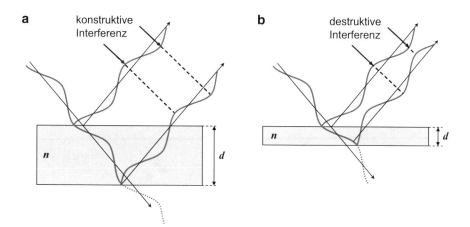

Abb. 4.14 Prinzip einer auf konstruktiver Interferenz basierenden dielektrischen Reflexionsschicht (**a**) und einer auf destruktiver Interferenz basierenden dielektrischen Antireflexschicht (**b**)

Tab. 4.1 Auswahl dielektrischer Materialien für optische Schichten

Material	Summenformel	n_D
Magnesiumfluorid	MgF_2	1,38
Siliciumdioxid	SiO_2	1,46
Aluminiumoxid	Al_2O_3	1,76
Zirconiumdioxid	ZrO_2	2,18
Zinksulfid	ZnS	2,37
Titanoxid	TiO_2	2,52

$$R_{tot} = \left(\frac{1 - \left(\frac{n_{M1}}{n_{M2}} \right)^{2 \cdot N}}{1 + \left(\frac{n_{M1}}{n_{M2}} \right)^{2 \cdot N}} \right)^2, \tag{4.22}$$

mit dem Brechungsindex n_{M1} des einen und n_{M2} des anderen Schichtmaterials. Neben einer möglichst hohen Reflexion kann auch gezielt eine betragsmäßig definierte Reflexion und Transmission durch ein geeignetes Schichtdesign erzielt werden. Solche teilreflektierenden Schichten werden zur Herstellung von Strahlteilern verwendet (Abschn. 4.8).

4.5.2 Antireflexschichten

Dielektrische Schichten oder Schichtstapel werden auch zur Realisierung von **Antireflexschichten** (*antireflective layers*) eingesetzt, man spricht dann auch von **Entspiegelung**. Analog zu dielektrischen Spiegelschichten basieren auch diese auf kohärenter Lichtüberlagerung, hier handelt es sich aber um destruktive Interferenz. Diese tritt auf, wenn die Schichtdicke

$$d(\lambda)_{Schicht} = \frac{\lambda}{4n(\lambda)_{Schicht}} \tag{4.23}$$

beträgt, siehe Abb. 4.14b. Dielektrische Schichten werden aufgrund der Nutzung von Interferenzeffekten zur Reflexionssteigerung bzw. -minimierung auch als Interferenzschichten bezeichnet.

4.5.3 Filterschichten

Neben Spiegelschichten und Antireflexschichten gibt es eine Vielzahl von weiteren optischen Beschichtungen. So erlaubt die Verwendung anisotroper Materialien beispielsweise die Realisierung von polarisierenden Schichten. Darüber hinaus gibt es zahlreiche Farbfilterschichten, mit denen man aus einem polychromatischen

Lichtspektrum eine gewünschte Wellenlänge bzw. einen Wellenlängenbereich isolieren kann (Abb. 4.15).

Der Aufbau solcher Schichten ist in seinen Grundzügen vergleichbar mit den
bereits beschriebenen dielektrischen Schichtstapeln, hier haben die Schichtsysteme
jedoch eine komplexere Struktur. Dies gilt insbesondere für **Interferenzfilter**
(*interference filters*), die eine möglichst hohe Transmission für eine scharf begrenzte
Lichtwellenlänge und zudem eine hohe Blockung des restlichen Spektrums aufweisen. Die Qualität solcher Filter ist durch den Transmissionsgrad für die gewünschte
Wellenlänge sowie den Grad der Blockung für das restliche Lichtspektrum gegeben. Letzteres wird durch die wellenlängenabhängige optische Dichte $OD(\lambda)$ charakterisiert, die man gemäß

$$OD\left(\lambda\right) = -\log_{10} T\left(\lambda\right) \tag{4.24}$$

aus der wellenlängenabhängigen Transmission errechnet. So entspricht beispielsweise eine Transmission von 0,1 % einer optischen Dichte von 4 und eine Transmission von 10 % einer optischen Dichte von 1. Der Kehrwert der Transmission wiederum gibt den sogenannten Filterfaktor F an. Das umgekehrte Verhalten eines
Interferenzfilters, also eine hohe Transmission für einen breiten Wellenlängenbereich und eine hohe Blockung bei einer diskreten Wellenlänge, bieten optische
Kerbfilter (*notch filter*). Diese beiden Filtertypen stellen Extremfälle dar. Einfacher

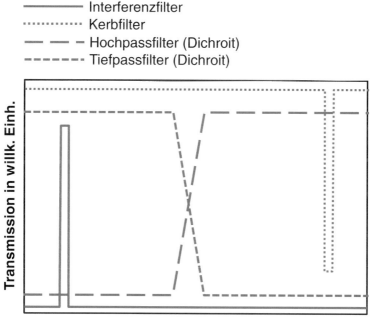

Abb. 4.15 Optische Filter: Interferenzfilter, Kerbfilter, Tiefpassfilter und Hochpassfilter

lässt sich eine möglichst hohe Abschwächung des gesamten Wellenlängenbereichs realisieren, was durch den Einsatz von **Neutralfiltern** (*neutral filters*) erreicht wird. Diese weisen eine konstante optische Dichte für alle für den Filter spezifizierten Wellenlängen auf. Ein weiterer vergleichsweise einfacher Filter ist der sogenannte **Dichroit**. Hierbei handelt es sich um optische **Tiefpass-** oder **Hochpassfilter**, (*low-pass filters*, *high-pass filters*), die Licht bis zu einer bestimmten Wellenlänge transmittieren bzw. reflektieren und unterhalb bzw. oberhalb dieser Grenzwellenlänge hochreflektiv bzw. hochtransmissiv sind. Derartige Filter findet man beispielsweise als wellenlängenselektive Strahlteiler oder als Wärmesperrfilter.

4.6   Beugungsgitter

Beugungsgitter (*diffraction grating*) sind optische Elemente zur Zerlegung von einfallendem Licht in dessen spektrale Anteile. Diese optischen Elemente wurden erstmals vom deutschen Optiker und Physiker *Joseph von Fraunhofer* eingesetzt, um das Spektrum des Sonnenlichts zu analysieren (Abschn. 3.1.4). Beugungsgitter beruhen auf den Effekten Beugung und Interferenz an sehr schmalen optischen Spalten mit einer Breite $b \geq \lambda$ (Abschn. 2.6.1). Sie bestehen im einfachsten Fall eines Liniengitters aus einer Vielzahl solcher Spalte, die auf einem transparenten Glassubstrat in einem definierten Abstand zueinander parallel angeordnet sind. Werden diese Spalte durchstrahlt, so handelt es sich um ein Transmissionsgitter, es gibt aber auch Reflexionsgitter. Der Ablenkwinkel des Hauptmaximums φ_{max} errechnet sich bei senkrecht einfallendem Licht gemäß

$$\varphi_{max} = \arcsin\left(\frac{m \cdot \lambda}{g}\right) = \arcsin\left(\frac{\Delta s}{g}\right), \qquad (4.25)$$

wobei m die Beugungsordnung des Hauptmaximums, Δs den Gangunterschied und g die sogenannte **Gitterkonstante** (*grating constant*) bezeichnen. Die Gitterkonstante gibt die Anzahl der Linien pro Millimeter und somit indirekt den Abstand der parallelen Spalte an. Aus Gl. 4.25 ist leicht ersichtlich, dass sich für jede Wellenlänge ein spezifischer Ablenkwinkel ergibt. Ein optisches Gitter wirkt also genauso wie ein Dispersionsprisma. Die Zerlegung von einfallendem polychromatischem Licht in Beugungsgittern oder Dispersionsprismen ist die physikalische Basis aller Spektrometer (Abschn. 6.8).

Um die Beugungseffizienz und somit die Intensität für eine ausgewählte Beugungsordnung zu steigern, greift man auf sogenannte Blazegitter (von englisch „to blaze", „funkeln") zurück, die auch als Echellegitter (französisch „echelle", „Maßstab") bezeichnet werden. Bei diesen Gittern ist die Oberfläche der Stege unter einem bestimmten Winkel, dem Blazewinkel θ_B, zur Basisfläche des Gitters geneigt, woraus im Querschnitt ein mikroskopisch kleines Sägezahnprofil resultiert. Der Blazewinkel ist gegeben durch

$$\theta_{\mathrm{B}} = \arcsin\frac{m\cdot\lambda}{2g}. \tag{4.26}$$

Daraus folgt, dass ein Blazegitter aufgrund seines statischen Blazewinkels sowohl für eine bestimmte Beugungsordnung als auch Wellenlänge optimiert ist, also hier seine höchste Beugungseffizienz aufweist. In der Regel handelt es sich hierbei um höhere Beugungsordnungen.

4.7 Polarisatoren und Verzögerungsplatten

4.7.1 Polarisatoren und Polarisationsfilter

Man kann unpolarisiertes Lichts mit verschiedenen optischen Komponenten und Systemen wie beispielsweise Polarisatoren polarisieren. In diesem Zusammenhang stellt der Polarisationsgrad P eine wichtige Größe dar. Diesen kann man messen, indem ein Polarisator im Strahlengang einer unpolarisierten Lichtquelle eingebracht und verdreht wird. Je nach Lage des Polarisators im Strahlengang misst man eine maximale und eine minimale Intensität, $I_{\max}$ und $I_{\min}$. Aus diesen beiden Messwerten ergibt sich der Polarisationsgrad des Polarisators zu

$$P = \frac{I_{\max} - I_{\min}}{I_{\max} + I_{\min}}. \tag{4.27}$$

Dabei beträgt $I_{\min}$ bei vollständiger linearer Polarisation 0, was einem Polarisationsgrad von 1 entspricht. Vollkommen unpolarisiertes Licht weist hingegen einen Polarisationsgrad von 0 auf, da in diesem Fall die maximal gemessene Intensität gleich der minimal gemessenen Intensität ist ($I_{\max} = I_{\min}$). In der Praxis wird der Polarisationsgrad für jeweils eine betrachtete Polarisationsrichtung bestimmt.

Die Aufspaltung unpolarisierten Lichts in seine senkrecht und parallel polarisierten Anteile kann im einfachsten Fall über eine einfache Planplatte erreicht werden. Dazu genügt es im Grunde, das Licht unter dem Brewster-Winkel einfallen zu lassen (Abschn. 2.4.2). Aufgrund der durch die Fresnel'schen Formeln (Gl. 2.24 und 2.25) beschriebenen polarisationsabhängigen Reflexion wird der senkrecht polarisierte Anteil an der Grenzfläche Luft–Glas nahezu vollständig reflektiert, wohingegen der parallel polarisierte Anteil durch die Planplatte transmittiert wird (Abb. 4.16).

Solche Planplatten werden als **Brewster-Fenster** (*Brewster plates*) bezeichnet. Sie sind vor allem in Kurzpulslaserquellen zu finden. Hierzu wird noch zusätzlich eine Polarisationsschicht auf das Brewster-Fenster aufgebracht, um dessen Polarisationseffizienz zu steigern, also seinen Polarisationsgrad zu erhöhen. Man kann aber auch mehrere Brewster-Fenster „in Serie" schalten, um den Polarisationsgrad sukzessive zu steigern. Der Gesamtpolarisationsgrad P_{ges} einer solchen Anordnung aus N Brewster-Fenstern mit Brechungsindex n errechnet sich in diesem Fall zu

Abb. 4.16 Ein Brewster-
Fenster spaltet
unpolarisiertes Lichts (p, s)
in einen reflektierten Anteil
mit senkrechter (s)
Polarisation und einen
transmittierten parallel (p)
polarisierten Anteil auf

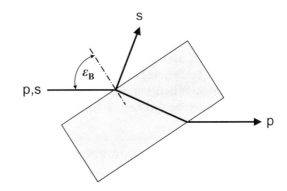

$$P_{\text{ges}} = \frac{1 - \left[1 - \left(\dfrac{n^2 - 1}{n^2 + 1} \right)^2 \right]^{2N}}{1 + \left[1 - \left(\dfrac{n^2 - 1}{n^2 + 1} \right)^2 \right]^{2N}}. \tag{4.28}$$

Abb. 4.17 Ein
Drahtgitterpolarisator lässt
nur senkrecht zur
Gitterrichtung polarisiertes
Licht durch

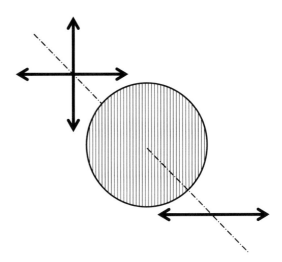

   Der Hauptnachteil besteht hierbei jedoch in der Absorption, also der Abschwächung des transmittierten parallel polarisierten Lichts, die bei großen N eine Nutzung der transmittierten Komponente schwierig machen kann.
   Eine weitere polarisierende optische Komponente ist der sogenannte **Drahtgitterpolarisator**, der aus einer Vielzahl parallel angeordneter Metalldrähte besteht.
Diese reflektieren selektiv die Lichtwellen, deren Schwingungsebene, also Polarisation senkrecht zu den Drähten ausgerichtet ist, und transmittieren den Lichtanteil
mit zu den Drähten orthogonaler Polarisation (Abb. 4.17). Dieses Verhalten ist dem

elektromagnetischen Charakter von Lichtwellen geschuldet, da das Gitter im ersten Fall wie ein Leiter auf das elektrische Feld der senkrecht zur Drahtrichtung schwingenden Lichtwellen wirkt.

Für manche Anwendungen ist der Einsatz von Polarisationsfiltern mit lokal unterschiedlichen Filtereigenschaften wünschenswert. Solche Polarisatoren können über einen mehrstufigen Prozess realisiert werden. Hierbei wird ein Substrat mit einer Schicht aus Nanopartikeln versehen. Anschließend wird diese Schicht lithographisch mikrostrukturiert, was ortsselektiv mit sehr hoher Auflösung erfolgen kann. Aus solchen **Nanopartikel-Polarisatoren** kann man beispielsweise segmentierte Polarisationsscheiben aufbauen.

Die kostengünstigste Alternative stellen sogenannte **Folienpolarisatoren** dar. Hierbei handelt es sich um dünne Kunststofffolien, in welche Farbstoffmoleküle eingebettet sind. Bei mechanischem Zug richten sich die Moleküle dieser Folien in Zugrichtung aus, wodurch die Folie eine mit einem Gitterpolarisator vergleichbare Mikrostruktur erhält.

Polarisationsschichten im Alltag

Aus den Fresnel'schen Formeln folgt, dass das an beliebigen Oberflächen reflektierte Licht vorrangig senkrecht polarisiert ist (Abschn. 2.4.1). Darum kann man einfallendes natürliches Licht mit Polarisationsfiltern abschwächen. Dieses Prinzip wird bei mit Polarisationsfiltern versehenen Brillengläsern angewandt. Besonders Autofahrer*innen sowie Winter- und Wassersportler*innen profitieren von solchen polarisierenden Brillengläsern, da Schnee- und Wasseroberflächen eine hohe und meist räumlich stark gerichtete Reflexion aufweisen.

Polarisationsschichten findet man darüber hinaus auch auf 3D-Brillen. Indem die beiden Brillengläser nur jeweils für eine Polarisationsrichtung transparent sind, erhalten beide Augen stereoskopisch variierte Bildinformationen, woraus das Gehirn einen dreidimensionalen Bildeindruck rekonstruiert.

Neben Brewster-Fenstern, Gitterpolarisatoren, mit Polarisationsschichten versehene Dünnschichtpolarisatoren und Folienpolarisatoren gibt es verschiedene Arten von **Polarisationsprismen**, die auf dem physikalischen Effekt der Doppelbrechung basieren (Abschn. 2.1.5). Die dabei verwendeten optischen Medien sind anisotrope Kristalle wie beispielsweise Calcit ($Ca[CO_3]$), der auch als Kalkspat oder Doppelspat bezeichnet wird. Durchläuft ein unpolarisierter Lichtstrahl ein solches Medium, wird er aufgrund der unterschiedlichen Brechungsindizes, n_o und n_{ao}, in zwei unterschiedlich polarisierte Teilstrahlen aufgespalten. Dabei spielen Lage und Richtung der Kristallachse eine entscheidende Rolle. Beim Einfall auf eine Grenzfläche von Luft und Kristall gilt für den sogenannten ordentlichen Strahl $n = n_o$ und für den außerordentlichen Strahl $n = n_{ao}$, beide erfahren also unterschiedliche Brechung. Auf der unterschiedlichen Polarisation der beiden Teilstrahlen beruhen die Polarisationsprismen. Zu dieser Gruppe zählen unter anderem die folgenden Prismentypen (Abb. 4.18):

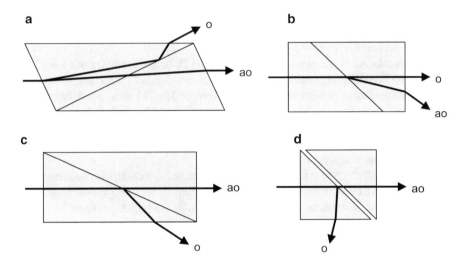

Abb. 4.18 Beispiele unterschiedlicher Polarisationsprismen: **a**) Nicol'sches Prisma, **b**) Rochon-Prisma, **c**) Glan-Thompson-Prisma, **d**) Glan-Taylor-Prisma zur Aufspaltung eines einfallenden Lichtstrahls in eine ordentlichen (o) und außerordentlichen Strahl (ao) mit unterschiedlichen Polarisationen

- Das nach dem britischem Physiker *William Nicol* benannte **Nicol'sche Prisma** besteht aus zwei verkitteten rechtwinkligen Kristallprismen mit den spitzen Winkeln 68° und 22°. Der ordentliche Strahl erfährt an der Kittfläche Totalreflexion und wird dadurch noch weiter vom außerordentlichen Strahl abgelenkt (Abb. 4.18a).
- Das von dem französischen Astronomen *Alexis-Marie de Rochon* erfundene **Rochon-Prisma** setzt sich aus zwei verkitteten winkelgleichen Kristallprismen zusammen (Abb. 4.18b). Der Winkel der brechenden Kittfläche zur optischen Achse bestimmt den Winkelabstand der polarisierten Teilstrahlen.
- Das nach dem britischen Physiker *William Wollaston* benannte **Wollaston-Prisma** stellt eine Abwandlung des Rochon-Prismas dar.
- Das von dem deutschen Physiker *Paul Glan* und seinem englischen Kollegen *Silvanus Thompson* entwickelte **Glan-Thompson-Prisma** besteht aus zwei verkitteten rechtwinkligen Kristallprismen. Dabei wird der ordentliche Strahl wie bei einem Nicol'schen Prisma an der Kittfläche totalreflektiert, hier unterliegt aber der außerordentliche Strahl nach Durchgang durch das Prismensystem keiner Winkelablenkung (Abb. 4.18c).
- Eine Abwandlung des Glan-Thompson-Prismas stellt das **Glan-Taylor-Prisma** dar. Dieses setzt sich aus zwei 90°-Prismen aus Kristall zusammen, die durch einen dünnen Luftspalt getrennt sind. Auch bei diesem Polarisationsprismentyp wird der ordentliche Strahl durch Totalreflexion stärker vom außerordentlichen Strahl getrennt. Durch den Luftspalt wird die Bedingung der Totalreflexion an der Grenzfläche Kristall-Luftspalt erreicht, was bei einer Verkittung aufgrund des vergleichsweise hohen Brechungsindexes optischer Kitte nicht der Fall wäre.

Aufgrund der hier gewählten Prismengeometrie und der am Luftspalt auftretenden Totalreflexion ist der Winkel zwischen beiden Teilstrahlen größer als 90° (Abb. 4.18d).

4.7.2 Verzögerungsplatten

Eine besondere Rolle unter den polarisierenden optischen Komponenten spielen die sogenannten **Verzögerungsplatten** (*retardation plates*). Diese verzögern einen Polarisationsanteil des Lichts, welches eine solche Platte durchstrahlt, um entweder ein Viertel oder die Hälfte der Periode, bzw. Wellenlänge gegenüber dem dazu orthogonal polarisierten Anteil. Bei Verzögerung um ein Viertel der Wellenlänge nennt man diese Komponenten λ/4-**Platten**, bei λ/2-**Platten** hat man eine Verzögerung um eine halbe Wellenlänge. Die Verwendung einer λ/4-Platte erlaubt es, linear polarisiertes Licht je nach dem Winkel zwischen der optischen Achse des Plattenmaterials und der Polarisationsrichtung des einfallenden Lichts zirkular bzw. elliptisch zu polarisieren oder auch derart polarisiertes Licht in linear polarisiertes zu konvertieren. Mittels λ/2-Platten kann hingegen die Schwingungsrichtung linear polarisierten Lichts um einen beliebigen Winkel gedreht werden. Dieses Verhalten von Verzögerungsplatten wird durch den Einsatz anisotroper optischer Medien erreicht. Dabei kommt es als Folge der Doppelbrechung zu einer Phasenverschiebung $\Delta\varphi$ zwischen den beiden linearen Polarisationsanteilen des einfallenden Lichts. Diese hängt über

$$\Delta\varphi = \frac{2\pi}{\lambda} \cdot d \cdot \left(n_{\text{langsam}} - n_{\text{schnell}} \right) \qquad (4.29)$$

von der Lichtwellenlänge, der Dicke d der Platte und der Differenz der Brechungsindizes der langsamen und schnellen Achse des Plattenmaterials ab (Abschn. 2.1.5). Aus der Überlagerung beider phasenverschobener Teilwellen nach Durchlaufen der Platte ergibt sich die oben erwähnte jeweilige Polarisationsänderung. Wenn die Differenz der optischen Weglängen $d \cdot (n_{\text{langsam}} - n_{\text{schnell}})$ in Gl. 4.29 ein Viertel bzw. die Hälfte der Wellenlänge beträgt, hat man eine λ/4- bzw. λ/2-Platte.

4.8 Strahlteiler

Wie der Name dieser optischen Komponenten bereits besagt, dienen Strahlteiler dazu, einen einfallenden Lichtstrahl in zwei Teilstrahlen zu zerlegen. Dabei kann das Ziel wie beim Einsatz von Polarisatoren darin liegen, unterschiedlich polarisierte Teilstrahlen zu erhalten (Abschn. 4.7.1).

In vielen optischen Anwendungen genügt jedoch eine reine Aufteilung von Licht ohne Beeinflussung der Polarisationsrichtung. Dies lässt sich durch nichtpolarisierende Strahlteilerschichten mit bestimmten Teilungsverhältnissen, d. h. einem bestimmten Prozentsatz von transmittierter und reflektierter Lichtintensität (I_{T} bzw.

I_R), erreichen. Dieses Teilungsverhältnis kann im Grunde beliebige Werte annehmen, am meisten verbreitet ist jedoch ein Verhältnis von 50 % Transmission zu 50 % Reflexion. In der Praxis werden solche Strahlteilerschichten klassischerweise entweder auf einer Planplatte oder auf der Hypotenuse eines 90°-Prismas aufgebracht. Wenn man ein derart beschichtetes Prisma mit einem zweiten solchen Prisma verkittet, erhält man den in Abb. 4.19 dargestellten **Strahlteilerwürfel** (*beam splitter cube*).

Die einfachere Form eines strahlteilenden optischen Elements ist die **Strahlteilerplatte** (*beam splitter plate*), also eine mit einer Teilerschicht versehene Planplatte. Technische Anwendung finden Strahlteilerplatten und -würfel vorrangig in Interferometern (Abschn. 6.1), aber auch in einer Vielzahl anderer optischer Systeme.

Eine weitere Möglichkeit zur Strahlteilung bieten diffraktive, also auf Beugungseffekten basierende optische Elemente. Diese werden mittels Mikrostrukturierung auf Glasoberflächen generiert oder gar in das Glasvolumenmaterial eingebracht. Solche Elemente koppeln einen bestimmten Anteil des einfallenden Lichts aus. Der Auskopplungsgrad hängt dabei stark von der Natur des diffraktiven optischen Elements (DOE) ab.

Strahlteiler im Alltag
Strahlteiler bilden das Herzstück von Telepromptern. Hierbei wird der für den Sprecher oder Moderator vor der Kamera bestimmte Text über eine unter einem Winkel von 45° in der Sichtachse Kamera–Sprecher stehende Strahlteilerplatte in dessen Sichtfeld beim Blick in die Kamera eingekoppelt. (Der Projektor, der den Text aussendet, befindet sich also senkrecht über oder unter der Sichtachse.) An der Strahlteilerplatte wird der Text zum Sprecher hin reflektiert und ist dadurch zwar für ihn lesbar, für die Kamera und somit für den Zuschauer bleibt er jedoch unsichtbar (Abb. 4.20).

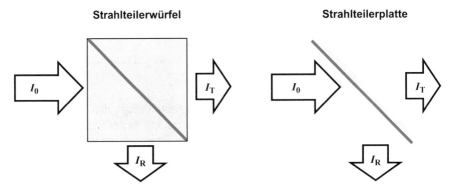

Abb. 4.19 Strahlteilerwürfel (links) bzw. -platte (rechts) zur Aufspaltung von einfallendem Licht mit Ausgangsintensität I_0 in einen transmittierten Teilstrahl mit der Intensität I_T und einen reflektierten Teilstrahl mit der Intensität I_R

Abb. 4.20 Funktionsprinzip eines Teleprompters

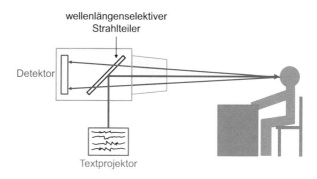

4.9 Optische Fasern

4.9.1 Stufenindexfasern

Optische Fasern (*optical fibres*), auch **Lichtwellenleiter** (*waveguides*) genannt, bilden als sogenannte Glasfaserkabel die Grundlage der optischen Nachrichten- und Datenübertragungstechnik. Am weitesten verbreitet ist hier die sogenannte Stufenindexfaser. Das physikalische Prinzip dieses Fasertyps ist der Effekt der Totalreflexion (Abschn. 2.4.3). Eine Stufenindexfaser besteht aus einem Glasmaterial als Kern, das den Brechungsindex n_K hat. Dieser Kern ist von einem Mantel mit dem Brechungsindex n_M umgeben (Abb. 4.21). Es liegt somit innerhalb einer solchen Stufenindexfaser eine klar definierte optische Grenzfläche vor. Übersteigt der Einfallswinkel ε des in die Faser eingestrahlten Lichts an der Grenzfläche Kern-Mantel den aus diesen Brechungsindizes resultierenden Grenzwinkel der Totalreflexion, so bleibt das Licht vollständig innerhalb des Faserkerns und kann über sehr große Kabellängen geführt werden.

Aus der Tatsache, dass an der Grenzfläche zwischen Faserkern und Fasermantel die Bedingung der Totalreflexion erfüllt sein muss, ergibt sich ein maximaler Öffnungswinkel θ_{max} für die Einkopplung von Licht in die Faser. Dieser Winkel wird auch als maximaler **Akzeptanzwinkel** der Faser bezeichnet und ist gegeben durch

$$\theta_{max} = \arcsin\left(n_U \cdot \sqrt{n_K^2 - n_M^2}\right), \tag{4.30}$$

wobei n_U der Brechungsindex des Umgebungsmediums ist. Aus Gl. 4.30 lässt sich direkt eine weitere charakteristische Größe optischer Fasern, die **Numerische Apertur** (*numerical aperture*) *NA*, ableiten:

$$NA = \sin\theta_{max} = n_U \cdot \sqrt{n_K^2 - n_M^2}. \tag{4.31}$$

Das arithmetische Mittel aus den Brechungsindizes von Faserkern und Fasermantel ist die effektive Brechzahl

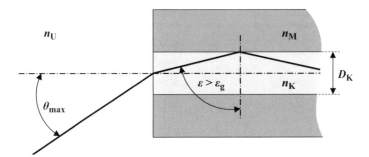

Abb. 4.21 Einkopplung von Licht in eine Stufenindexfaser. Der Grenzwinkel der Totalreflexion ε_g und der maximale Akzeptanzwinkel θ_{max} ergeben sich aus den Brechungsindizes von Faserkern (n_K) und Fasermantel (n_M). D_K ist der Kerndurchmesser

$$n_{eff} = \frac{\left(n_K + n_M\right)}{2} = n_K \cdot \sin \varepsilon. \tag{4.32}$$

Sie stellt ein indirektes Maß für die nachfolgend erläuterte Wellenleiterdispersion dar.

Prinzipiell werden zwei Haupttypen von Stufenindexfasern unterschieden:

- **Multimodefasern** sind in der Lage, mehrere Moden zu transportieren, da sie einen vergleichsweisen großen Kerndurchmesser von D_K = 50–1500 µm aufweisen.
- In Singlemode- oder **Monomodefasern** kann sich lediglich die Grundmode ausbreiten, da deren Kerndurchmesser nur einige Vielfache der Wellenlänge des geführten Lichts (D_K = 3–9 µm) beträgt. Somit werden höhere Transversalmoden unterdrückt.

Man kann Stufenindexfasern auch mit dem als V-Zahl bezeichneten **Faserparameter** V charakterisieren, er ist gegeben durch

$$V = \frac{D_K \cdot \pi}{\lambda} \cdot \sqrt{n_K^2 - n_M^2}. \tag{4.33}$$

Monomodefasern weisen einen Faserparameter kleiner als 2,4048 auf, wohingegen für eine Multimodefaser $V > 2{,}4048$ gilt.

Das Modell der Totalreflexion von in Stufenindexfasern geführten Lichtstrahlen ist eine idealisierte Beschreibung der Vorgänge an der Grenzfläche zwischen einem optisch dichteren und einem optisch dünneren Medium. Es kommt an der Kern-Mantel-Grenzfläche – auch aufgrund der typischerweise relativ geringen effektiven Brechzahl – zu einem Überschwingen des Lichts in eine dünne Randschicht des Mantels. Dieser Bereich ist durch einen exponentiellen Abfall der in den Mantel eingekoppelten Lichtintensität gegeben und wird als **evaneszentes Feld** bezeichnet. Dieses Feld kann genutzt werden, um durch eine nahezu vollständige Entfernung des Mantelmaterials einen bestimmten Anteil des Lichts aus der Faser auszukoppeln bzw. zusätzlich Licht in die Faser einzukoppeln. Die Eindringtiefe von Licht mit der Wellenlänge λ in das evaneszente Feld, d_{ev}, folgt einer Abklingkurve und ist vereinfacht gegeben durch

$$d_{ev} = \frac{\lambda}{2\pi \cdot \sqrt{n_{eff}^2 - n_M^2}}. \tag{4.34}$$

Im Fall einer Einzelreflexion, wie sie in Umlenkprismen auftritt, ist ein solches Überschwingen in der Regel vernachlässigbar. Bei Stufenindexfasern wird das Licht hingegen über lange Strecken mit sehr vielen Totalreflexionen geführt, wodurch das Signal mit steigender Faserlänge immer mehr gedämpft wird. Darüber hinaus unterliegt das innerhalb einer optischen Faser geführte Licht weiteren Verlust- und Dämpfungsmechanismen, vor allem Absorption im Kernmaterial, Absorption an OH-Ionen im Material sowie Streuung an Materialinhomogenitäten. Diese materialabhängigen Verluste sind wellenlängenabhängig. Spektrale Bereiche mit schwacher Dämpfung nennt man Fenster. Solche Fenster liegen bei 800–900 nm sowie bei 1,3 μm und 1,55 μm, wobei die geringste Dämpfung bei 1,55 μm auftritt.

Neben der materialbedingten Dämpfung hat auch die rein geometrische Form einer Faser einen Einfluss auf das darin geführte Licht. So kann in einem stark gekrümmten Glasfaserkabel an der Grenzfläche Kern-Mantel der Grenzwinkel der Totalreflexion lokal unterschritten und Licht an dieser Stelle ausgekoppelt werden. Für eine Multimodefaser bedeutet dies, dass die Anzahl der geführten Moden N_g gemäß

$$N_g = N_0 \cdot \left(1 - \frac{D_K \cdot n_M^2}{R \cdot NA^2} \right) \tag{4.35}$$

abnimmt. Hierbei ist N_0 die Anzahl der geführten Moden ohne Krümmung der Faser und R der Radius der Faserkrümmung. Eine solche Faserkrümmung hat im Umkehrschluss eine Auswirkung auf die in Gl. 4.31 definierte Numerische Apertur der Faser. Diese verringert sich in Abhängigkeit vom Radius der Faserkrümmung auf eine effektive Numerische Apertur $NA_{eff}(R)$, gegeben durch

$$NA_{eff}(R) = \sqrt{n_K^2 - n_M^2 \cdot \left(1 + \frac{D_K}{2R}\right)^2}. \tag{4.36}$$

Zu den Verlust- und Dämpfungseffekten treten in optischen Fasern Dispersionseffekte auf, welche die Signalform des geführten Lichts verändern. Dazu zählt unter anderem die Modendispersion, die auf der unterschiedlichen optischen Weglänge unterschiedlicher Moden in Stufenindex-Multimodefasern beruht.

Darüber hinaus tritt eine chromatische Dispersion auf. Diese beruht auf der Überlagerung zweier weiterer Dispersionsarten: der Materialdispersion, also der Wellenlängenabhängigkeit des Brechungsindexes des Kernmaterials, und der Wellenleiterdispersion, die sich aus dem Überschwingen des geführten Lichts in das evaneszente Feld ergibt und mit steigender effektiver Brechzahl zunimmt. Zusätzlich zu diesen Dispersionsarten hat die Polarisation des geführten Lichts einen

gewissen Einfluss auf dessen Ausbreitungsgeschwindigkeit, sodass eine durch Ver-
biegung spannungsinduzierte Doppelbrechung im Faserkernmaterial auch noch
eine Polarisationsdispersion zur Folge haben kann.

4.9.2 Gradientenindexfasern

Die in Fasern auftretende Modendispersion lässt sich minimieren bzw. gänzlich eli-
minieren, wenn man Gradientenindexmaterial mit einem von der Fasermitte aus
stetig variierendem Brechungsindex einsetzt. Die Führung des Lichts erfolgt hierbei
nicht durch Totalreflexion an einer optischen Grenzfläche innerhalb der Faser, sondern analog zur Fokussierung bzw. Defokussierung innerhalb einer GRIN-Linse,
wobei sich für alle geführten Moden nahezu die gleiche optische Weglänge ergibt
(Abb. 4.22).

4.10 Optische Komponenten mathematisch

4.10.1 Die wichtigsten Gleichungen auf einen Blick

Parallelversatz durch eine Planplatte in Luft:

$$V_p = d \cdot \sin \varepsilon_{ein} \cdot \left(1 - \frac{\cos \varepsilon_{ein}}{\sqrt{n^2 - \sin^2 \varepsilon_{ein}}} \right)$$

Bildebenenversatz durch eine Planplatte in Luft:

Abb. 4.22 In einer
Stufenindexfaser haben
unterschiedliche Moden
(durchgezogene bzw.
gestrichelte Linien)
verschiedene optische
Weglängen (oben), in einer
Gradientenindexfaser sind
die optischen Weglängen
für verschiedene Moden
annähernd gleich (unten)

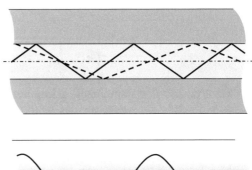
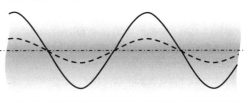

$$V_{BE} = d \cdot \frac{n-1}{n}$$

Ablenkung an einem optischen Keil:

$$\delta = \gamma \left(n-1 \right)$$

Brechungswinkel an der ersten Grenzfläche eines Prismas:

$$\varepsilon_1' = \arcsin\left(\frac{\sin \varepsilon_1}{n} \right)$$

Einfallswinkel auf der zweiten Grenzfläche eines Prismas:

$$\varepsilon_2 = \gamma - \varepsilon_1'$$

Austrittswinkel an der zweiten Grenzfläche eines Prismas:

$$\varepsilon_2' = \arcsin\left(n \cdot \sin \varepsilon_2 \right)$$

Ablenkung an einem Prisma:

$$\delta = \varepsilon_1 + \varepsilon_2' - \gamma$$

Minimum der Ablenkung an einem Prisma:

$$\delta_{min} = 2 \cdot \arcsin\left(n \cdot \sin \frac{\gamma}{2} \right) - \gamma = 2 \cdot \varepsilon_1 - \gamma$$

Ein- und Ausfallswinkel für das Minimum der Ablenkung an einem Prisma:

$$\varepsilon_1 = \varepsilon_2' = \arcsin\left(n \cdot \sin \frac{\gamma}{2} \right)$$

Brechungsindex eines Prismas:

$$n = \frac{\sin \dfrac{\delta_{min} + \gamma}{2}}{\sin \dfrac{\gamma}{2}}$$

Dispersionswinkel:

$$\delta_D = \delta \left(\lambda_2 \right) - \delta \left(\lambda_1 \right)$$

Brennweite eines Wölbspiegels (Näherung für achsnahe Stahlen):

$$f = \frac{R}{2}$$

Brennweite eines Wölbspiegels (für achsferne Strahlen):

$$f = R \cdot \left(1 - \frac{1}{2 \cdot \cos \varepsilon} \right)$$

Pfeilhöhe einer asphärischen Linsenoberfläche:

$$p(h) = \frac{\dfrac{h^2}{R}}{1 + \sqrt{1 - e\left(\dfrac{h}{R}\right)^2}} + \sum_{i=2}^{i_{max}} A_{2i} \cdot h^{2i}$$

Brennweite einer dünnen Linse (mit $R_1 \neq R_2$):

$$f = \frac{1}{n-1} \cdot \left(\frac{R_1 \cdot R_2}{R_2 - R_1} \right)$$

Brennweite einer dünnen Linse (mit $R = R_1 = R_2$):

$$f = \frac{1}{n-1} \cdot \frac{R}{2}$$

Brennweite einer dünnen Linse (mit R_1 oder $R_2 = \infty$):

$$f = \frac{R}{n-1}$$

Brechkraft einer dicken Linse (mit $R_1 \neq R_2$):

$$D = \frac{1}{f} = (n-1) \cdot \frac{1}{R_1} - \frac{1}{R_2} + \frac{(n-1) \cdot d}{n \cdot R_1 \cdot R_2}$$

Brechkraft:

$$D = \frac{1}{f}$$

Brennweite einer Gradientenindexlinse:

$$f_{GL} = \frac{1}{n_z \cdot g_n \cdot \sin\left(g_n \cdot l_{GL}\right)}$$

Schichtdicke einer dielektrischen Spiegelschicht:

$$d(\lambda)_{Schicht} = \frac{\lambda}{2n(\lambda)_{Schicht}}$$

Schichtdicke einer dielektrischen Antireflexschicht:

$$d(\lambda)_{Schicht} = \frac{\lambda}{4n(\lambda)_{Schicht}}$$

optische Dichte eines Filters:

$$OD(\lambda) = -\log_{10} T(\lambda)$$

Ablenkung an einem optischen Gitter:

$$\varphi_{max} = \arcsin\left(\frac{m \cdot \lambda}{g}\right) = \arcsin\left(\frac{\Delta s}{g}\right)$$

Blazewinkel:

$$\theta_B = \arcsin\frac{m \cdot \lambda}{2g}$$

Polarisationsgrad:

$$P = \frac{I_{max} - I_{min}}{I_{max} + I_{min}}$$

Phasenverschiebung in einer Verzögerungsplatte:

$$\Delta\varphi = \frac{2\pi}{\lambda} \cdot d \cdot \left(n_{langsam} - n_{schnell}\right)$$

Akzeptanzwinkel einer Stufenindexfaser:

$$\theta_{max} = \arcsin\left(n_U \cdot \sqrt{n_K^2 - n_M^2}\right)$$

Numerische Apertur einer Stufenindexfaser:

$$NA = \sin\theta_{max} = n_U \cdot \sqrt{n_K^2 - n_M^2}$$

effektive Brechzahl einer Stufenindexfaser:

$$n_{eff} = \frac{\left(n_K + n_M\right)}{2} = n_K \cdot \sin\varepsilon$$

Faserparameter einer Stufenindexfaser:

$$V = \frac{D_K \cdot \pi}{\lambda} \cdot \sqrt{n_K^2 - n_M^2}$$

Eindringtiefe des evaneszenten Felds:

$$d_{ev} = \frac{\lambda}{2\pi \cdot \sqrt{n_{eff}^2 - n_M^2}}$$

effektive Numerische Apertur einer Faser:

$$NA_{\text{eff}}\left(R\right)=\sqrt{n_{\text{K}}^{2}-n_{\text{M}}^{2}\cdot\left(1+\frac{D_{\text{K}}}{2R}\right)^{2}}$$

4.11 Übungsaufgaben zu optischen Komponenten

Verständnisfragen

Leser*innen des gedruckten Buches erhalten einen kostenlosen Zugang zu allen Verständnisfragen über die Springer Nature Flashcards-App.

Rechenaufgaben

4.19

Ein Lichtstrahl trete unter einem Einfallswinkel von 30° in eine planparallele Platte der Dicke d = 20 mm ein. Welchen Parallelversatz zeigt das austretende Licht, wenn die Platte aus einem Glas mit n = 1,4 besteht, welchen bei n = 1,8? Wie groß ist die Differenz der Parallelversätze?

4.20

Ein Lichtstrahl treffe unter einem Einfallswinkel von 40° auf drei aufeinanderliegende planparallele Platten. Die erste Platte habe einen Brechungsindex von n_{A} = 1,5, die Brechungsindizes der zweiten und dritten Platte seien n_{B} = 1,8 bzw. n_{C} = 1,4. Das Umgebungsmedium sei Luft mit n_{U} = 1. Zwischen den Platten befinde sich kein Luftspalt. Unter welchem Austrittswinkel tritt der Lichtstrahl nach Durchlaufen der drei Platten aus der dritten Platte aus? Interpretieren Sie Ihr Ergebnis.

4.21

Nach Einbringen einer Planplatte aus Glas mit der Dicke d = 10 mm in ein fokussiertes Lichtbündel werde ein Versatz der Bildebene um 3,94 mm bestimmt. Berechnen Sie den Brechungsindex der Planplatte.

4.22

An einem optischen Keil mit einem Keilwinkel = 5° werde für die Wellenlängen der drei Fraunhofer-Linien e, F′ und C′ die jeweilige Ablenkung δ gemessen. Man erhält

- δ_{e} = 2,856.25°,
- $\delta_{\text{F}'}$ = 2,882.45° und
- $\delta_{\text{C}'}$ = 2,831.20°.

Welche Abbe-Zahl ν_{e} hat das optische Material des Keils?

4.23

Ein in Luft stehendes Prisma habe einen Brechungsindex von n_{Prisma} = 1,5 und einen Keilwinkel von γ = 60°. Ein Lichtstrahl treffe unter einem Einfallswinkel von ε_1 = 27° auf die erste Grenzfläche Luft–Prisma. Berechnen Sie gemäß der Vier-Schritt-Methode die Ablenkung δ. Nehmen Sie dabei für den Brechungsindex von

Luft $n_{\text{Luft}} = 1$ an. Interpretieren Sie das Ergebnis auf Basis der Erkenntnisse aus Abschn. 2.4.3.

4.24

In ein in Luft stehendes Prisma aus einem Kronglas mit einem Brechungsindex von 1,52 trete unter einem Einfallswinkel von $\varepsilon_1 = 15°$ ein Lichtstrahl ein. Dieser Lichtstrahl treffe unter einem Winkel von $\varepsilon_2 = 40,2°$ auf die zweite Grenzfläche des Prismas. Wie groß muss der Prismenwinkel γ sein, damit der Strahl nach Durchgang durch das Prisma eine Gesamtablenkung δ von 43,84° erfährt?

4.25

Für ein Prisma mit einem Prismenwinkel von 60° werde das Minimum der Ablenkung δ_{min} experimentell zu 37,18° bestimmt.

(a) Welchen Brechungsindex weist das Prismenmaterial auf?
(b) Unter welchem Winkel fällt das Licht auf der ersten Grenzfläche des Prismas ein?

4.26

Auf ein Prisma mit einem Keilwinkel von 40° treffe unter einem Einfallswinkel von 15° ein Lichtstrahl. Das Prismenmaterial habe folgende Brechungsindizes: 1,78 bei $\lambda_1 = 656$ nm und 1,84 bei $\lambda_2 = 405$ nm. Das Umgebungsmedium sei Luft mit $n_{\text{Luft}} = 1$. Berechnen Sie den Dispersionswinkel δ_D zwischen diesen beiden Wellenlängen.

4.27

Ein konkaver Wölbspiegel habe einen Krümmungsradius von 200 mm.

(a) Welche Brennweite weist dieser Wölbspiegel für ein Lichtbündel auf, das innerhalb des Paraxialraums parallel zur optischen Achse auf die Spiegeloberfläche trifft?
(b) Um welche Beträge ändert sich diese Brennweite, wenn die Strahleinfallshöhe 50 mm, 100 mm bzw. 150 mm beträgt?

4.28

Der Brechungsindex einer in Luft stehenden dünnen Linse mit den Krümmungsradien $R_1 = 50$ mm und $R_2 = -100$ mm betrage 1,5.

(a) Welche Brennweite hat diese Linse?
(b) Welche Brennweite hat eine dicke Linse in Luft aus dem gleichen Material und mit den gleichen Krümmungsradien, die eine Mittendicke von 80 mm aufweist?
(c) Bewerten Sie kurz den Einfluss der Mittendicke einer Linse auf deren Brennweite.

4.29

Eine symmetrisch bikonvexe dünne Linse und eine plankonvexe dünne Linse werden aus dem gleichen Material mit einem Brechungsindex von 1,54 hergestellt.

Ihre sphärischen Linsenoberflächen weisen zudem den gleichen Radius von $R = 100$ mm auf. Wie unterscheiden sich die Brennweiten dieser beiden dünnen Linsen in Luft als Umgebungsmedium ($n_{Luft} = 1$)?

4.30

Welche Krümmungsradien bzw. welchen Krümmungsradius müssen eine symmetrisch bikonvexe und eine plankonvexe Linse aufweisen, um eine Brennweite f von 100 mm zu erreichen, wenn der Brechungsindex des Linsenmaterials 1,55 beträgt?

4.31

Welchen Brechungsindex muss das Linsenmaterial einer dicken symmetrischen Bikonvexlinse mit einem Krümmungsradius von 20 mm und einer Mittendicke von 30 mm aufweisen, damit die Brennweite dieser Linse 100 mm beträgt?

4.32

Welche Brennweite hat ein optisches System, dessen Brechkraft mit 60 dpt angegeben ist?

4.33

Eine dielektrische Spiegelschicht habe eine Dicke $d_{Schicht}(\lambda)$ von 135 nm. Wählen Sie aus Tab. 4.1 ein geeignetes Schichtmaterial aus, um für diese Schichtdicke bei einer Wellenlänge von $\lambda_D = 589$ nm eine möglichst hohe konstruktive Interferenz und somit einen möglichst hohen Reflexionsgrad zu erzielen.

4.34

Ein dielektrisches Schichtmaterial habe einen Brechungsindex von 1,6. Welche Dicke $d(\lambda)_{Schicht}$ muss eine optische Schicht aus diesem Material jeweils aufweisen, damit bei einer Wellenlänge von 1.064 nm konstruktive bzw. destruktive Interferenz auftritt?

4.35

Eine dielektrische optische Schicht mit einer Dicke von 150 nm weise bei einer Wellenlänge von 633 nm ein Reflexionsmaximum auf. Bestimmen Sie den Brechungsindex des Schichtmaterials bei dieser Wellenlänge.

4.36

Berechnen Sie den Gesamtreflexionsgrad R_{tot} eines aus zwei Schichtmaterialien mit 5 Einzelschichten bestehenden dielektrischen optischen Schichtsystems bei einer Wellenlänge von 589 nm. Die erste Teilschicht bestehe dabei aus Titanoxid und die zweite aus Magnesiumfluorid.

4.37

Wie dick muss eine $\lambda/2$-Platte für eine Wellenlänge von 1064 nm sein, wenn in der $\lambda/2$-Platte $n_{langsam} - n_{schnell} = 0{,}164$ gilt?

4.38

Eine Stufenindexfaser weise für den Faserkern einen Brechungsindex n_K von 1,5 auf, der Brechungsindex des Fasermantels sei $n_M = 1{,}45$.

(a) Bestimmen Sie den Akzeptanzwinkel θ_{max} und die Numerische Apertur NA dieser Faser im Umgebungsmedium Luft ($n_U = 1$).

(b) Wie ändern sich Akzeptanzwinkel und Numerische Apertur, wenn sich der Fasereingang in Wasser befindet?

4.39

Eine Stufenindexfaser mit einem Kerndurchmesser von 5 µm bestehe aus einem Faserkernmaterial mit einem Brechungsindex von 1,45. An der Grenzschicht Faserkern-Fasermantel betrage der Grenzwinkel der Totalreflexion $\varepsilon_g = 74,9°$. In dieser Faser wird monochromatisches Licht mit einer Wellenlänge von 405 nm geführt. Verhält sich die Faser wie eine Monomode- oder wie eine Multimodefaser?

4.40

Welchen Kerndurchmesser darf eine Monomode-Stufenindexfaser für eine Wellenlänge von 633 nm maximal aufweisen, wenn ihr Faserkernmaterial einen Brechungsindex von 1,48 und ihr Fasermantelmaterial einen Brechungsindex von 1,4 hat?

4.41

Im Mantel einer Stufenindexfaser entstehe ein evaneszentes Feld mit einer Eindringtiefe von 267 nm. Die effektive Brechzahl der Faser sei 1,45, der Fasermantel habe einen Brechungsindex von 1,4. Welche Wellenlänge hat das in der Faser geführte Licht und welche Laserquelle liefert dieses Licht (siehe dazu Tab. 7.2)?

4.42

Eine Multimodefaser mit einem Kerndurchmesser von 200 µm, einem Kernbrechungsindex von 1,5 und einem Mantelbrechungsindex von 1,4 werde beim Verlegen der Faser in einen Kabelkanal gebogen. Der Krümmungsradius der Faser betrage 10 cm, das Umgebungsmedium sei Luft. Welcher prozentuale Anteil der in der Faser geführten Moden geht aufgrund dieser Biegung der Faser durch Auskopplung verloren?

Optische Abbildung und Abbildungsfehler

5

Das Gesehene in Form von Bildern festzuhalten, also abzubilden, gehört wahrscheinlich zu den ältesten Träumen und Wünschen der Menschheit, wie die Exis-
tenz zahlreicher prähistorischer Höhlenmalereien belegt. Eine physikalisch exakte
und dauerhafte „Speicherung" von Objekten unter Zuhilfenahme abbildender optischer Geräte ist jedoch erst seit nicht allzu langer Zeit, sprich: seit der Erfindung der
Photographie im 19. Jahrhundert möglich. Seitdem sind die Möglichkeiten und
Techniken zur optischen Abbildung rasant vorangeschritten. Heute verfügt nahezu
jedes moderne Mobiltelefon über ein oder gar mehrere Abbildungssysteme.

Aus verschiedenen Gründen geht jegliche Abbildung eines Objekts mit einer
gewissen Verfälschung der ursprünglichen geometrischen und farblichen Eigenschaften dieses Objekts einher. In diesem Kapitel werden daher neben den Grundlagen der optischen Abbildung und den dafür relevanten Größen auch die physikalischen Ursachen von Abbildungsfehlern erläutert. Dabei werden wir die folgenden
Erkenntnisse gewinnen:

- Das paraxiale Abbildungsmodel gilt für kleine Winkel zwischen einfallendem
  Lichtstrahl und optischer Achse, dieser Bereich wird als Gauß'scher Raum be-
  zeichnet.
- Abbildungen außerhalb des Gauß'schen Raums werden durch das geometrisch-
  optische Abbildungsmodell beschrieben. Dies ist das sogenannte Seidel-Gebiet.
- Das paraxiale und das geometrisch-optische Abbildungsmodell beruhen auf
  Lichtstrahlen, die als Normale auf den Lichtwellenfronten konstruiert werden.
- Das wellenoptische Abbildungsmodell erlaubt die Berücksichtigung von Effek-
  ten, welche die Strahlenoptik nicht erklären kann.
- Die Auflösungsgrenze eines optischen Systems ergibt sich gemäß dem Rayleigh-
  Kriterium aus dem Durchmesser der auch als Airy-Scheibchen bezeichneten
  Beugungsfigur.
- Ein optisches System weist eine Aperturblende, eine Eintrittspupille und eine
  Austrittspupille auf.

© Springer-Verlag GmbH Deutschland, ein Teil von Springer Nature 2020
C. Gerhard, *Tutorium Optik*, https://doi.org/10.1007/978-3-662-61618-5_5

- Die Numerische Apertur eines optischen Abbildungssystems in Luft ist definiert als der Sinus des halben Öffnungswinkels des Systems.
- Eine optische Abbildung kann anhand der sogenannten Konstruktionsstrahlen Parallelstrahl, Hauptstrahl und Brennpunktstrahl beschrieben werden.
- Der Parallelstrahl wird beim Durchgang durch eine Linse zum Brennpunktstrahl.
- Der Hauptstrahl erfährt beim Durchgang durch eine Linse keine Ablenkung, bei dicken Linsen wird er allerdings parallel versetzt.
- Der Brennpunktstrahl wird beim Durchgang durch eine Linse zum Parallelstrahl.
- Objektseitige und bildseitige Größen sind miteinander verknüpft und werden daher als konjugierte Größen bezeichnet.
- Die Abbe'sche Invariante setzt die objekt- und bildseitigen Schnittweiten und Brechungsindizes in Relation.
- Bei einer reellen optischen Abbildung entsteht das Bild im Gegensatz zu einer virtuellen optischen Abbildung durch eine tatsächliche Überschneidung der Konstruktionsstrahlen im Bildraum.
- Die Abbildungsgleichungen beschreiben die Beziehung zwischen Brennweite, Objektweite (Objekthöhe) und Bildweite (Bildhöhe).
- Der Abbildungsmaßstab ist durch das Verhältnis aus Bild- und Objekthöhe bzw. Bild- und Objektweite gegeben.
- Die Seidel'schen Summen quantifizieren optische Abbildungsfehler.
- Sphärische Aberration ist eine Folge der Kugelgestalt sphärischer Linsenoberflächen, da auf eine solche Oberfläche je nach Strahleinfallshöhe ein jeweils spezifischer Einfalls- und somit Brechungswinkel gilt. Dabei werden Randstrahlen stärker gebrochen als achsnahe Strahlen.
- Chromatische Aberration entsteht aufgrund des Dispersionsverhaltens, also der Wellenlängenabhängigkeit des Brechungsindexes in optischen Medien.
- Chromatische Aberration tritt in Gestalt eines Farblängsfehlers und eines Farbquerfehlers auf.
- Der Asymmetriefehler entsteht bei schiefem Lichteinfall und resultiert aus der Lage der Aperturblende innerhalb eines optischen Systems.
- Astigmatismus tritt auf, wenn ein Lichtbündel unterschiedliche Projektionslinien für Meridional- und Saggitalschnitt auf einer Linsenoberfläche aufweist.
- Die Petzval'sche Bildfeldwölbung beschreibt die Krümmung der Bildebene.
- Als Folge der Verzeichnung kommt es zu einer verzerrten Abbildung der Geometrie eines Objekts, man unterscheidet tonnen- und kissenförmige Verzeichnung.
- Abbildungsfehler lassen sich mithilfe verschiedener Diagramme analysieren.

5.1   Abbildungsmodelle

Generell ist eine optische Abbildung eine Zuordnung von Punkten eines gegebenen Objekts zu Punkten, die zusammen das Bild formen. Dabei ist eine Vielzahl von Einflussgrößen zu berücksichtigen, sodass eine optische Abbildung einen sehr komplexen Vorgang darstellt. Für dessen Beschreibung hat man unterschiedliche Modelle entwickelt. Die grundlegenden Abbildungsmodelle der klassischen Optik basieren dabei auf der Berechnung von Lichtstrahlen (Abschn. 2.1.3), die durch die Normale auf den Lichtwellenfronten gegeben sind. Ein im wahrsten Sinne des Wortes anschauliches Beispiel für die Anwendbarkeit dieses Ansatzes liefert die Sonne, wenn sie durch Laubkronen im Wald oder wie in Abb. 5.1 dargestellt durch eine teilweise unterbrochene Wolkendecke scheint.

Obwohl die Sonne in sehr guter Näherung eine Punktlichtquelle darstellt, welche Kugelwellen in alle Raumrichtungen aussendet, erscheint ihr Licht in diesen Beispielen in Form von geradlinigen Sonnenstrahlen. Dies entspricht dem in der sogenannten **Strahlenoptik** (*geometrical optics*) angewandten paraxialen bzw. geometrisch-optischen Abbildungsmodell.

5.1.1 Das paraxiale Abbildungsmodell

Das Modell der **paraxialen Abbildung** (*paraxial optics*) ist wie alle Modelle eine idealisierte Vereinfachung der Wirklichkeit. Bei diesem nach dem deutschen Mathematiker *Carl Friedrich Gauß* auch als Gauß'sche Abbildung bezeichneten Modell erfolgt die Berechnung der Bildpunkte innerhalb eines sehr begrenzten Bereichs nahe der optischen Achse (Abschn. 4.3) eines abbildenden optischen Elements oder Systems, indem man Lichtstrahlen berechnet bzw. konstruiert. Dieser sogenannte Gauß'sche Raum liefert aber, wie gesagt, nur für sehr kleine Aperturwinkel u bzw. Öffnungswinkel ω (Abb. 5.2) eine ausreichend exakte Beschreibung des Geschehens.

Für $u < 5°$ und $\omega < 5°$ kann man die Näherung verwenden, dass diese Winkel (im Bogenmaß) ihrem Sinus bzw. Tangens entsprechen, was die mathematische

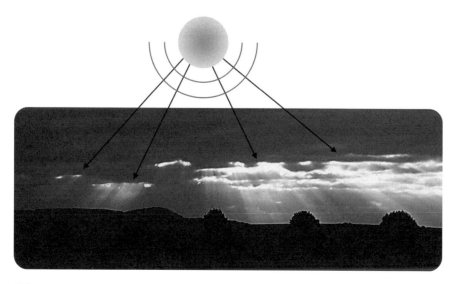

Abb. 5.1 Das von einer Punklichtquelle ausgesandte Licht lässt sich manchmal direkt als Lichtstrahlen wahrnehmen

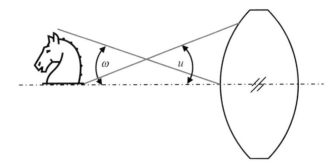

Abb. 5.2 Aperturwinkel u und Öffnungswinkel ω eines abbildenden optischen Elements bzw. Systems

Beschreibung erheblich vereinfacht. Darüber hinaus sind in diesem achsnahen Raum auch die Einfallswinkel von Lichtstrahlen auf den Grenzflächen der abbildenden Optik klein. Dadurch lassen sich Objektpunkte eindeutig ihren Bildpunkten zuweisen.

5.1.2 Das geometrisch-optische Abbildungsmodell

Ein erweitertes strahlenoptisches Abbildungsmodell ist die **geometrisch-optische Abbildung**. Hier werden weiter geöffnete Strahlenbündel betrachtet, die Apertur- und Feldwinkel sind also größer als 5°. Dieser den Gauß'schen Raum umgebende Bereich wird nach dem deutschen Mathematiker und Optiker *Ludwig von Seidel* auch als Seidel-Gebiet bezeichnet. Unter Zuhilfenahme dieses Modells lassen sich die meisten Abbildungsfehler beschreiben und quantifizieren. Beide Modelle berücksichtigen jedoch ausschließlich die Brechung und Reflexion an optischen Grenzflächen.

5.1.3 Das wellenoptische Abbildungsmodell

Zur Behandlung von Phänomenen, die dem Wellencharakter des Lichts geschuldet sind, dient das **wellenoptische Abbildungsmodell** (*physical optics, wave optics*). Zu diesen Phänomenen zählen insbesondere Beugungs- und Interferenzeffekte, wie sie etwa an strahlbegrenzenden Blenden auftreten. Das Modell erlaubt auch Aussagen über die von Beugungseffekten bedingten Grenzen der optischen Auflösung (Abschn. 2.6.1). Eine wichtige Folge der Beugung ist die Ausbildung des kreisförmigen Beugungsscheibchens, das nach dem englischen Astronomen *George Airy* auch als Airy-Scheibchen bezeichnet wird. Der Durchmesser dieses Airy-Scheibchens D_{Airy} ist näherungsweise gegeben durch die Formel

$$D_{\text{Airy}} \approx 2,44 \cdot \frac{\lambda \cdot f}{D_{\text{EP}}} = 2,44 \cdot \lambda \cdot k. \tag{5.1}$$

Hierbei bezeichnen f die Brennweite, k die nachfolgend erläuterte Blendenzahl des abbildenden optischen Systems und D_{EP} dessen Eintrittspupillendurchmesser. Dieser ist folgendermaßen definiert: Ein optisches System hat gewöhnlich eine physikalische Begrenzung des Lichteinfalls, meist durch mechanische Fassungen optischer Komponenten. Diese Begrenzung wird als Öffnungsblende oder Aperturblende bezeichnet und kann durch den Einsatz von Irisblenden in bestimmten Bereichen zusätzlich eingestellt werden. Objekt- und bildseitig der Aperturblende liegen die Eintrittspupille mit dem Durchmesser D_{EP} und die Austrittspupille mit dem Durchmesser D_{AP} vor, die aus der Abbildung der Aperturblende durch die im System angeordneten optischen Komponenten resultieren. Diese wiederum definieren den objekt- und bildseitigen Öffnungswinkel eines optischen Systems.

Im einfachsten Falle der Abbildung durch eine Einzellinse entspricht die Eintrittspupille der Aperturblende (=optisch wirksamer Linsendurchmesser), da die Linse hier am Ort der Aperturblende steht.

5.1.4 Die Auflösungsgrenze

Aus dem Eintrittspupillendurchmesser und der Brennweite eines optischen Systems ergibt sich dessen sogenannte **Blendenzahl** k (*f-number*) gemäß

$$k = \frac{f}{D_{\text{EP}}} = \frac{1}{2NA}. \tag{5.2}$$

Der Ausdruck im Nenner ist das Doppelte der Numerischen Apertur NA des Abbildungssystems. Diese hängt gemäß

$$NA = n_{\text{U}} \cdot \sin\theta \tag{5.3}$$

mit dem Brechungsindex des Umgebungsmediums n_{U} und dem Sinus des halben Öffnungswinkels θ zusammen (siehe dazu auch Gl. 4.32 in Abschn. 4.9.1). In Luft gilt $NA = \sin\theta$. Der Kehrwert der Blendenzahl, $1/k$, wird als Öffnungsverhältnis bezeichnet, dieses ist ein Maß für die Lichtstärke eines optischen Abbildungssystems.

Anhand der oben eingeführten Beugungsfigur lässt sich über das Rayleigh-Kriterium auch die **Auflösungsgrenze** (*resolution limit*) eines optischen Systems definieren. Demnach können zwei benachbarte Beugungsfiguren noch als einzelne Punkte wahrgenommen werden, wenn sich das erste Beugungsminimum (Abschn. 2.6.1) des einen Airy-Scheibchens und das Hauptmaximum des anderen Airy-Scheibchens überlagern. Der minimal noch aufzulösende Abstand zweier Airy-Scheibchen a_{min} (Abb. 5.3) ist gegeben durch

$$a_{\text{min}} = 1,22 \cdot \frac{\lambda}{2NA}. \tag{5.4}$$

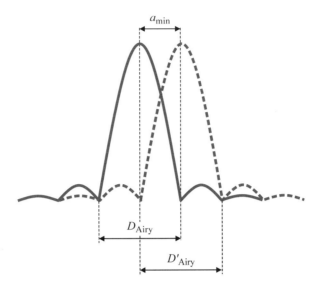

Abb. 5.3 Die Durchmesser der Beugungsscheibchen (Airy-Scheibchen), D_{Airy} und D'_{Airy}, und ihr als Auflösungsgrenze definierter Abstand a_{min}

5.2   Optische Abbildungen

5.2.1   Paraxiale Größen

Im Folgenden soll die optische Abbildung rein strahlenoptisch, also als paraxiale oder geometrisch-optische Abbildung beschrieben werden. Dazu müssen wir zunächst die relevanten Parameter definieren. Diese werden auch als paraxiale Größen bezeichnet. Abb. 5.4 stellt die sogenannten **Konstruktionsstrahlen** (*construction rays*) dar, durch die eine optische Abbildung im einfachsten Fall anhand einer rein geometrischen Betrachtung beschrieben werden kann. Diese vom abzubildenden Objekt ausgehenden wesentlichen Lichtstrahlen sind der **Parallelstrahl**, der **Hauptstrahl** und der **Brennpunktstrahl**. Für die Konstruktionsstrahlen gelten beim Durchgang durch ein abbildendes optisches Element oder System die folgenden Grundsätze (Abb. 5.4):

- Der Parallelstrahl wird zu einem Brennpunktstrahl.
- Der Hauptstrahl passiert den Mittelpunkt eines abbildenden optischen Elements oder Systems ohne jegliche Ablenkung, er erfährt lediglich (bei nicht zu vernachlässigender Mittendicke) einen Parallelversatz.
- Der Brennpunktstrahl wird zu einem Parallelstrahl.

Die in Abb. 5.4 eingeführten Größen beziehen sich zum Großteil auf die sogenannten Hauptebenen eines abbildenden optischen Elements oder Systems. Mit diesen kann man den komplizierten Strahlengang in Elementen wie einer dicken Linse

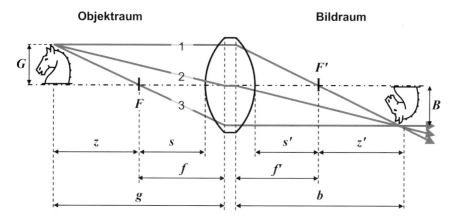

Abb. 5.4 Die relevanten Parameter bzw. paraxialen Größen zur Beschreibung optischer Abbildungen (zur Erläuterung der Formelzeichen siehe Aufzählung im Text), sowie die Konstruktionsstrahlen Parallelstrahl (1), Hauptstrahl (2) und Brennpunktstrahl (3)

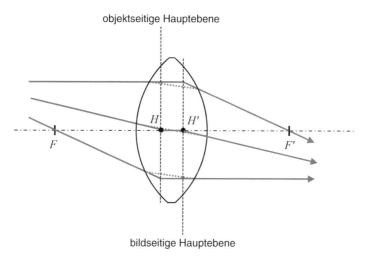

Abb. 5.5 Objektseitige und bildseitige Hauptebene einer Bikonvexlinse. Man erhält die Hauptebenen über die Schnittpunkte der verlängerten Brennpunkt- und Parallelstrahlen (theoretischer Lichtweg, gekennzeichnet durch durchgezogene Linien innerhalb der Linse). Die Hauptpunkte sind die Schnittpunkte der Hauptebenen mit der optischen Achse

theoretisch erfassen. Sie ergeben sich mithilfe der Konstruktionsstrahlen, und zwar erfolgt in diesem Modell die Brechung des objektseitigen Brennpunktstrahls an der objektseitigen (linken) Hauptebene, die des bildseitigen Brennpunktstrahls an der bildseitigen (rechten) Hauptebene. Zwischen der Hauptebenen laufen im Modell alle Strahlen, auch der Hauptstrahl, parallel (Abb. 5.5). Letzterer erfährt somit in diesem Modell einen Parallelversatz. Die Schnittpunkte der Hauptebenen mit der optischen Achse werden als objektseitiger Hauptpunkt H bzw. bildseitiger Hauptpunkt H' bezeichnet.

Für den Objektraum definiert man im Einzelnen die nachfolgenden paraxialen Größen:

- Die auch als Gegenstandshöhe bezeichnete **Objekthöhe** G (*object height*) ist durch die Geometrie des abzubildenden Objekts gegeben.
- Die Gegenstands- bzw. **Objektweite** g (*object distance*) bezeichnet den Abstand des abzubildenden Objekts von der objektseitigen Hauptebene der Abbildungsoptik.
- Die **objektseitige Brennweite** f (*focal length*) ergibt sich im Prinzip wie in Abschn. 4.4 aus dem Krümmungsradius der objektseitigen optischen Grenzfläche und dem Brechungsindexunterschied an dieser Fläche. Sie ist jetzt aber der Abstand der objektseiten Hauptebene vom Brennpunkt.
- Der objektseitige **Brennpunkt** F (*focus*) beschreibt den Ort auf der optischen Achse, an welchen im Idealfall kollimierte (parallel zur optischen Achse) aus dem Bildraum kommende und auf die objektseitige Grenzfläche der Abbildungsoptik einfallende Strahlen im Objektraum fokussiert würden.
- Die **objektseitige Schnittweite** s (*front focal length*) bezeichnet den Abstand des objektseitigen Brennpunkts zum Scheitelpunkt der Linse, welcher sich per Definitionem auf der optischen Achse befindet.
- Der Parameter z ergibt sich aus der Differenz von Objektweite und objektseitiger Brennweite ($z = g-f$).

Diese Größen finden sich auch im Bildraum wieder, und zwar als **Bildhöhe** B (*image height*), **Bildweite** b (*image distance*), **bildseitige Brennweite** f' (*focal length*), **bildseitiger Brennpunkt** F' (*focus*), **bildseitige Schnittweite** s' (*back focal length*) und bildseitiger Parameter z'. Darüber hinaus lassen sich noch weitere Hilfsgrößen ableiten, wie beispielsweise die Lage der Hauptpunkte in Bezug auf die Scheitelpunkte. Alle bildseitigen Größen sind direkt mit ihren objektseitigen Äquivalenten verknüpft und werden daher auch als konjugierte Größen bezeichnet. Diese Verknüpfung spiegelt auch die folgende, **Abbe'sche Invariante** genannte Gleichung wider, die die objekt- und bildseitige Schnittweite an einer optischen Grenzfläche mit deren Krümmungsradius R verbindet:

$$n \cdot \left(\frac{1}{R} - \frac{1}{s} \right) = n' \cdot \left(\frac{1}{R} - \frac{1}{s'} \right). \tag{5.5}$$

Dabei sind n und n' der Brechungsindex vor bzw. nach der Grenzfläche.

5.2.2 Reelle und virtuelle Abbildungen

Bei optischen Abbildungen unterscheidet man reelle Abbildungen von virtuellen Abbildungen (Abb. 5.6). Diese beiden Fälle lassen sich am Beispiel von Spiegeln (Abschn. 4.3) verdeutlichen.

Man sieht, dass die von einem Objekt ausgehenden Konstruktionsstrahlen bei einem Konkavspiegel in einem „reellen" Schnittpunkt zusammentreffen. Dieser

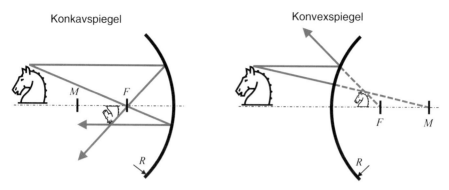

Abb. 5.6 Reelle und virtuelle Abbildung am Beispiel eines konkaven bzw. konvexen Wölbspiegels

Schnittpunkt ist der Bildpunkt, von dessen Objektpunkt die Konstruktionsstrahlen ausgehen. Bei einem Konvexspiegel gibt es dagegen keinen solchen Schnittpunkt der Lichtstrahlen. Der Bildpunkt ergibt sich vielmehr durch eine „virtuelle" Verlängerung der Konstruktionsstrahlen. Eine virtuelle Abbildung ergibt sich auch im Fall von Planspiegeln, denn kein Lichtstrahl gelangt „hinter den Spiegel", wo man das Bild sieht. Übertragen auf Einzellinsen gilt dann folgender Grundsatz: Bei der Abbildung durch eine einzelne Sammellinse entsteht ein reelles Bild, eine einzelne Zerstreuungslinse erzeugt im Gegensatz dazu ein virtuelles Bild. Voraussetzung dafür ist jedoch, dass die Objektweite nicht kleiner als die Brennweite ist.

5.3 Die Abbildungsgleichungen

5.3.1 Abbildung durch eine Einzellinse

Wie bereits diskutiert werden die in Abschn. 5.2.1 eingeführten jeweiligen bild- und objektseitigen Parameter auch konjugierte Größen genannt. Dies wird anhand der Abbildungsgleichungen noch deutlicher. Im Fall einer Einzellinse verknüpft die **Abbildungsgleichung** die Brennweite der Linse, die Objektweite und die Bildweite gemäß

$$\frac{1}{f} = \frac{1}{g} + \frac{1}{b}. \tag{5.6}$$

Ein Äquivalent zu dieser Abbildungsgleichung ist die **Newton-Gleichung**

$$f \cdot f' = f^2 = z \cdot z' \tag{5.7}$$

mit

$$z = g - f \tag{5.8}$$

und

$$z' = b - f'. \tag{5.9}$$

Aus der Objekt-und Bildhöhe bzw. der Objekt-und Bildweite lässt sich der **Abbildungsmaßstab** β (*magnification*) gemäß

$$\beta = \frac{B}{G} = \frac{b}{g} \tag{5.10}$$

bestimmen. Dieser gibt somit an, ob das bei der Abbildung entstehende Bild kleiner, gleich groß oder größer als das abgebildete Objekt ist, sprich, ob es sich bei der Abbildung um eine Verkleinerung, eine 1:1-Abbildung oder eine Vergrößerung handelt (Tab. 5.1). Welcher dieser Effekte eintritt, hängt von der Objektweite g und der Brennweite f ab.

Es ist leicht ersichtlich, dass sich bei gegebenem Abbildungsmaßstab und gegebener Bildweite die Objektweite mittels Gl. 5.10 ermitteln lässt. Bei fehlender Bildweite kann die Objektweite auch aus Brennweite und Vergrößerung gemäß

$$g = f \cdot \left(1 - \frac{1}{\beta}\right) \tag{5.11}$$

berechnet werden. Analog dazu gilt für die Bildweite:

$$b = f' \cdot \left(1 - \beta\right) \tag{5.12}$$

mit $f = -f$.

5.3.2 Abbildung durch zwei Einzellinsen

Im Fall einer Abbildung durch ein Linsensystem aus zwei Einzellinsen muss die Abbildungsgleichung erweitert werden. Die Bestimmung der Gesamtbrennweite f_g eines solchen Systems erfordert die Berücksichtigung beider Einzelbrennweiten der Einzellinsen, f_1 und f_2, sowie des Abstands a zwischen beiden Linsen. Für die Abbildungsgleichung eines Systems aus zwei Linsen gilt

$$\frac{1}{f_g} = \frac{1}{f_1} + \frac{1}{f_2} - \frac{a}{f_1 \cdot f_2}. \tag{5.13}$$

Die Gesamtbrennweite eines solchen Systems beträgt also

Tab. 5.1 Abhängigkeit des Abbildungsmaßstabs von Brennweite, Objektweite und Bildweite bei einer optischen Abbildung

objektseitig	bildseitig	Effekt		
$g > 2f$	$f < b < 2f$	Verkleinerung (reelle Abbildung)	$B < G$	$\beta < 1$
$g = 2f = b$		1:1-Abbildung (reelle Abbildung)		$\beta = 1$
$f < g < 2f$	$b > 2f$	Vergrößerung (reelle Abbildung)	$B > G$	$\beta > 1$
$g < f$	$b < 0$	Vergrößerung (virtuelle Abbildung)	$B > G$	$\beta > 1$

$$f_g = \frac{f_1 \cdot f_2}{f_1 + f_2 - a}. \tag{5.14}$$

Der Gesamtabbildungsmaßstab β_g setzt sich aus den Abbildungsmaßstäben der Einzellinsen, β_1 und β_2, zusammen:

$$\beta_g = \beta_1 \cdot \beta_2. \tag{5.15}$$

Alternativ kann β_g mit Gl. 5.10 auch aus den Objekt- und Bildweiten der Einzellinsen, g_1 und g_2 bzw. b_1 und b_2, sowie dem Abstand a zwischen den Einzellinsen bestimmt werden:

$$\beta_g = \frac{b_1}{g_1} \cdot \frac{b_2}{g_2} = \frac{b_1 \cdot b_2}{g_1 \cdot (a - b_1)}. \tag{5.16}$$

5.4 Matrizenoptik

Zur Berechnung komplexer optischer Systeme, die aus mehreren Komponenten und somit Grenzflächen sowie Wegstrecken zwischen den Grenzflächen bestehen, wird im Allgemeinen das Prinzip der Matrizenoptik (*Ray transfer matrix analysis*, auch bekannt als *ABCD matrix analysis*) angewandt. Hierbei wird jedem Ereignis, dem ein Lichtstrahl auf seinem Weg durch ein optisches System unterliegt, also die Brechung oder Reflexion an einer Grenzfläche sowie die Propagation durch Luft oder Glas, eine Matrix zugeordnet. Dies ist eine rechteckige Anordnung von Zahlen oder Funktionen, also eine aus Zeilen und Spalten bestehende Tabelle. Die Beschreibung des Verlaufs eines Lichtstrahls durch ein optisches System erfolgt dann durch Multiplikation der Matrizen aller Objekte, die der Strahl auf seinem Weg passiert. Dabei werden mathematisch für jeden Ort zum einen die Höhe des Lichtstrahls x und zum anderen dessen Winkel α bestimmt, wobei sich beide Größen auf die optische Achse beziehen.

Die Propagation durch ein homogenes Medium mit der Dicke d wird durch die Translationsmatrix M_T, gegeben durch

$$M_T = \begin{pmatrix} 1 & -d \\ 0 & 1 \end{pmatrix}, \tag{5.17}$$

beschrieben. Durchläuft ein Lichtstrahl mit der Anfangsstrahlhöhe x_1 und dem Winkel α_1 ein homogenes optisches Medium mit der Dicke oder Distanz d, so ergeben sich am Ende dieser Distanz bzw. Strecke die Strahlhöhe x_2 sowie der Winkel α_2 gemäß

$$\begin{pmatrix} x_2 \\ \alpha_2 \end{pmatrix} = \begin{pmatrix} 1 & -d \\ 0 & 1 \end{pmatrix} \cdot \begin{pmatrix} x_1 \\ \alpha_1 \end{pmatrix} = \begin{pmatrix} x_1 + d \cdot \alpha_1 \\ \alpha_1 \end{pmatrix}. \tag{5.18}$$

Dabei ändert sich lediglich die Höhe x, der Winkel α bleibt jedoch konstant, da innerhalb des homogenen Mediums keine Brechung erfolgt. Dies wird auch daran deutlich, dass in der Translationsmatrix der Brechungsindex des Mediums nicht berücksichtigt wird, da dieser gemäß dem Snellius'schen Brechungsgesetz (Abschn. 2.1.3) lediglich an einer Grenzfläche von Bedeutung ist. Diese Brechung wird durch die jeweiligen Brechungsmatrizen optischer Grenzflächen berücksichtigt. Für eine ebene Fläche wie beispielsweise die Planfläche einer plankonvexen Linse wird die Brechung anhand der Brechungsmatrix M_B charakterisiert:

$$M_{B(\text{Ebene})} = \begin{pmatrix} 1 & 0 \\ 0 & \dfrac{n_1}{n_2} \end{pmatrix}. \tag{5.19}$$

Hier wird der Brechungsindexunterschied der beteiligten Medien durch den Quotienten aus dem Brechungsindex vor (n_1) und nach (n_2) der Grenzfläche beschrieben. Die Brechungsmatrix einer sphärischen Fläche, also einer Kugeloberfläche mit Krümmungsradius R, lautet

$$M_{B(\text{Sphäre})} = \begin{pmatrix} 1 & 0 \\ \dfrac{1}{R} \cdot \left(1 - \dfrac{n_1}{n_2}\right) & \dfrac{n_1}{n_2} \end{pmatrix}. \tag{5.20}$$

Neben Brechung tritt an jeder Grenzfläche Reflexion auf, die ebenso durch Matrizen charakterisiert werden kann. Für eine ebene Oberfläche gilt die Reflexionsmatrix

$$M_{R(\text{Ebene})} = \begin{pmatrix} 1 & 0 \\ 0 & -1 \end{pmatrix}, \tag{5.21}$$

für eine sphärische Fläche

$$M_{R(\text{Sphäre})} = \begin{pmatrix} 1 & 0 \\ \dfrac{2}{R} & 1 \end{pmatrix}. \tag{5.22}$$

Auch hier werden die Brechungsindices der beteiligten optischen Medien nicht berücksichtigt, da diese für die reine Beschreibung der Richtung einer Reflexion unerheblich sind.

Der Durchgang eines Lichtstrahls durch mehrere optische Elemente, also durch ein optisches System, setzt sich letztendlich aus mehreren Translationen durch Luftzwischenräume/-spalte bzw. durch die Materialien der optischen Komponenten sowie der Brechung an den Grenzflächen und zudem der Reflexion an Oberflächen zusammen. Aus den an all diesen Phänomenen beteiligten Einzelmatrizen ergibt sich somit die auch als ABCD-Matrix bezeichnete Strahlmatrix M_S. Es handelt sich hierbei um eine Matrix mit vier Einträgen. Am Beispiel einer dicken Linse lautet diese

$$M_{S(dicke\ Linse)} = \begin{pmatrix} 1 - \dfrac{d}{R_1} \cdot \left(\dfrac{n_L - n_U}{n_L} \right) & \dfrac{d}{n_L} \\ n_L - n_U \cdot \left(\dfrac{1}{R_1} - \dfrac{1}{R_2} + \dfrac{d}{R_1 \cdot R_2} \cdot \left(\dfrac{n_L - n_U}{n_L} \right) \right) & 1 + \dfrac{d}{R_2} \cdot \left(\dfrac{n_L - n_U}{n_L} \right) \end{pmatrix}, (5.23)$$

wobei n_L der Brechungsindex des Linsenmaterials und n_U der des Umgebungsmediums ist. Die vereinfachte Form dieser Matrix ergibt schlussendlich die Linsenschleiferformel für eine dicke Linse (Abschn. 4.4).

Aus den ABCD-Matrizen lassen sich die äquivalente Brennweite f sowie die objekt- und bildseitigen Hauptebenen H_1 und H_2 eines optischen Systems ableiten. Komplexe Systeme können somit mithilfe der Matrizenoptik über diese einfachen stellvertretenden Größen beschrieben werden. Die Brennweite ergibt sich aus der Komponenten C der Matrix gemäß

$$f = -\frac{1}{C}. \tag{5.24}$$

Die Hauptebenen hingegen folgen aus

$$H_1 = \frac{D-1}{C} \tag{5.25}$$

und

$$H_2 = \frac{A-1}{C}. \tag{5.26}$$

Die ABCD-Matrix eines optischen Systems kann somit wie folgt dargestellt werden:

$$\begin{pmatrix} A & B \\ C & D \end{pmatrix} = \begin{pmatrix} 1 & H_2 \\ 0 & 1 \end{pmatrix} \cdot \begin{pmatrix} 1 & 0 \\ -f^{-1} & 1 \end{pmatrix} \cdot \begin{pmatrix} 1 & H_1 \\ 0 & 1 \end{pmatrix} = \begin{pmatrix} 1 - \dfrac{H_2}{f} & H_1 + H_2 - \dfrac{H_1 \cdot H_2}{f} \\ -f^{-1} & 1 - \dfrac{H_1}{f} \end{pmatrix}. \tag{5.27}$$

Neben den Linsenschleiferformeln ist auch die allgemeine Abbildungsgleichung (Gl. 5.6) auf eine matrizenoptische Betrachtung zurückzuführen. Das Aufstellen der Gesamttransfermatrix $M_{T(gesamt)}$ für die Abbildung eines Objektes durch eine dünne Linse unter Berücksichtigung der Translation von Lichtstrahlen vor und hinter der Linse, gegeben durch die Objektweite g und die Bildweite b, ergibt:

$$M_{T(gesamt)} = M_{T(Objektraum)} \cdot M_{S(Linse)} \cdot M_{T(Bildraum)}. \tag{5.28}$$

Dabei ist $M_{T(Objektraum)}$ die Translationsmatrix im Objektraum, $M_{S(Linse)}$ die Strahlmatrix der Linse und $M_{T(Bildraum)}$ die Translationsmatrix im Bildraum. Es folgt somit

$$M_{\mathrm{T(gesamt)}} = \begin{pmatrix} 1 & g \\ 0 & 1 \end{pmatrix} \cdot \begin{pmatrix} 1 & 0 \\ \dfrac{1}{f} & 1 \end{pmatrix} \begin{pmatrix} 1 & -b \\ 0 & 1 \end{pmatrix}. \tag{5.29}$$

Dabei ist zu beachten, dass die Objektweite g per Definition ein negativer Wert ist und die B-Komponente der Translationsmatrix im Objektraum somit positiv wird. Die Gesamttransfermatrix lautet dann

$$M_{\mathrm{T(gesamt)}} = \begin{pmatrix} 1 - \dfrac{b}{f} & g - b - \dfrac{g \cdot b}{f} \\ \dfrac{1}{f} & 1 + \dfrac{g}{f} \end{pmatrix}. \tag{5.30}$$

Da hier die B-Komponente zu null wird, ergibt sich aus dieser Matrix schlussendlich die allgemeine Abbildungsgleichung. Abschließend sei noch erwähnt, dass mittels des Ansatzes der Matrizenoptik auch komplexere Zusammenhänge wie die Polarisationszustände von Licht an jedem Ort eines optischen Systems beschrieben werden können. Hierzu wird jedem polarisierenden Element oder Bauteil ein sog. Jones-Vektor zugeordnet.

5.5   Abbildungsfehler

5.5.1   Sphärische Aberration

Trifft ein Bündel aus Lichtstrahlen kollimiert, also parallel zur optischen Achse auf die erste Grenzfläche einer sphärischen Linse mit Krümmungsradius R und Brechungsindex n', so werden die einzelnen Lichtstrahlen – im idealisierten Modell – an dieser Oberfläche gebrochen. Anschließend schneiden sie die optische Achse in einem Punkt, dem Brennpunkt der brechenden Fläche. Dabei ist der Abstand des Brennpunkts zum Scheitelpunkt der brechenden Grenzfläche durch die Schnittweite s'_{GF} bzw. Brennweite f'_{GF} gemäß

$$s'_{GF} = f'_{GF} = \frac{R \cdot n'}{n' - 1} \tag{5.31}$$

gegeben. In der Praxis ergibt sich jedoch für jeden Wert der Strahleinfallshöhe h ein anderer Einfallswinkel auf der gekrümmten Linsenoberfläche. Im Modell betrachtet man die Linse lokal als ein Prisma, dessen Oberfläche durch die Tangentialebene an die Linsenoberfläche am Einfallsort des Lichtstrahls gegeben ist und auf welcher das Einfallslot orthogonal steht. Daraus resultiert gemäß dem Snellius'schen Brechungsgesetz für jeden Teilstrahl ein spezifischer Brechungswinkel. Dieser ist umso größer, je höher ein Lichtstrahl auf die Linsenoberfläche auftrifft (Abb. 5.7).

Wenn man in Gl. 5.31 die Strahleinfallshöhe gemäß

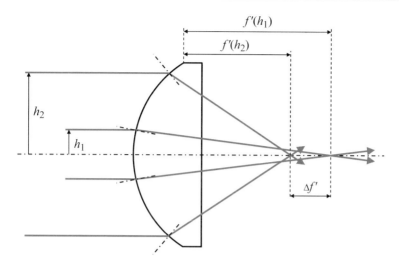

Abb. 5.7 Entstehung der sphärischen Aberration aufgrund der Kugelgestalt einer sphärischen Linsenoberfläche. (Zur Übersichtlichkeit wird die Brechung an der zweiten Grenzfläche vernachlässigt)

$$s'_{GF} = f'_{GF} = R + \frac{h}{n' \cdot \sin\left(\arcsin \dfrac{h}{R} - \arcsin \dfrac{h}{n' \cdot R} \right)} \qquad (5.32)$$

berücksichtigt, ergeben sich bei geringen Strahleinfallshöhen für die Lichtstrahlen geringere Schnittweiten s'_{GF} bzw. Brennweiten f'_{GF} als für große Strahleinfallshöhen. Daraus folgt, dass eine sphärische brechende Fläche mit großer Öffnung keinen klar begrenzten Brennpunkt, sondern vielmehr einen Brennbereich Δf entlang der optischen Achse aufweist, innerhalb dessen die einzelnen, von der Strahleinfallshöhe abhängigen Brennweiten $f(h)$ variieren. Die Länge des Bereichs Δf ist dabei gegeben durch

$$\Delta f' = f'\left(h_{max}\right) - f'\left(h_{min}\right). \qquad (5.33)$$

Aus diesem Grund wird die **sphärische Aberration** (*spherical aberration*) auch als Kugelgestaltfehler oder Öffnungsfehler bezeichnet. Durch diesen Abbildungsfehler wird ein Objektpunkt als unscharfer Bildpunkt mit ungleicher Helligkeitsverteilung dargestellt. Dies wird durch die Seidel'sche Summe S_I quantifiziert.

Die sphärische Aberration lässt sich auf verschiedenen Wegen verringern. Zum einen erlaubt die geschickte Auswahl der Linsenkrümmungsradien eine Minimierung des Unterschieds zwischen den Einfallswinkeln und somit den Brechungswinkeln der Teilstrahlen an den beiden Linsenoberflächen. Derartige Linsen werden als **Linsen bester Form** bezeichnet. Ein ähnlicher Effekt kann erzielt werden, wenn anstatt einer Einzellinse mit stark gekrümmten Flächen ein sogenanntes Doublet, also die Kombination aus zwei weniger stark gekrümmten Einzellinsen verwendet wird, die zusammen gemäß Gl. 5.14 die gleiche Brennweite wie eine entsprechende Einzel-

linse haben. Am effektivsten wird die sphärische Aberration jedoch mit **asphärischen Linsen** reduziert. Deren Oberfläche ist gerade so geformt, dass für alle Teilstrahlen eines Lichtbündels die gleichen Einfalls- und somit Brechungswinkel gelten.

5.5.2 Chromatische Aberration

Die **chromatische Aberration** (*chromatic aberration*) ist eine Folge der Dispersionseigenschaften optischer Medien. Um dem Rechnung zu tragen, muss man in
Gl. 5.31 die Wellenlängenabhängigkeit des Brechungsindexes berücksichtigen. Daraus folgt gemäß

$$s'_{GF}(\lambda) = f'_{GF}(\lambda) = \frac{R \cdot n'(\lambda)}{n'(\lambda) - 1}, \tag{5.34}$$

dass die Schnittweite und die Brennweite ebenfalls von der Wellenlänge abhängen.
Dies hat zur Folge, dass beim Durchgang eines polychromatischen, weißen Lichtbündels durch eine optische Linse der Brennpunkt je nach Wellenlänge innerhalb
eines Bereichs Δf variiert mit

$$\Delta f' = f'(\lambda_{max}) - f'(\lambda_{min}). \tag{5.35}$$

Dieser Bereich kann gemäß

$$\Delta f' = -\frac{f'}{\nu_d} \text{ bzw.} \cdot \Delta f' = -\frac{f'}{\nu_e} \tag{5.36}$$

auch in Abhängigkeit von einer Abbe-Zahl angegeben werden. λ_{max} und λ_{min} entsprechen hier den zur Berechnung der jeweiligen Abbe-Zahl (ν_e bzw. ν_d) verwendeten
Fraunhofer-Linien.

Dieser Sachverhalt wird als **Farblängsfehler** oder **chromatische Längsaberration** bezeichnet. Diese ergibt sich bei der Abbildung eines Objekts nach Erweiterung von Gl. 5.36 unter zusätzlicher Berücksichtigung der Objektweite g zu

$$\Delta f' = -\frac{g^2 \cdot f'}{(g + f')^2 \cdot \nu} \tag{5.37}$$

mit einer Abbe-Zahl ν. Der Farblängsfehler beschreibt also die wellenlängenabhängige Variation der Bildlage entlang der optischen Achse (Abb. 5.8).

Durch weitere Effekte wie eine wellenlängenabhängige Vergrößerung und/oder
Bildverzerrung kommt es auch zu einem Farbfehler innerhalb der Bildebene, also
quer zur optischen Bildachse, dies nennt man **chromatische Queraberration** oder
Farbquerfehler. Dieser drückt sich in der Praxis durch einen Farbsaum um abgebildete Objekte aus.

Die chromatische Aberration kann für zwei Wellenlängen durch sogenannte
Achromate (*achromatic lenses*) vermindert werden. Dabei handelt es sich um eine
Kombination zweier Linsen mit unterschiedlichen Dispersionseigenschaften (daher

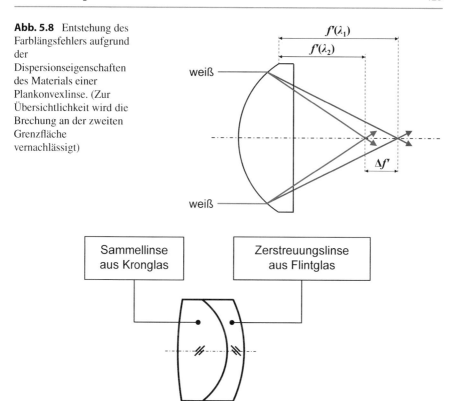

Abb. 5.8 Entstehung des Farblängsfehlers aufgrund der Dispersionseigenschaften des Materials einer Plankonvexlinse. (Zur Übersichtlichkeit wird die Brechung an der zweiten Grenzfläche vernachlässigt)

Abb. 5.9 Aufbau eines verkitteten Achromats

auch die Bezeichnung achromatisches Doublet). Diese müssen die **Achromasiebedingung** (*condition of achromatism*) erfüllen, derzufolge bei beiden Linsen das Produkt von bildseitiger Brennweite f und Abbezahl ν bis auf das Vorzeichen gleich sein muss:

$$f_1' \cdot \nu_1 = -f_2' \cdot \nu_2. \tag{5.38}$$

Aus den jeweiligen Vorzeichen in Gl. 5.38 folgt, dass ein Achromat zwangsläufig aus einer Sammellinse und einer Zerstreuungslinse besteht. Dabei ist die Sammellinse in der Regel aus einem optischen Kronglas mit hoher Abbe-Zahl (also geringer Dispersion) und die Zerstreuungslinse aus einem optischen Flintglas mit kleiner Abbe-Zahl und somit hoher Dispersion. Diese beiden Linsen werden miteinander verkittet, wobei die zweite Grenzfläche der Sammellinse und die erste der Zerstreuungslinse formgleich sein müssen (Abb. 5.9).

Da die beiden Linsen lückenlos verkittet sind, vereinfacht sich Gl. 5.13 für die Gesamtbrennweite zu

$$\frac{1}{f_A'} = \frac{1}{f_1'} + \frac{1}{f_2'}. \tag{5.39}$$

Dabei ist f_A' die Brennweite des Achromats mit den Einzelbrennweiten f_1' und f_2'. Nach Umstellen von Gl. 5.38 ergibt sich die Brennweite der Zerstreuungslinse in Abhängigkeit von der Brennweite der Sammellinse und der Abbe-Zahlen zu

$$f_2' = -\frac{f_1' \cdot v_1}{v_2}. \tag{5.40}$$

Nach Einsetzen von Gl. 5.40 in Gl. 5.39 und Vereinfachen der resultierenden Gleichung folgt für die Gesamtbrennweite des Achromats nun

$$\frac{1}{f_A'} = \frac{1}{f_1'} \cdot \frac{v_1 - v_2}{v_1}. \tag{5.41}$$

Da die Sollbrennweite eines Achromats in der Regel vorgegeben ist, lösen wir Gl. 5.41 nach f_1' auf, also nach der Brennweite der Sammellinse:

$$f_1' = f_A' \cdot \frac{v_1 - v_2}{v_1}. \tag{5.42}$$

Für die Brennweite der Zerstreuungslinse gilt analog

$$f_2' = -f_A' \cdot \frac{v_1 - v_2}{v_2}. \tag{5.43}$$

Auf diese Weise bestimmt man für gegebene Abbe-Zahlen, d. h. für gegebene optische Gläser, die Brennweiten der beiden Einzellinsen eines Achromats. Im Anschluss kann man nun mit Gl. 4.18 die geometrischen Parameter (Krümmungsradius und Mittendicke) der Sammel- und Zerstreuungslinse bestimmen.

Wie eingangs erwähnt minimieren Achromate die chromatische Aberration lediglich für zwei Wellenlängen, was der Tatsache geschuldet ist, dass hier nur zwei verschiedene Gläser mit spezifischen Dispersionsverhalten zum Einsatz kommen. Die Korrektur für mehrere Wellenlängen kann jedoch durch kompliziertere Systeme, sogenannte Apochromate erfolgen. Zudem eignen sich, falls im Layout des optischen Systems möglich, auch Spiegel als Alternative zu refraktiven optischen Elementen, da diese im Allgemeinen eine verschwindend geringe chromatische Aberration aufweisen.

Die chromatische Aberration tritt in sphärischen optischen Komponenten zusätzlich zur bereits behandelten sphärischen Aberration auf. Berücksichtigt man beide Fehler, so lässt sich Gl. 5.32 folgendermaßen ausdrücken:

$$s_{GF}'(\lambda) = f_{GF}'(\lambda) = R + \frac{h}{n'(\lambda) \cdot \sin\left(\arcsin\frac{h}{R} - \arcsin\frac{h}{n'^{(\lambda)} \cdot R}\right)}. \tag{5.44}$$

Dies verdeutlicht, dass es bereits für den einfachen Fall von parallel zur optischen Achse einfallenden polychromatischen Lichtbündeln zu erheblichen Abbildungsfehlern kommen kann. In der Praxis gibt es bei einer optischen Abbildung jedoch natürlich auch Lichtbündel, welche die Abbildungsoptik schräg zur optischen Achse durchlaufen. Dabei treten weitere Abbildungsfehler auf, nämlich die im Folgenden vorgestellten **Feldaberrationen** (*field aberrations*).

5.5.3 Asymmetriefehler

Der auch als Koma bezeichnete **Asymmetriefehler** (*coma*) tritt auf, wenn ein Strahlenbündel das Abbildungssystem nicht parallel, sondern unter einem Winkel θ zur optischen Achse durchläuft. Dies ist insbesondere dann der Fall, wenn Objekte mit großer Objekthöhe G und kleiner Objektweite g abgebildet werden. In der Regel treffen dann die im Strahlenbündel enthaltenen Lichtstrahlen asymmetrisch auf die optischen Grenzflächen des Abbildungssystems, d. h., dass für die den Hauptstrahl umgebenden Strahlen unterschiedliche Einfallswinkel auf den Grenzflächen gelten. Diese Asymmetrie ist wiederum abhängig von der Lage und dem freien Durchmesser der Aperturblende, da nur für eine bestimmte Kombination aus Blendenlage, Blenddurchmesser und Abstand zur Grenzfläche ein symmetrischer Durchgang eines Strahlenbündels durch die Grenzfläche erfolgt. Umgekehrt bedeutet dies, dass bei ungünstiger Blendenlage jeder Teilstrahl einen anderen Einfallswinkel und damit auch Brechungswinkel hat (Abb. 5.10).

Das in der Bildebene entstehende Bild ähnelt einem Kometenschweif, woraus sich das Synonym „Koma" für diesen Abbildungsfehler ableitet. Der Asymmetriefehler (der wie bereits erwähnt durch die Seidel'sche Summe S_{II} gegeben ist) wird minimal, wenn der Hauptstrahl sowohl im Objekt- als auch im Bildraum die Symmetrieachse aller Teilstrahlen des Strahlenbündels darstellt, sich die äußeren Strahlen also im Hauptstrahl schneiden (Abb. 5.10). Die Lage der Aperturblende wird dann als natürliche Blende oder *Gleichenscher* Blendenort bezeichnet. In diesem Fall tritt kein meridionaler Asymmetriefehler auf.

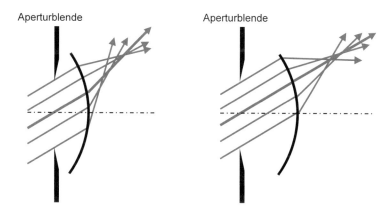

Abb. 5.10 Entstehung des Asymmetriefehlers an einer optischen Grenzfläche bei einem schräg zur optischen Achse einfallenden Strahlenbündel. Links tritt der Fehler wegen einer ungünstigen Lage der Aperturblende auf, rechts nicht

Der Asymmetriefehler kann außer durch eine geschickte Wahl der Blendenlage auch durch entlang der optischen Achse symmetrisch angeordnete Linsensysteme minimiert werden. Dazu zählen beispielsweise die nach ihrem Erfinder, dem deutschen Optiker *Carl August von Steinheil* benannten Steinheil-Objektive oder Steinheil-Aplanate.

5.5.4 Astigmatismus

Der auch als Punktlosigkeit oder Zweischalenfehler bezeichnete **Astigmatismus** (*astigmatism*) ist ein weiterer Abbildungsfehler, der bei schrägem Lichteinfall auf sphärische Linsenoberflächen auftritt (Abb. 5.11). Dabei ergeben sich auf der durch ein einfallendes Lichtbündel ausgeleuchteten Linsenoberfläche unterschiedliche Meridional- und Saggitalschnitte. Für diese beiden orthogonal zueinander stehenden Schnitte folgen somit unterschiedliche optische Wirksamkeiten, da die durch den Meridionalschnitt ausgeleuchtete Linie eine längere Strecke auf der Linsenoberfläche abdeckt als das Liniensegment, welches durch den Saggitalschnitt ausgeleuchtet wird. Dies hat zur Folge, dass sich nach der Abbildung durch diese Grenzfläche zwei unterschiedliche Brennweiten und somit Bildebenen mit jeweils anderer Krümmung ergeben. Zwischen diesen beiden Ebenen liegt ein sogenannter Kreis kleinster Verwirrung vor, in welchem der Astigmatismus seine geringste Auswirkung hat.

Der Astigmatismus wird quantitativ durch die Seidel'sche Summe S_{III} ausgedrückt. Ein Objektpunkt wird aufgrund dieses Abbildungsfehlers nicht scharf in einem Bildpunkt abgebildet, es kommt eher zu einer verschwommenen Abbildung ohne klar definierte Strukturwiedergabe. Dies kann durch den Einsatz geeigneter

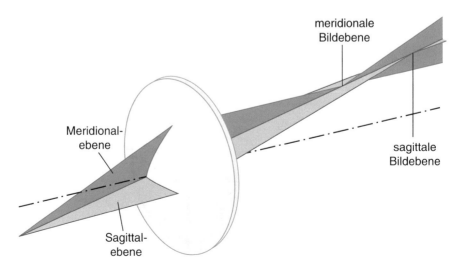

Abb. 5.11 Entstehung des Astigmatismus durch ein schräg einfallendes Lichtbündel und daraus resultierende unterschiedliche Meridional- und Sagittalschnitte auf der Linsenoberfläche

optischer Systeme wie beispielsweise Anastigmate oder auch Apochromate in bestimmten Grenzen korrigiert werden.

5.5.5   Petzval'sche Bildfeldwölbung

Bei der nach dem österreichischen Mathematiker *Josef Petzval* benannten **Petzval'schen Bildfeldwölbung** (*Petzval field curvature*) handelt es sich um einen Abbildungsfehler, der eine Krümmung der Bildebene zur Folge hat. Ein ebenes Objekt
wird also wie in Abb. 5.12 dargestellt in Form eines gewölbten Bilds abgebildet. Die
gekrümmte Bildebene wird auch als Schale bezeichnet. Im Gegensatz zum Astigmatismus weist diese Schale im Meridional- und Saggitalschnitt gleiche Krümmun-
gen auf und ist somit rotationssymmetrisch.

Die Petzval'sche Bildfeldwölbung wird wie eingangs näher erläutert anhand der
Seidel'schen Summe S_{IV} quantifiziert und kann beispielsweise nach einer Korrektur
des Astigmatismus auftreten. Zur Minimierung dieses Abbildungsfehlers eignen
sich Petzval'sche Portraitobjektive oder sogenannte Protare, alternativ kann auch
ein gekrümmter Detektor verwendet werden, dessen Krümmung betragsmäßig der
Bildfeldkrümmung entspricht.

5.5.6   Die Verzeichnung

Im Idealfall, d. h. innerhalb des Gauß'schen Raums, ist der Abbildungsmaßstab β
(Abschn. 5.3.1) eine feste Größe. Bei einer geometrisch-optischen Abbildung im
nach außen angrenzenden Seidel-Gebiet kann jedoch der Fall auftreten, dass sich
der Abbildungsmaßstab mit anwachsender Bildhöhe vergrößert oder verringert.
Dies tritt beispielsweise bei aberrationskorrigierten Systemen auf. Ein Bildpunkt
wird dann lateral von der Sollposition verschoben, die sich für den im Gauß'schen
Raum geltenden Abbildungsmaßstab ergäbe. Daraus folgt, dass das optische System die Geometrie eines Objekts nicht formtreu abbildet, sondern verzerrt. Bei-

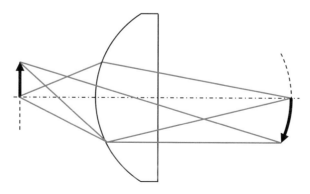

Abb. 5.12 Petvalsche Bildfeldwölbung

spielsweise wird ein quadratisches Objekt als tonnen- bzw. kissenförmige Struktur abgebildet (Abb. 5.13).

Dieser Effekt ist die **Verzeichnung** V (*distortion*) eines optischen Abbildungssystems, die sich in der Seidel'schen Summe S_V wiederfindet. Sie kann aber auch prozentual angegeben werden, indem die jeweiligen lateralen Bildkoordinaten $y(B)$, die sich aus dem Soll-Abbildungsmaßstab innerhalb des Gauß'schen Raums, $y(B)_{Gauß}$, und dem tatsächlich vorliegenden Abbildungsmaßstab, $y(B)_{real}$, ergeben, gemäß

$$V = \frac{y(B)_{real} - y(B)_{Gauß}}{y(B)_{Gauß}} \cdot 100\% \tag{5.45}$$

ins Verhältnis gesetzt werden. Dies erlaubt eine schnelle Aussage darüber, ob es sich um eine positive oder eine negative prozentuale Verzeichnung handelt. Für $V < 0\%$ ergibt sich eine sogenannte tonnenförmige Verzeichnung, wohingegen eine kissenförmige Verzeichnung bei $V > 0\%$ vorliegt. Die Verzeichnung kann mittels eines Steinheil'schen Aplanats oder durch Variation der Blendenlage innerhalb des optischen Systems minimiert werden.

5.5.7 Geisterbilder

Die sogenannten **Geisterbilder** (*ghost images*) entstehen durch Reflexion und/oder Streuung von Licht innerhalb optischer Systeme. So kann Licht, welches durch den

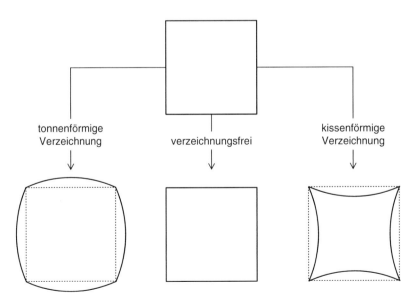

Abb. 5.13 Definition der Verzeichnung: ein quadratisches Objekt wird entweder tonnen- oder kissenförmig verzerrt abgebildet

Detektor oder an Fassungsrändern und Linsenoberflächen reflektiert wird, einen Brennpunkt im Strahlengang des Systems aufweisen. Dies führt unter Umständen dazu, dass in der Nähe des Detektors ein Bild entsteht, welches sich nicht aus der eigentlichen optischen Abbildung ergibt. Je nach Umgebungsbedingungen und optischem System kann es sich bei Geisterbildern um verhältnismäßig scharfe oder verschwommene Erscheinungen handeln.

Die Entstehung von Geisterbildern lässt sich vermeiden oder abschwächen, indem man die internen Reflexionen im optischen System minimiert, also durch Verwendung von hochwertigen Antireflexschichten oder eine geeignete absorbierende Lackierung von Linsenrändern und mechanischen Fassungselementen. Eine weitere Möglichkeit ist eine geschickte Auswahl der Krümmungsradien der optischen Komponenten, damit sich in der Nähe des Detektors keine Brennpunkte des an diesen Oberflächen reflektierten Lichts befinden.

Geisterbilder im Alltag

Die Bezeichnung „Geisterbilder" hat ihren historischen Ursprung in der Tatsache, dass die auf manchen alten Photographien erkennbaren verschwommenen Strukturen als tatsächliche Manifestation von Geistern (die der Photograph zum Zeitpunkt der Aufnahme eines Bilds nicht sehen konnte) gedeutet wurden.

Das Phänomen der Geisterbilder ist beispielsweise auch aus Westernfilmen bekannt, wo während eines Kameraschwenks durch die Wüstensonne eine Aneinanderreihung von Geisterbildern der vieleckigen Irisblende zu beobachten ist. Dieser Effekt wird auch in Animationen, z. B. in Science-Fiction-Filmen gezielt hervorgerufen.

5.5.8 Wellenaberration

Obwohl es die Bezeichnung nahelegt, ist die Beschreibung der **Wellenaberration** (*wave aberrations*) keine eigentliche wellenoptische Betrachtung. Vielmehr wird hierbei eine ideale Kugelwelle angenommen, die von einem Objektpunkt ausgeht. Indem man Lichtstrahlen entlang der Normalen auf den Wellenfronten konstruiert, kann man bestimmen, wie die Wellenfronten beim Durchgang durch ein optisches System deformiert werden. Diese Wellenaberration wird als Differenz Δw der durch die Wellenfronten gegebenen Flächen vor bzw. nach Durchgang durch das optische System am Ort der Austrittspupille angegeben und stellt somit eine Flächenangabe dar. Die Ortsauflösung der so ermittelten Wellenaberration hängt wiederum von der Anzahl der betrachteten Lichtstrahlen ab.

5.5.9 Kontrastübertragung

Die Qualität einer optischen Abbildung wird auch wesentlich vom Kontrast bestimmt, eine unzureichende Kontrastübertragung kann daher indirekt als Abbildungsfehler angesehen werden. Ein abzubildendes Objekt weist in der Regel einen Intensitätskontrast auf, wofür der Michelson-Kontrast

$$K_M = \frac{I_{max} - I_{min}}{I_{max} + I_{min}} \tag{5.46}$$

ein geeignetes quantitatives Maß darstellt. Dieser setzt Differenz und Summe der hellen (I_{max}) und dunklen (I_{min}) Bereiche eines Objekts ins Verhältnis. Eine andere Bezeichnung für K_M ist die Modulation M. Das Verhältnis der jeweiligen Modulationen eines Bilds und des abgebildeten Objekts ist die **Modulationstransferfunktion** *MTF* (*modulation transfer function*). Der Struktur eines Objekts wird dabei durch deren sogenannte Raumfrequenz R Rechnung getragen. Diese ist der Kehrwert der räumlichen Periodenlänge einer Struktur, am Beispiel eines schwarzweiß-Streifenmusters also der Abstand der Streifen gleicher Farbe, und wird in Linienpaare pro Millimeter angeben. Die raumfrequenzabhängige Modulations transferfunktion *MTF(R)* ist gegeben durch

$$MTF\left(R\right) = \frac{M_{Bild}\left(R\right)}{M_{Objekt}\left(R\right)}. \tag{5.47}$$

Die Raumfrequenz, für welche *MTF(R)* = 0 gilt, ist die Cut-off-Raumfrequenz.

5.5.10 Darstellung von Abbildungsfehlern

Zur Quantifizierung und Analyse der oben beschriebenen Abbildungsfehler können neben den eingangs erläuterten Seidel-Summen auch spezielle Diagramme herangezogen werden. Dazu zählen unter anderem die in Abb. 5.14 und 5.15 gezeigten Darstellungen:

- Das Spotdiagramm stellt die radial um den Hauptstrahl verteilte Bildhöhe (in x- und y-Richtung) in einer vorab definierten Bildebene, z. B. der Detektoroberfläche, dar und erlaubt erste qualitative Aussagen über den Asymmetriefehler.
- Das Queraberrationsdiagramm gibt die laterale Abweichung eines Lichtstrahls von dessen Sollposition auf der Detektoroberfläche in Abhängigkeit von der Strahlhöhe am Ort der Eintrittspupille an. Dazu wird auf der y-Achse die Bildhöhe und auf der x-Achse der Durchmesser der Eintrittspupille aufgetragen.
- Feldaberrationen wie Astigmatismus, Verzeichnung etc. können in Abhängigkeit von der Bildhöhe in Feldaberrationsdiagrammen dargestellt werden.
- Die Modulationstransferfunktion stellt man durch Auftragen gegen die Raumfrequenz dar.

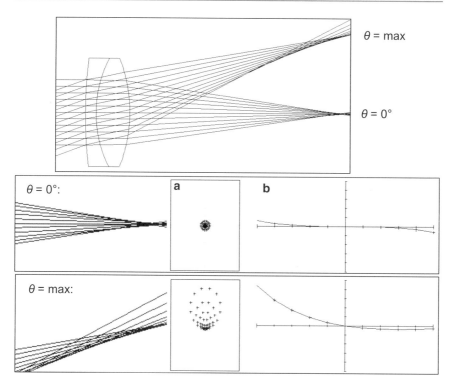

Abb. 5.14 Zwei Strahlenbündel, die einen Achromaten unter unterschiedlichen Winkeln durchlaufen (oben bzw. links vergrößert), mit dem dazugehörigen Spotdiagramm (**a**) und dem Queraberrationsdiagramm (**b**), erstellt mit dem Simulationsprogramm „WinLens"

Diese Diagramme erlauben einen schnellen Überblick über auftretende Abbildungsfehler, z. B. in Bezug auf die durch das Rayleigh-Kriterium gegebene theoretische Auflösungsgrenze, die in die Diagramme mit eingeblendet werden kann, sowie den direkten visuellen Vergleich zwischen unterschiedlichen Wellenlängen, Schnittebenen (meridional/sagittal), Öffnungswinkeln etc.

5.6 Optische Abbildung und Abbildungsfehler mathematisch

5.6.1 Die wichtigsten Gleichungen auf einen Blick:

Durchmesser der Beugungsfigur (Airy-Scheibchen):

$$D_{\text{Airy}} \approx 2,44 \cdot \frac{\lambda \cdot f}{D_{\text{EP}}} = 2,44 \cdot \lambda \cdot k$$

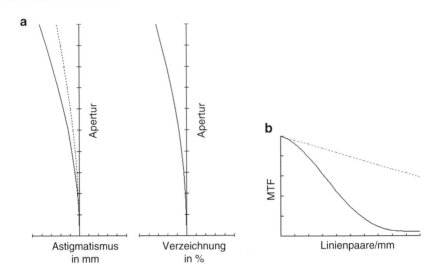

Abb. 5.15 Feldaberrationsdiagramme für Astigmatismus (**a**) und Verzeichnung (**b**) sowie Modulationstransferfunktion (**c**), erstellt mit dem Simulationsprogramm „WinLens"

Numerische Apertur:

$$NA = n_{\mathrm{U}} \cdot \sin\theta$$

Blendenzahl:

$$k = \frac{f}{D_{\mathrm{EP}}} = \frac{1}{2NA}$$

Auflösungsgrenze:

$$a_{\min} = 1{,}22 \cdot \frac{\lambda}{2NA}$$

Abbe'sche Invariante:

$$n \cdot \left(\frac{1}{R} - \frac{1}{s}\right) = n' \cdot \left(\frac{1}{R} - \frac{1}{s'}\right)$$

Abbildungsgleichung (für eine Einzellinse):

$$\frac{1}{f} = \frac{1}{g} + \frac{1}{b}$$

Newton-Gleichung:

$$f \cdot f' = f^2 = z \cdot z'$$

Abbildungsmaßstab (für eine Einzellinse):

$$\beta = \frac{B}{G} = \frac{b}{g}$$

Objektweite:

$$g = f \cdot \left(1 - \frac{1}{\beta}\right)$$

Bildweite:

$$b = f' \cdot (1 - \beta)$$

Abbildungsgleichung für eine Kombination aus zwei Linsen:

$$\frac{1}{f_g} = \frac{1}{f_1} + \frac{1}{f_2} - \frac{a}{f_1 \cdot f_2}$$

Gesamtbrennweite für eine Kombination aus zwei Linsen:

$$f_g = \frac{f_1 \cdot f_2}{f_1 + f_2 - a}$$

Gesamtabbildungsmaßstab für eine Kombination aus zwei Linsen:

$$\beta_g = \beta_1 \cdot \beta_2 = \frac{b_1}{g_1} \cdot \frac{b_2}{g_2} = \frac{b_1 \cdot b_2}{g_1 \cdot (a - b_1)}$$

Translationsmatrix in einem homogenen optischen Medium:

$$M_T = \begin{pmatrix} 1 & -d \\ 0 & 1 \end{pmatrix}$$

Brechungsmatrix einer ebenen Grenzfläche:

$$M_{B(\text{Ebene})} = \begin{pmatrix} 1 & 0 \\ 0 & \dfrac{n_1}{n_2} \end{pmatrix}$$

Brechungsmatrix einer sphärischen Grenzfläche:

$$M_{B(\text{Sphäre})} = \begin{pmatrix} 1 & 0 \\ \dfrac{1}{R} \cdot \left(1 - \dfrac{n_1}{n_2}\right) & \dfrac{n_1}{n_2} \end{pmatrix}$$

Reflexionsmatrix einer ebenen Grenzfläche:

$$M_{R(\text{Ebene})} = \begin{pmatrix} 1 & 0 \\ 0 & -1 \end{pmatrix}$$

Reflexionsmatrix einer sphärischen Grenzfläche:

$$M_{R(Sphäre)} = \begin{pmatrix} 1 & 0 \\ \dfrac{2}{R} & 1 \end{pmatrix}$$

Brennweitendifferenz bei sphärischer Aberration:

$$\Delta f' = f'(h_{max}) - f'(h_{min})$$

Brennweitendifferenz bei chromatischer Aberration:

$$\Delta f' = f'(\lambda_{max}) - f'(\lambda_{min})$$

Farblängsfehler:

$$\Delta f' = -\frac{g^2 \cdot f'}{(g + f')^2 \cdot v}$$

Achromasiebedingung:

$$f_1' \cdot v_1 = -f_2' \cdot v_2$$

prozentuale Verzeichnung:

$$V = \frac{y(B)_{real} - y(B)_{Gauß}}{y(B)_{Gauß}} \cdot 100\,\%$$

Michelson-Kontrast:

$$K_M = \frac{I_{max} - I_{min}}{I_{max} + I_{min}}$$

Modulationstransferfunktion:

$$MTF(R) = \frac{M_{Bild}(R)}{M_{Objekt}(R)}$$

5.7 Übungsaufgaben zu optischer Abbildung und Abbildungsfehlern

Verständnisfragen

Leser*innen des gedruckten Buches erhalten einen kostenlosen Zugang zu allen Verständnisfragen über die Springer Nature Flashcards-App.

Rechenaufgaben

5.39

Ein abbildendes optisches System weise einen Eintrittspupillendurchmesser D_{EP} von 20 mm und eine Numerische Apertur NA von 0,2 auf.

(a) Welche Brennweite f und Blendenzahl k hat dieses optische System?
(b) Welchen Durchmesser hat das durch eine Abbildung mit diesem optischen System resultierende Beugungsscheibchen bei einer Wellenlänge von 546 nm?

5.40
Ein Objektiv, welches sich in Luft ($n = 1$) befindet, habe eine Numerische Apertur von 0,5.

(a) Wie groß ist der Öffnungswinkel 2θ dieses Objektivs?
(b) Wie ändert sich die Numerische Apertur, wenn die Frontlinse dieses Objektivs in ein Immersionsöl mit einem Brechungsindex von 1,49 eingebracht wird?

5.41
Welchen Eintrittspupillendurchmesser hat ein Objektiv mit einer Brennweite von 5 mm und einer Numerischen Apertur von 0,68?
5.42
Der minimale Abstand zweier benachbarter Airy-Scheibchen ist ein Maß für die Auflösungsgrenze eines optischen Systems.

(a) Welcher Wellenlängenbereich weist eine geringere Auflösungsgrenze auf, ultraviolettes oder infrarotes Licht?
(b) Bestimmen Sie für eine Wellenlänge von 380 nm die Auflösungsgrenze eines Objektivs mit einer Blendenzahl von 3,5.
(c) Welchen Durchmesser hat das Airy-Scheibchen für den in b) gegebenen Fall?

5.43
Welche Brennweite f hat eine Einzellinse mit der Objektweite $g = 100$ mm und der Bildweite $b = 50$ mm? Überprüfen Sie Ihr Ergebnis unter Verwendung der Newton-Gleichung.
5.44
Durch ein optisches System mit dem Abbildungsmaßstab 0,25 werde ein Objekt abgebildet. Dabei ergeben sich eine Bildweite von 50 mm und eine Bildhöhe von 15 mm. Bestimmen Sie Objektweite und Objekthöhe.
5.45
Ein Objekt mit einer Objekthöhe $G = 26$ mm werde durch eine Einzellinse mit einer Brennweite von $f = -f = 400$ mm auf eine Bildhöhe von $B = -14$ mm abgebildet. Bestimmen Sie die Objektweite g und die Bildweite b.
5.46
Welche Gesamtbrennweite hat ein System aus den folgenden zwei dünnen Linsen, die in einem Abstand von 25 mm zueinander stehen? Linse 1 sei eine bikonvexe Linse mit einem Brechungsindex von 1,45 und den Krümmungsradien $R_1 = 100$ mm und $R_2 = 500$ mm, Linse 2 eine symmetrisch bikonvexe Linse mit $R = 275$ mm und einem Brechungsindex von 1,52.

5.47

In welchem Abstand a voneinander müssen zwei Einzellinsen mit $f_1 = 200$ mm und $f_2 = 600$ mm angeordnet werden, damit die Gesamtbrennweite f_g dieser Kombination 500 mm beträgt?

5.48

Ein System aus zwei Linsen weise einen Gesamtabbildungsmaßstab von 0,5 auf. Die Linsen haben einen Abstand a von 10 mm zueinander, wobei die jeweiligen Bildweiten $b_1 = 15$ mm und $b_2 = 71$ mm betragen. Wie groß ist die Objektweite g_1?

5.49

Durch ein System aus zwei Linsen werde ein Objekt abgebildet. Die erste Linse bildet das $G = 2300$ mm hohe Objekt auf ein Bild mit einer Höhe $B = -17$ mm ab. Die zweite Linse bilde ein von dieser Linse 500 mm entferntes Objekt in einer Bildweite von 30 mm ab. Wie groß ist der Gesamtabbildungsmaßstab des Gesamtsystems?

5.50

Eine optische Grenzfläche weise einen Krümmungsradius R von 50 mm auf. Der Brechungsindex vor dieser Grenzfläche betrage $n = 1$, hinter der Grenzfläche liege ein Brechungsindex n' von 1,5 vor. Betrachtet werden zwei Lichtstrahlen, die parallel zur optischen Achse bei einer Höhe von $h_1 = 2$ mm bzw. $h_2 = 15$ mm auf die Grenzfläche auftreffen.

(a) Berechnen Sie (unter Vernachlässigung etwaiger Brechung an einer zweiten optischen Grenzfläche) die Schnittweiten s'_1 und s'_2 für die Teilstrahlen sowie die Schnittweitendifferenz s'.

(b) Welcher Abbildungsfehler liegt vor?

5.51

Bestimmen Sie die als Folge der sphärischen Aberration auftretende Brennweitendifferenz von zwei parallel zur optischen Achse auf einem Hohlspiegel einfallenden Strahlen. Der Spiegel habe einen Krümmungsradius von 500 mm. Die Strahleinfallshöhen seien $h_1 = 2$ mm und $h_2 = 100$ mm.

5.52

Aus einem optischen Glas mit den in nachfolgender Tabelle aufgeführten Brechungsindizes werde sowohl eine dünne Linse als auch eine dicke Linse mit einer Mittendicke von 50 mm hergestellt. Die Krümmungsradien dieser Linsen betragen in beiden Fällen $R_1 = 177$ mm und $R_2 = -238$ mm.

Wellenlänge	Brechungsindex
546,1 nm	1,855.04 (=n_e)
480 nm	1,874.25 (=$n_{F'}$)
643,8 nm	1,838.08 (=$n_{C'}$)

(a) Bestimmen Sie die Abbe-Zahl ν_e dieses optischen Glases.
(b) Welche Brennweiten weist die dünne Linse für die gegebenen Wellenlängen auf?
(c) Welche Brennweiten hat die dicke Linse für die gegebenen Wellenlängen?
(d) Bestimmen Sie die Brennweitendifferenzen $\Delta f(\lambda)$ beider Linsen für $\lambda_{max} = 643{,}8$ nm und $\lambda_{min} = 480$ nm.
(e) Erläutern Sie kurz den Unterschied der in d) ermittelten Brennweitendifferenzen für die dünne und die dicke Linse.
(f) Welchen Abbildungsfehler repräsentieren die ermittelten Brennweitendifferenzen?

5.53

Ihnen stehen zwei optische Gläser mit den Abbe-Zahlen $\nu_1 = 63{,}96$ und $\nu_2 = 32{,}00$ zur Verfügung. Aus diesen Gläsern soll ein Achromat mit einer Brennweite von $f_A = 200$ mm gefertigt werden. Welche Bedingung muss erfüllt sein und welche Brennweiten f_1 (Sammellinse) und f_2 (Zerstreuungslinse) müssen die beiden Einzellinsen aufweisen, aus denen der Achromat zusammengesetzt ist? Überprüfen Sie Ihr Ergebnis durch eine Gegenrechnung.

5.54

Durch eine Linse mit einer Brennweite von $f' = 150$ mm werde ein Objekt abgebildet, welches sich in einem Abstand von $g = -100$ mm von dieser Linse entfernt befindet. Die Linse bestehe aus einem Material mit einer Abbe-Zahl von $\nu_e = 26$.

(a) Bestimmen Sie den Farblängsfehler für diese Abbildung.
(b) Welche Abbe-Zahl ν_e müsste das Linsenmaterial aufweisen, wenn der Farblängsfehler geringer als -10 mm sein soll?

5.55

Die laterale Bildkoordinate eines Bilds betrage $y = 15$ mm. Gemäß paraxialer Berechnung müsste diese jedoch den Wert $y = 17{,}5$ mm haben.

(a) Bestimmen Sie die prozentuale Verzeichnung.
(b) Welche Art von Verzeichnung liegt vor?

5.56

Ein Objekt werde durch ein optisches System abgebildet. Die Lichtintensität der hellen Bereiche dieses Objekts betrage 0,5 W/m², die dunklen Bereiche weisen eine Intensität von 0,27 W/m² auf. Das Bild dieses Objekts habe in den hellen Bereichen noch eine Intensität von 0,35 W/m² und in den dunklen eine Intensität von 0,2 W/m². Bestimmen Sie die Modulationstransferfunktion MTF unter Vernachlässigung der Raumfrequenz.

Optische Systeme und Geräte

6

Optische Geräte sind aus dem modernen Leben nicht mehr wegzudenken. Viele wissenschaftliche und technische Fortschritte beruhen auf der Nutzung und Weiterentwicklung solcher Systeme. Hier ist beispielsweise die Bedeutung von Mikroskopen für Biologie und Medizin zu nennen oder die von Teleskopen, ohne welche die Astronomie noch auf dem Stand des 16. Jahrhunderts wäre. Aber auch im Alltag nutzen wir die unterschiedlichsten optischen Systeme wie Lupen, Kameras oder Ferngläser.

Das älteste optische System überhaupt ist ein natürliches: das Auge. Auf Basis dieses biologischen Vorbilds gibt es eine Vielzahl unterschiedlichster optischer Systeme und Geräte. Dieses Kapitel stellt einige der bekanntesten und relevantesten von ihnen näher vor. Dabei werden wir die folgenden Erkenntnisse gewinnen:

- Die wichtigsten optischen Komponenten des Auges sind die verformbare Linse, der Glaskörper und die Netzhaut, die das einfallende Licht detektiert.
- Das Maximum der Lichtempfindlichkeit des menschlichen Auges liegt am Tage bei einer Wellenlänge von ca. 555 nm.
- Liegt der Brennpunkt der Augenlinse vor der Netzhaut, so ist das Auge kurzsichtig, liegt er hingegen hinter der Netzhaut, spricht man von Weitsichtigkeit.
- Kurzsichtigkeit kann durch zerstreuende, Weitsichtigkeit durch sammelnde Brillengläser korrigiert werden.
- Lupen erzeugen ein vergrößertes virtuelles Bild durch Vergrößerung des Seh winkels.
- Die Normsehweite bezeichnet den Abstand vom Auge, bei welchem ein Objekt ohne optische Hilfsmittel scharf erkannt werden kann. Sie beträgt 25 cm.
- Ein Objektiv ist der objektseitige Teil eines optischen Systems.
- Ein Okular ist der augenseitige Teil eines optischen Systems.
- Ein Teleskop wandelt ein einfallendes kollimiertes Strahlenbündel mit einem gegebenen Durchmesser in ein kollimiertes Strahlenbündel mit geringerem Durchmesser.

© Springer-Verlag GmbH Deutschland, ein Teil von Springer Nature 2020
C. Gerhard, *Tutorium Optik*, https://doi.org/10.1007/978-3-662-61618-5_6

- Die eintritts- und austrittsseitigen optischen Komponenten eines Teleskops haben denselben Brennpunkt.
- Ein Galilei-Teleskop besteht aus einem sammelnden und einem zerstreuenden optischen Element bzw. System.
- Ein Kepler-Teleskop besteht aus zwei sammelnden optischen Elementen bzw. Systemen.
- Die Vergrößerung eines Teleskops entspricht dem Verhältnis von Objektiv- und Okularbrennweite bzw. der Durchmesser von Eintritts- und Austrittspupille.
- In einem Mikroskop wird das reelle Zwischenbild des Objektivs vom Okular als vergrößertes virtuelles Bild ins Auge des Betrachters abgebildet.
- Die Mikroskopvergrößerung ist das Produkt aus Objektivvergrößerung und Okularvergrößerung.
- Die Numerische Apertur eines Mikroskopobjektivs kann durch die Verwendung von Immersionsflüssigkeiten vergrößert werden.
- Interferometer beruhen auf der konstruktiven bzw. destruktiven Interferenz zwischen einem Referenz- und einem Messstrahl.
- Ein Interferogramm stellt die räumliche Verteilung von Interferenzmaxima und -minima dar.
- Interferometer eigenen sich unter anderem zur Analyse von Oberflächengeo metrien und -rauheiten, zur Geschwindigkeits- und Abstandsmessung, zur Bestimmung optischer Weglängendifferenzen sowie zur Wellenlängenfilterung.
- Spektrometer basieren entweder auf der Beugung an Gittern oder der Dispersion in Prismen.
- Gitterspektrometer haben im Allgemeinen eine höhere spektrale Auflösung als Prismenspektrometer.
- Optische Schalter und Isolatoren beruhen auf der Wechselwirkung einiger optischer Medien mit Magnetfeldern, elektrischen Feldern oder hohen Licht-intensitäten.

6.1   Das Auge

6.1.1   Aufbau des Auges

Das **Auge**, unser wichtigstes Sinnesorgan, ist wohl eines der größten Wunder der Evolution. Als optisches Abbildungssystem besteht es aus der Pupille, d. h. der Eintrittsöffnung, und der durch die **Hornhaut** bzw. **Cornea** geschützten **Augenlinse**. Die Cornea hat einen Brechungsindex von ca. 1,38, die Augenlinse von ca. 1,4. Die Linse ist verformbar, d. h., ihr Krümmungsradius kann mittels des sogenannten Ziliarmuskels auf die Entfernung des betrachteten Objekts eingestellt werden. Dieser Vorgang wird Akkomodation genannt. Das Innere des Auges besteht aus dem sogenannten **Glaskörper**, dieser hat einen Brechungsindex von ca. 1,34. Das Objekt wird durch den Glaskörper hindurch auf die auch als Retina bezeichnete **Netzhaut** abgebildet, ein lichtempfindliches Nervengewebe auf der Rückseite des Auges. Von dort wird die visuelle Information durch den Sehnerv an das Sehzentrum im Gehirn weitergeleitet. Die Netzhaut spricht auf Wellenlängen zwischen 380 und 780 nm an, dies ist der sogenannte sichtbare bzw. visuelle Wellenlängen- oder Spektralbereich (Abschn. 1.3.1). Das Maximum der Lichtempfindlichkeit des menschlichen Auges bei Tageslicht befindet sich bei ca. 555 nm. Die Hauptkomponenten des Auges sind – in stark vereinfachter Form – in Abb. 6.1 dargestellt.

Die wesentlichen Komponenten des Gesichtssinns, Abbildungssystem, Detektor, Datenübertragung und -verarbeitung, finden sich genauso in technischen optischen Systemen. Man kann das Auge somit als deren Vorbild und Grundlage bezeichnen. Die Bionik, welche biologische Systeme technisch nachzubilden versucht, hat beispielsweise explizit an die menschliche Augenlinse angelehnte adaptive Linsenkonzepte entwickelt (Abschn. 4.4).

Da die beiden Augen in einem bestimmten Abstand nebeneinander angeordnet sind, entsteht bei der Betrachtung eines Objekts in jedem Auge je nach der Position relativ zum Objekt (der „Perspektive") ein geringfügig anderes Bild. Aus den Differenzen zwischen den von beiden Augen erfassten Informationen errechnet das Gehirn einen dreidimensionalen Eindruck des Gesehenen, was es uns beispielsweise erlaubt, Entfernungen im Raum abzuschätzen. Auch diese Eigenschaft des visuellen Systems aus Auge, Sehnerv und verarbeitenden Hirnarealen wird in Form von Stereokameras, etwa auf Raumsonden, technisch nachgeahmt.

6.1.2 Sehfehler

Ein gesundes und akkomodiertes Auge bildet ein Objekt durch die Augenlinse auf die Netzhaut ab. Der Brennpunkt und damit die Bildebene der Linse liegt also für

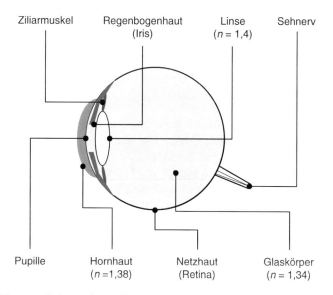

Abb. 6.1 Die wesentlichen optischen Komponenten des Auges

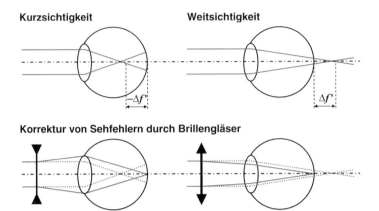

Abb. 6.2 Definition von Kurzsichtigkeit und Weitsichtigkeit (oben); Korrektur von Kurz- und Weitsichtigkeit durch zerstreuende bzw. sammelnde Brillengläser (unten)

diesen Abstand zum Objekt direkt auf der Netzhaut. Bei angeborenen oder altersbedingten **Sehfehlern** ist dies nicht der Fall. Man unterscheidet zwischen zwei Hauptsehfehlern: Bei einer zu kleinen Brennweite der Augenlinse befindet sich ihr Brennpunkt im Glaskörper, also eine Strecke $-\Delta f'$ vor der Netzhaut, die Folge davon ist **Kurzsichtigkeit**. Im umgekehrten Fall ist das Auge **weitsichtig**, hier liegt der Brennpunkt der Augenlinse die Strecke $\Delta f'$ hinter der Netzhaut, also außerhalb des Auges (Abb. 6.2).

Diese Sehfehler lassen sich durch das Einbringen eines künstlichen optischen Elements in den Strahlengang, nämlich ein als Zerstreuungs- bzw. Sammellinse wirkendes Brillenglas, korrigieren, indem die negative bzw. positive Brennweitendifferenz ausgeglichen wird. Dies kann auch durch einen direkten operativen Eingriff erreicht werden, etwa indem mit einem Laser die Form der Augenlinse korrigiert wird (Laser-in-situ-Keratomileusis, LASIK).

6.2 Lupen

Lupen oder **Vergrößerungsgläser** (*magnifying glasses*) sind die einfachsten und wahrscheinlich ältesten optischen Geräte. Das älteste bekannte Vergrößerungsglas stammt aus dem 2. vorchristlichen Jahrhundert. Um ein Objekt mit einer Lupe zu vergrößern, hält man die Lupe so nah an das Objekt, dass die Gegenstandsweite kleiner als die Brennweite der Lupe wird. Man sieht dann ein vergrößertes virtuelles Bild des Objekts (Tab. 5.1, Abb. 6.3). Dem liegt zugrunde, dass durch den Einsatz einer Lupe der auch als scheinbare Objektgröße bezeichnete Sehwinkel w vergrößert wird. Dieser ergibt sich trigonometrisch aus der Höhe des betrachteten Objekts und dessen Abstand zur Augenlinse.

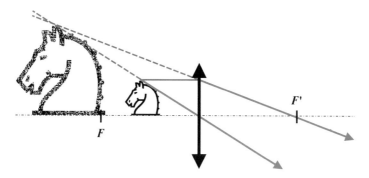

Abb. 6.3 Entstehung eines vergrößerten virtuellen Bilds durch eine Lupe

Aus dieser Änderung des Sehwinkels ergibt sich die auch als Winkelvergröße-rung bezeichnete Vergrößerung Γ_L einer Lupe mit der Brennweite f_L gemäß

$$\Gamma_L = \frac{\tan w'}{\tan w} = \frac{250\,\text{mm}}{f_L}. \tag{6.1}$$

Der feste Zähler von 250 mm ist dabei die auch als deutliche Sehweite bezeich-nete **Normsehweite** von 25 cm. Diese ist ein Maß dafür, in welchem Abstand vom Auge ein Objekt auch ohne optische Hilfsmittel noch scharf erkannt werden kann. Dieser Zahlenwert hat in Gl. 6.1 die Einheit Millimeter, da dies die zur Angabe von Brennweiten übliche Einheit ist.

6.3 Objektive und Okulare

Komplexere optische Gesamtsysteme unterteilt man in ein objekt- und ein augen-seitiges Teilsystem. Der objektseitige Teil wird dabei als **Objektiv** (*objective, objective lens*) bezeichnet. Dieses sammelnde optische System hat die Funktion, in-nerhalb des Geräts ein reelles Zwischenbild des Objekts zu erzeugen. Je nach Objekthöhe, Öffnungswinkel, Objektabstand etc. gibt es eine Vielzahl unterschied-lichster Objektivarten. Die vorhandene Fülle an Objektiven ist der Tatsache ge-schuldet, dass je nach Abbildungsfall besondere Bauformen zur Minimierung von Abbildungsfehlern notwendig sind (Abschn. 5.4).

Ein **Okular** (*eyepiece*) ist – wie das lateinische Wort *oculus* (= „Auge") bzw. der englische Fachbegriff deutlich machen – der augenseitige Bestandteil eines opti-schen Gesamtsystems. Es dient dazu, das von einem Objektiv erzeugte reelle Zwi-schenbild virtuell abzubilden, woraus eine Vergrößerung resultiert. In der Regel bestehen Okulare aus mehreren Linsen, im einfachsten Fall genügt aber auch eine Einzellinse.

6.4   Teleskope

6.4.1 Linsenteleskope

Ein **Teleskop** (*telescope*) ist ein optisches Gerät zum Sammeln von Licht. Dazu werden parallel einfallende Lichtstrahlen durch ein eingangsseitiges optisches Element, das Objektiv, mit dem Eintrittspupillendurchmesser D_{EP} abgebildet und im Anschluss kollimiert. Dies geschieht durch ein zweites, ausgangsseitiges optisches Element mit dem Austrittspupillendurchmesser D_{AP}, das Okular. Im einfachsten Fall sind diese beiden optischen Elemente Einzellinsen, in der Praxis kommen jedoch jeweils meist Linsensysteme zum Einsatz. Die Erfindung des Teleskops wird dem niederländischen Brillenmacher *Hans Lipperhey* zugeschrieben, der zu Beginn des 17. Jahrhunderts das sogenannte **Holländische Fernrohr** präsentierte. Dieses wird nach dem italienischen Naturwissenschaftler *Galileo Galilei* auch als **Galilei-Teleskop** bezeichnet, der für die Weiterentwicklung des Fernrohrs nach *Lipperhey* eigens die Herstellung optischer Linsen erlernt haben soll. Fast zeitgleich entwarf der deutsche Astronom und Theologe *Johannes Kepler* das nach ihm benannte **Kepler-Teleskop**, welches das Galilei-Teleskop in der praktischen Anwendung aufgrund seines größeren Gesichtsfeldes schnell abgelöst hat. Während das Galilei-Teleskop aus einer zerstreuenden und einer sammelnden Linse besteht, hat das Kepler-Teleskop zwei Sammellinsen. In beiden Fällen fallen die Brennpunkte F_1 und F_2 beider Linsen zusammen. Somit entspricht deren Abstand d – und damit die Tubuslänge, bzw. Baulänge L des Teleskops – der Summe aus beiden Brennweiten. Eine Vergrößerung durch ein Teleskop erfolgt durch die Erzeugung eines virtuellen Bildes des betrachteten Objekts im Unendlichen. Dieses Grundprinzip zeigt Abb. 6.4. am Beispiel eines Kepler-Teleskops.

Da das Galilei-Teleskop eine Sammel- und eine Zerstreuungslinse hat, gilt dort für den Abstand der Linsen

$$d_{Galilei} = L_{Galilei} = \left|f_1'\right| - \left|f_2'\right|. \tag{6.2}$$

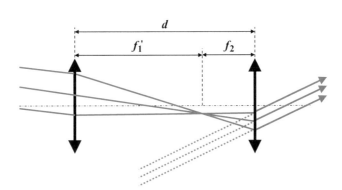

Abb. 6.4 Funktionsprinzip eines Kepler-Teleskops

Für ein Kepler-Teleskop gilt hingegen:

$$d_{\mathrm{Kepler}} = L_{\mathrm{Kepler}} = \left|f_1^{'}\right| + \left|f_2\right|. \tag{6.3}$$

Die Vergrößerung Γ_{T} des Teleskops beträgt in beiden Fällen

$$\Gamma_{\mathrm{T}} = \frac{\left|f_1^{'}\right|}{\left|f_2\right|} = \frac{D_{\mathrm{EP}}}{D_{\mathrm{AP}}} = \frac{z_{\mathrm{T}}^2}{D_{\mathrm{EP}}}. \tag{6.4}$$

Dabei ist z_{T} die Dämmerungszahl des Teleskops, sie ist ein Maß für dessen Auflösung in Dämmerlicht und entspricht

$$z_T = \sqrt{\Gamma_T \cdot D_{EP}}. \tag{6.5}$$

Aus Gl. 6.4 ist leicht ersichtlich, dass für eine hohe Teleskopvergrößerung $f_1^{'} >> f_2$ sein muss. Da man f_2 nicht beliebig klein machen kann, muss die Objektivbrennweite also entsprechend groß werden, was gemäß Gl. 6.2 und 6.3 zu langen Teleskopen führt, wie wir sie beispielsweise aus Piratenfilmen kennen. Die Baulänge lässt sich verkürzen, wenn man den Strahlengang zwischen Objektiv und Okular ein- oder mehrfach faltet. Dieses Prinzip wird in Feldstechern oder **Ferngläsern** (*binoculars*) angewandt, wobei die Strahlfaltung beispielsweise über Porro-Prismen (Abschn. 4.2.1) erfolgt.

Galilei- und Kepler-Teleskope basieren auf refraktiven optischen Elementen, denn zur Fokussierung und Kollimation wird die Brechkraft von Linsen genutzt. Man nennt sie daher auch **Refraktoren**. Daher leiden diese Teleskope wegen der Dispersion der eingesetzten optischen Materialien unter chromatischen Aberrationen (Abschn. 5.5.2). Dieser Abbildungsfehler wird durch den Einsatz von reflektierenden optischen Komponenten, also in Spiegelteleskopen, weitestgehend vermieden.

6.4.2 Spiegelteleskope

Nahezu alle modernen astronomischen Großteleskope sind Spiegelteleskope bzw. **Reflektoren**, die in einer Vielzahl von unterschiedlichen Typen gebaut werden. An dieser Stelle soll lediglich auf zwei Grundprinzipen, von denen sich nahezu alle anderen Bauarten ableiten, näher eingegangen werden. Das nach dem englischen Naturwissenschaftler *Sir Isaac Newton* benannte **Newton-Teleskop** besteht aus einem konkaven Hauptspiegel, der entweder eine sphärische oder paraboloide Oberflächenform aufweist (Abb. 6.5). Im letzteren Fall hat das Teleskop weniger sphärische Aberration als ein auf sphärischen Spiegeln basierendes System (Abschn. 5.5.1). Das vom Hauptspiegel reflektierte Licht wird durch einen Planspiegel umgelenkt und mit einer seitlich angebrachten Okularlinse kollimiert.

Das von dem französischen Forscher und Erfinder *Laurent Cassegrain* entworfene **Cassegrain-Teleskop** hingegen weist neben einem konkaven Hauptspiegel (Primärspiegel) einen konvexen Sekundär- oder Fangspiegel auf. Dieser lenkt das vom Hauptspiegel reflektierte Licht nicht um, sondern reflektiert es durch eine Bohrung im Hauptspiegel koaxial zum einfallenden Licht.

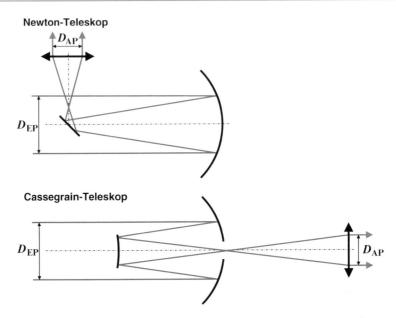

Abb. 6.5 Spiegelteleskope nach *Newton* (links) und nach *Cassegrain* (rechts)

6.5   Mikroskope

Optische **Mikroskope** (*microscopes*) werden zur Abgrenzung von anderen Mikro-
skoptypen auch als Lichtmikroskope bezeichnet. Davon abweichende Mikroskop-
typen sind beispielsweise das Rasterkraftmikroskop oder das Elektronenmikroskop.
Die Lichtmikroskopie hat als ältestes Mikroskopieverfahren ihren Ursprung im ausgehenden 16. Jahrhundert.

Auch ein Lichtmikroskop besteht prinzipiell aus einem Objektiv und einem Okular. Dabei erzeugt das Objektiv ein reelles Zwischenbild, welches dann vom Okular
als stark vergrößertes virtuelles Bild ins Auge projiziert wird. Die Vergrößerung Γ_M
eines Mikroskops ist durch das Produkt der Vergrößerungen von Objektiv, Γ_{Obj}, und
Okular, Γ_{Ok}, gegeben:

$$\Gamma_M = \Gamma_{Obj} \cdot \Gamma_{Ok}. \tag{6.6}$$

Hierbei beträgt die Vergrößerung des Objektivs

$$\Gamma_{Obj} = \frac{t}{f_{Obj}}, \tag{6.7}$$

die **Tubuslänge** t ist dabei die Differenz zwischen dem Abstand Objektiv-Okular-
brennebene und der Objektivbrennweite f_{Ob} (Abb. 6.6). Die Vergrößerung des Okulars beträgt

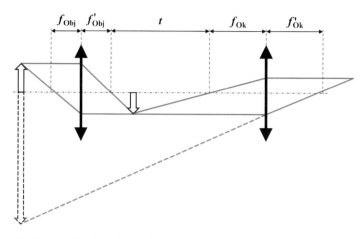

Abb. 6.6 Strahlengang in einem Mikroskop

$$\Gamma_{\text{Ok}} = \frac{250\,\text{mm}}{f_{\text{Ok}}'}, \tag{6.8}$$

mit der Normsehweite von 25 cm (Abschn. 6.2).

Eine weitere wichtige Kenngröße eines Mikroskops ist die Numerische Apertur *NA* des verwendeten Objektivs. Gemäß Gl. 4.32,

$$NA = n_{\text{U}} \cdot \sin\theta, \tag{6.9}$$

kann *NA* bei einem optischen System durch die Änderung des Umgebungsmediums erhöht werden. Die ist bei manchen Anwendungen, besonders bei biologischen Proben, wünschenswert, um eine möglichst große Probenfläche mit einer hohen Vergrößerung betrachten zu können. In diesem Fall wird zur Steigerung der Numerischen Apertur zwischen dem Mikroskopobjektiv und der zu betrachtenden Probe eine Flüssigkeit (Immersionsöl) eingebracht, deren Brechungsindex in etwa dem der Frontlinse des Objektivs entspricht.

6.6   Interferometer

Interferometer (*interferometers*) basieren auf dem physikalischen Prinzip der konstruktiven bzw. destruktiven Interferenz (Abschn. 2.5.1). Sie zählen zu den präzisesten optischen Messgeräten und sind für eine Vielzahl von Messaufgaben geeignet. Hierzu zählen zum Beispiel die Abstands- und Geschwindigkeitsmessung, die Bestimmung von Brechungsindizes optisch transparenter Flüssigkeiten und Festkörper oder die Messung von Rauheiten und Oberflächenformen.

6.6.1   Das Michelson-Interferometer

Der Vergleich eines Referenz- und eines Messstrahls anhand eines **Interferogramms**, also der Anzahl der Interferenzerscheinungen und die Form des Musters einer Interferenzfarbe, stellt die Grundlage einer Vielzahl von Interferometern dar. Der bekannteste Typ ist das nach dem amerikanischen Physiker *Albert Michelson* benannte **Michelson-Interferometer**, das in leicht abgewandelter Form auch als Twyman-Green-Interferometer bekannt ist. Ein Michelson-Interferometer besteht prinzipiell aus einer Lichtquelle, einem Strahlteiler, einem Referenz- und Messarm sowie einem Detektor (Abb. 6.7). Im Referenzarm befindet sich ein Referenzspiegel, im Messarm ein Messspiegel und/oder das Messobjekt. Das von der Lichtquelle ausgesandte Licht wird vom Strahlteiler aufgeteilt (abhängig von der Reflektivität von Referenzspiegel und Messobjekt, meist wird die Intensität im Verhältnis 1:1 geteilt), trifft auf Referenzspiegel bzw. Messspiegel/-objekt und wird dort jeweils reflektiert. Die reflektierten Signale passieren auf dem Rückweg den Strahlteiler und überlagern sich dann auf dem Weg zum Detektor kohärent. Es treten konstruktive wie destruktive Interferenzen auf, die in Form eines Interferogramms aufgenommen werden können. Die optische Weglängendifferenz zwischen Referenz- und Messarm muss dabei immer kleiner als die Kohärenzlänge der verwendeten Lichtquelle sein (Abschn. 1.2.4).

Neben minimalen Formabweichungen oder Verkippungen eines Messobjekts kann man mit diesem Aufbau auch relative Abstands- und Geschwindigkeitsmessungen mit höchster Genauigkeit durchführen. Im letzteren Fall bekommt man Interferenzstreifen, die sich auf dem Detektor je nach Bewegungsrichtung von links nach rechts oder umgekehrt bewegen. Da der Abstand von Interferenzmaximum zu -minimum mit $\lambda/4$ bekannt ist, lassen sich bei einer gegebenen Messwellenlänge und Messdauer aus der Anzahl der durchlaufenden Interferenzstreifen und ihrer Bewegungsrichtung die Geschwindigkeit und Entfernung des Messobjekts ermitteln. Diese Entfernung entspricht der Strecke s und ist gegeben durch

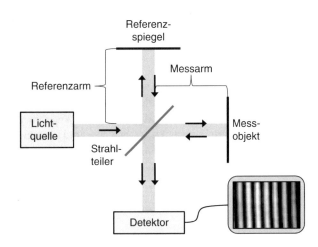

Abb. 6.7 Prinzipieller Aufbau eines Michelson-Interferometers

$$s = \frac{\lambda \cdot x_{\text{max/min}}}{2}, \tag{6.10}$$

wobei $x_{\text{max/min}}$ die Anzahl der durchlaufenden Interferenzmaxima bzw. -minima darstellt. Bei Verwendung von Weißlicht, das eine Kohärenzlänge von einigen Mikrometern aufweist, eignet sich ein solches Interferometer auch zur Messung der Rauheit technischer Oberflächen.

Optional kann ein Michelson-Interferometer auch mit zwei Referenzspiegeln in beiden Armen betrieben werden. In diesem Fall können transmissive Messobjekte wie etwa gasdichte Küvetten direkt in den Messarm eingebracht werden. Somit lässt sich unter allmählichem Befüllen dieser Küvetten der Brechungsindex des darin enthaltenen Gases oder Fluids in Abhängigkeit von Druck oder Temperatur bestimmen. Ebenso lässt sich auf diese Weise das Verhalten des Brechungsindexes bei strömenden Medien erfassen, z. B. zur Flammen- und Plasmadiagnostik oder zur Strömungsanalyse.

6.6.2 Das Mach-Zehnder-Interferometer

Stoff- und Strömungsanalysen sind auch das Haupteinsatzgebiet des **Mach-Zehnder-Interferometers**, das von dem österreichischen Erfinder *Ludwig Mach* und dem schweizerischen Physiker *Ludwig Zehnder* auf Basis des Interferometerkonzepts von *Jules Jamin*, einem französischen Physiker, entwickelt wurde. Dieser Interferometertyp besteht aus zwei parallel verlaufenden Armen mit gleichen optischen Weglängen (Abb. 6.8). Durch Einbringen eines Messobjekts in den Messarm ergibt sich nach Vereinigung der Teilstrahlen ein Gangunterschied Δs bzw. eine Phasenverschiebung $\Delta\varphi$ (Abschn. 1.2.2 und 2.5.1). Im Gegensatz zum Michelson-Interferometer wird das Messvolumen hierbei nur einmal durchlaufen.

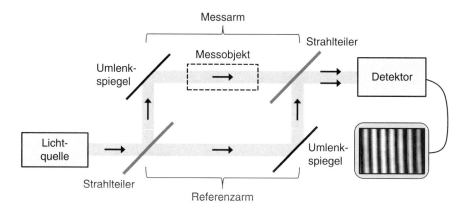

Abb. 6.8 Prinzipieller Aufbau eines Mach-Zehnder-Interferometers

6.6.3 Das Fizeau-Interferometer

Ein weiterer Interferometertyp zur Bestimmung von Formabweichungen, Verkippungen, Geschwindigkeit und Entfernung ist das nach dem französischen Physiker *Hippolyte Fizeau* benannte **Fizeau-Interferometer** (Abb. 6.9). Bei diesem Aufbau entspricht der Referenzarm dem Messarm, es handelt sich also um ein sogenanntes Common-Path-Interferometer.

Das Messobjekt liegt dabei vom Strahlteiler aus gesehen hinter, manchmal (bei transmissiven Messobjekten) auch vor dem Referenzobjekt (z. B. eine Planplatte). So kann man beispielsweise eine ruhende Wasseroberfläche als Referenzebene für die Messung großer optischer Komponenten verwenden. Common-Path-Interferometer zeichnen sich durch eine geringe Störanfälligkeit aus, da sich etwaige Störeinflüsse wie Brechungsindexschwankungen der Luft im Gegensatz zum Interferometeraufbau nach Michelson weitgehend gleich auf Referenz- und Messarm auswirken. Daher ist das Fizeau-Interferometer der Grundtyp von Werkstattinterferometern zur Oberflächenprüfung in der Feinoptikfertigung.

6.6.4 Das Fabry-Pérot-Interferometer

Eine grundlegend andere Anwendung hat das nach den französischen Physikern *Charles Fabry* und *Alfred Pérot* benannte **Fabry-Pérot-Interferometer**. Im einfachsten Fall besteht dieser Interferometertyp aus zwei parallel angeordneten teildurchlässigen Spiegeln. Der Zwischenraum zwischen diesen beiden Spiegeln stellt einen optischen Resonator dar und eignet sich daher auch zum Aufabu von Laserquellen (Abschn. 7.2.1). In diesem Resonator interferiert – abhängig vom Spiegelabstand d – nur Licht der Resonanzwellenlängen λ_{res} bzw. Resonanzfrequenzen f_{res} konstruktiv, alle übrigen Wellenlängen/Frequenzen werden nicht durchgelassen (transmittiert). Für λ_{res} und f_{res} müssen die Resonatorbedingungen

Abb. 6.9 Prinzipieller Aufbau eines Fizeau-Interferometers

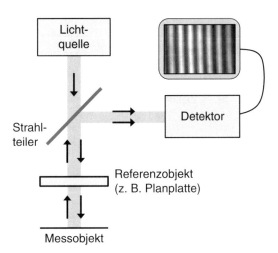

$$\lambda_{\text{res}} = 2 \cdot d \, / \, N \tag{6.11}$$

bzw.

$$f_{\text{res}} = \frac{c}{\lambda_{\text{res}}} \tag{6.12}$$

erfüllt sein (c ist die Lichtgeschwindigkeit, N ein ganzzahliges Vielfaches der Resonanzwellenlänge). Dies ist der Fall, wenn der Spiegelabstand ein ganzzahliges Vielfaches der halben Wellenlänge beträgt. In diesem Fall kann ein Fabry-Pérot-Interferometer als Schmalbandfilter eingesetzt werden, um Licht einer Wellenlänge aus einem breitbandigen Spektrum zu isolieren. Dabei ergibt sich der als freier Spektralbereich FSR bezeichnete Frequenzabstand zweier Resonanzfrequenzen zu

$$FSR = \frac{c}{2 \cdot d}. \tag{6.13}$$

Die Halbwertsbreite der Resonanzfrequenz Δf kann mit der Finesse F des Resonators gemäß

$$\Delta f = \frac{FSR}{F} \tag{6.14}$$

bestimmt werden. Diese ergibt sich für den Fall, dass beide Spiegel den gleichen Reflexionsgrad aufweisen, aus dem Reflexionsgrad R der verwendeten Spiegel zu

$$F = \frac{\pi \cdot \sqrt{R}}{1 - R}. \tag{6.15}$$

Bei unterschiedlichen Reflexionsgraden R_1 und R_2 beträgt die Finesse hingegen

$$F = \frac{\pi \cdot \left(R_1 \cdot R_2 \right)^{1/4}}{1 - \left(R_1 \cdot R_2 \right)^{1/2}}. \tag{6.16}$$

Aus Gl. 6.14 ist leicht zu erkennen, dass die transmittierten Interferenzmaxima bei steigender Finesse des Fabry-Pérot-Interferometers schmalbandiger werden. Für diese Anwendung sind somit gemäß Gl. 6.15 und 6.16 die Reflexionsgrade der Resonatorspiegel die maßgeblichen Einflussgrößen. Der freie Spektralbereich wird generell auch zur Charakterisierung optischer Resonatoren verwendet.

6.7 Optische Profilometer

Profilometer sind Geräte zur Vermessung der Topographie von Oberflächen. Dies kann beispielsweise durch taktile Verfahren, also ein mechanisches Abtasten der Oberflächengeometrie oder die Messung atomarer Abstoßungskräfte erfolgen. Optische Profilometer haben dabei den Vorteil, dass sie berührungslos arbeiten und somit die zu messende Oberfläche nicht mechanisch beeinflussen oder gar verformen. Zudem besitzen sie eine hohe Auflösung. Diese ist im Fall eines Interferometers durch die Kohärenzlänge des verwendeten Lichts gegeben. So eignen sich Weißlichtinterferometer zur hochaufgelösten Tiefenmessung von Oberflächentopographien, wobei die Messtiefe jedoch deutlich geringer als bei monochromatisch arbeitenden System ist.

6.7.1 Autofokussensoren

Ein weiteres optisches Profilometer stellt der **Autofokussensor** dar. Hierbei wird das Licht einer punktförmigen Lichtquelle kollimiert und auf das Messobjekt fokussiert. Das vom Messobjekt reflektierte Licht wird wiederum auf einen Detektor abgebildet. Ein Regelkreis stellt die fokussierende optische Komponente mittels präziser Mikromotoren wie beispielsweise Piezoaktoren nun gerade so ein, dass der Fokus des reflektierten Lichts in der Detektorebene liegt, diese also der Bildebene entspricht. Ausgehend von einem Referenzpunkt kann man nun aus den zur Fokusnachführung nötigen Aktorbewegungen auf die Oberflächentopographie des Messobjekts schließen.

6.7.2 Weißlichtsensoren

Man kann auch eine normalerweise störende Materialeigenschaft von optischen Medien für die optische Profilometrie ausnutzen. Durch geeignete optische Systeme ist es möglich, den durch die Dispersion hervorgerufenen Farblängsfehler (Abschn. 5.5.2) entlang der optischen Achse definiert einzustellen. Solche optischen Systeme werden Hyperchromate genannt und weisen definierte Abstände zwischen den bei vorgegebenen Wellenlängen sich ergebenden Brennpunkten auf. Bei der Messung eines unebenen Messobjekts kommt es somit zu wellenlängenabhängigen Reflexionsmaxima, die mittels eines Spektrometers detektiert werden. Daraus ergibt sich (beim Scannen der Oberfläche) für jede laterale Koordinate auf dem Messobjekt ein wellenlängenabhängiger Messabstand. Der Abstand der jeweiligen Brennpunkte gibt bei diesen sogenannten **Weißlichtsensoren** die Grenze der Auflösung vor.

6.7.3 Konfokalsensoren

Die Abtastung eines Messobjekts mit einer konfokalen Blendenanordnung stellt eine weitere Methode der optischen Profilmessung dar. Bei solchen **konfokalen Sensoren** wird das vom Messobjekt reflektierte Licht, dessen Fokus nicht in der Brennebene der Fokussieroptik liegt, über eine Lochblende abgeschattet. Durch die Auswertung der resultierenden optischen Schnitte mittels einer Tiefendiskriminierung, also des Ausblendens außerfokaler Ebenen kann so das Oberflächenprofil eines Messobjekts ermittelt werden. Konfokale Sensoren können entweder monochromatisch oder polychromatisch betrieben werden, wobei sich im letzteren

Fall die Auflösung durch den Einsatz von Hyperchromaten und die daraus folgende wellenlängenselektive Messung beträchtlich steigern lässt.

6.8 Spektrometer

Spektrometer (*spectrometers*), auch als Spektralapparate bezeichnet, dienen dazu, einfallendes polychromatisches Licht in dessen spektrale Anteile zu zerlegen. Dabei entsteht das sogenannte Spektrum der Lichtquelle, welches die Intensität des einfallenden Lichts nach der Wellenlänge bzw. Frequenz aufschlüsselt. Die Auswertung dieser Spektren ermöglicht beispielsweise die Bestimmung der Zusammensetzung von strahlenden Objekten wie Sternen oder laserinduzierten Plasmen und kann daher unter anderem zur Materialanalyse herangezogen werden. Die Genauigkeit einer solchen Analyse hängt dabei vom Auflösungsvermögen A des verwendeten Spektrometers ab. Dieses beschreibt dessen Fähigkeit, zwei dicht benachbarte Wellenlängen λ_1 und λ_2 räumlich noch zu trennen. Allgemein ist sie gegeben durch

$$A = \frac{\lambda}{\Delta\lambda}. \tag{6.17}$$

Dabei sind λ_1, λ_2 ($\lambda_1 > \lambda_2$) zwei Wellenlängen, die (nach dem Rayleigh-Kriterium) gerade noch getrennt wahrgenommen werden können, $\lambda = (\lambda_1 + \lambda_2)/2$ ist ihr Mittelwert und $\Delta\lambda = \lambda_1 - \lambda_2$ ihre Differenz.

6.8.1 Gitterspektrometer

Zur Zerlegung polychromatischen Lichts machen sich moderne Spektrometer die Wellenlängenabhängigkeit des Beugungswinkels an optischen Gittern zunutze (Abschn. 4.6). Solche **Gitterspektrometer** (*grating spectrometers*) können entweder mit Transmissions- oder mit Reflexionsgittern realisiert werden. In der Praxis haben sich auf Reflexionsgittern basierende Systeme durchgesetzt, da es dort keine chromatische Aberration gibt (Abschn. 5.5.2). Dieser Farbfehler würde andernfalls das gemessene Spektrum verfälschen. Das Auflösungsvermögen eines Gitterspektrometers A_{GS} beträgt allgemein

$$A_{GS} = \frac{b \cdot (\sin\theta + \sin\theta')}{\lambda}. \tag{6.18}$$

Dabei sind b die Breite des Gitters, θ der Einfallswinkel des Lichts auf das Gitter und θ' der von der Beugungsordnung abhängige Beugungswinkel. Dieser ist gegeben durch

$$\theta' = \arcsin\left(-\sin\theta + m \cdot \lambda \cdot g\right), 0 \tag{6.19}$$

mit der Beugungsordnung m. Die Gitterkonstante g gibt die Anzahl der Gitterlinien pro Millimeter an. Aus Gl. 6.18 wird ersichtlich, dass die Breite des Gitters die

Auflösung eines Gitterspektrometers mitbestimmt. Dies drückt sich auch in einer alternativen Angabe des Auflösungsvermögens von Gitterspektrometern aus:

$$A_{\text{GS}} = m \cdot N. \tag{6.20}$$

A_{GS} ist also auch das Produkt aus der Beugungsordnung und der Anzahl der ausgeleuchteten Gitterlinien N. Mit Blaze- bzw. Echellegittern, die für bestimmte Beugungsordnungen optimiert sind (Abschn. 4.6), lässt sich die Effizienz von Gitterspektrometern noch erheblich steigern. Solche hochauflösenden Spektrometer nennt man auch Echelle-Spektrographen.

Abb. 6.10 zeigt als Beispiel für ein Gitterspektrometer ein Ebert-Fastie-Spektrometer. Dieses Konzept ist nach dem deutschen Experimentalphysiker *Hermann Ebert* und dem US-amerikanischen Physiker *William Fastie* benannt. Das zu analysierende Licht fällt hier durch einen Eingangsspalt auf einen Hohlspiegel. Dieser kollimiert das Licht und lenkt es auf das Reflexionsgitter, wo es gemäß Gl. 6.19 in seine spektralen Bestandteile aufgespalten und reflektiert wird. Durch eine weitere Reflexion auf dem Hohlspiegel wird das spektral aufgespaltene Licht (also das Spektrum) abschließend auf einen Detektor abgebildet.

Bei der Verwendung großer sphärischer Hohlspiegel kann es jedoch zu sphärischer Aberration und, im Fall größerer Einfallswinkel auf dem Spiegel, zu weiteren Abbildungsfehlern wie Koma und Astigmatismus kommen, was eine schlechtere räumliche Auflösung auf dem Detektor zur Folge hat. Diese Abbildungsfehler lassen sich beispielsweise durch den Einsatz sphärisch geformter Reflexionsgitter (Rowland-Spektrometer) oder mehrerer kleinerer Spiegel (Czerny-Turner-Spektrometer) reduzieren.

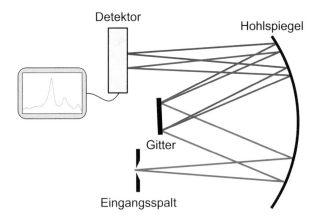

Abb. 6.10 Aufbau eines Gitterspektrometers am Beispiel des Ebert-Fastie-Spektrometers

6.8.2 Prismenspektrometer

Alternativ zur Verwendung von Gittern kann die spektrale Zerlegung in Spektrometern durch den Einsatz von Dispersionsprismen (Abschn. 4.2.2) erfolgen. Solche **Prismenspektrometer** (*prism spectrometer*) stellen die Vorläufer von Gitterspektrometern dar und beruhen auf dem Pionierversuch zur Spektralanalyse mittels eines Glasprismas, den im Jahr 1666 der englische Naturwissenschaftler *Sir Isaac Newton* durchgeführt hat.

Prismenspektrometer bestehen wie Gitterspektrometer aus einem Eingangsspalt, an den sich ein kollimierendes, ein dispergierendes und ein abbildendes optisches Element sowie der Detektor anschließen (Abb. 6.11). Hier ist das dispergierende Element, welches das zu analysierende Licht spektral zerlegt, ein Dispersionsprisma. In der Regel kommen dabei Prismen aus hochdispersiven Flintgläsern zum Einsatz. Das Prisma ist dabei auf das Minimum der Ablenkung δ_{min} (Abschn. 4.2) für die mittlere Wellenlänge des Messbereichs eingestellt. Dadurch wird die Differenz zwischen den wellenlängenabhängigen optischen Weglängen besonders groß und somit die Auflösung besonders hoch.

Das Auflösungsvermögen eines Prismenspektrometers A_{PS} ist gegeben durch

$$A_{PS} = b_{eff} \cdot \frac{dn(\lambda)}{d\lambda}. \tag{6.21}$$

Dabei ist b_{eff} die effektive Breite der Prismenbasis und $n(\lambda)$ der Brechungsindex des Prismenmaterials. Generell haben Prismenspektrometer eine geringere spektrale Auflösung als Gitterspektrometer, weshalb sich letztere in der Praxis durchgesetzt haben.

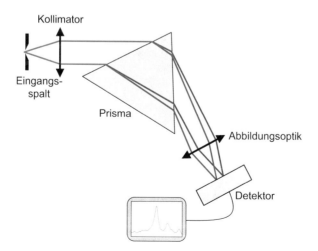

Abb. 6.11 Aufbau eines Prismenspektrometers

6.9   Optische Schalter und Isolatoren

Optische Schalter und Isolatoren stellen essenzielle Bauteile moderner Laserquellen dar. Es gibt verschiedene technische Ansätze, die zu einem Großteil auf den in Abschn. 1.4.2 vorgestellten Licht-Materie-Wechselwirkungsmechanismen basieren.

6.9.1   Akustooptische Modulatoren

Der akustooptische Effekt ist die physikalische Grundlage **akustooptischer Modulatoren** (AOM), die in der Lasertechnik zur Erzeugung kurzer Laserpulse oder zum Einstellen der Pulswiederholrate von Laserquellen genutzt werden. Da die Ablenkung an Gittern, wie sie sich im Falle des AOM als Folge der das feste Medium durchlaufenden Schallwelle ausbilden, ursprünglich vom australisch-britischen Physiker *Sir William Bragg* mathematisch beschrieben wurde, werden solcherart eingesetzte AOM auch als **Braggzellen** bezeichnet.

6.9.2   Faraday-Rotatoren und Isolatoren

Faraday-Rotatoren, welche zur gezielten Polarisationsdrehung eingesetzt werden, beruhen auf dem magnetooptischen Effekt. Dazu wird ein geeignetes optisches Medium von einem Permanentmagneten umhüllt. Innerhalb des Mediums treten somit magnetische Feldlinien auf, die Richtung des magnetischen Feldes entspricht dabei der Ausbreitungsrichtung des einfallenden Lichts. Aufgrund der Richtungsabhängigkeit der Polarisationsdrehung kann durch die zusätzliche Verwendung von Polarisatoren der Durchgang von Licht, welches entgegen der Richung des Magnetfelds propagiert, blockiert werden. Derartige Aufbauten finden als **Faraday-Isolatoren** in der Lasertechnik Verwendung. Auf diese Weise können Laserresonatoren beispielsweise gegen rückreflektiertes Laserlicht abgeschirmt werden, das andernfalls in den Resonator gelangen und dessen Betrieb stören oder gar unterbrechen bzw. zur Zerstörung optischer Komponenten führen würde.

6.9.3   Pockels-Zellen

Der elektrooptische Effekt wird zur Erzeugung kurzer Laserpulse mit sogenannten **Pockels-Zellen** genutzt. Diese basieren auf der in manchen Kristallen durch das Anlegen einer äußeren elektrischen Spannung auftretenden Polarisationsdrehung. Wird keine Spannung angelegt, so erfährt ein linear polarisierter Laserstrahl keine Änderung der Polarisation und passiert einen im Strahlengang hinter dem Kristall angeordneten polarisierenden Strahlteiler (der umgekehrte Fall ist je nach Aufbau der Pockels-Zelle auch möglich). Wird hingegen eine ausreichende Spannung angelegt, so verhält sich der Kristall wie eine $\lambda/4$-Platte und ruft eine Polarisationsdrehung um $90°$ hervor. Ist der einlaufende Laserstrahl beispielsweise parallel polarisiert, so ist er nun hinter der Zelle senkrecht polarisiert und wird somit am polarisierenden Strahlteiler nicht mehr transmittiert, sondern reflektiert. Auf diese Weise lassen sich durch Ein- und Ausschalten der Pockels-Zelle kurze Pulse aus einem Laserresonator auskoppeln. Deren minimale Pulsdauer ist jedoch durch die Schaltzeiten der Pockels-Zelle (einige Nanosekunden) vorgegeben.

6.9.4 Passive optische Schalter

Die Erzeugung kurzer Laserpulse kann auch durch die in Abschn. 1.4.2 erläuterte Selbstfokussierung eines Lichtbündels mit hoher Intensität in einem geeigneten optischen Medium erreicht werden. Durch das Einbringen einer Lochblende hinter einem solchen Medium wird die Ausbreitung des nicht fokussierten Anteils des Lichtbündels mit geringer Intensität verhindert (aus dem Strahlengang ausgeblendet), sodass ausschließlich der Anteil hoher Intensität innerhalb eines Laserresonators propagieren kann. Daraus folgt ein „passiv modengekoppelter" Kurzpulsbetrieb des Lasers. Dieses auf der Kombination eines nichtlinearen optischen Mediums mit einer Blende basierende Verfahren wird daher **Kerr-Linsen-Modenkopplung** genannt.

Passive Modenkopplung kann auch durch **sättigbare Absorber** erreicht werden. Hier kommen beispielsweise sättigbare Absorberspiegel (*semiconductor saturable absorber mirrors*, SESAM) zum Einsatz, die in einem Laserresonator anstelle des vollreflektierenden Endspiegels (Abschn. 7.2.1) eingesetzt werden. Diese optischen Schalter bestehen aus einem Schichtstapel aus halbleitenden Materialien, die einfallende Laserstrahlung mit niedriger Intensität absorbieren und somit durch einfallende Photonen gesättigt werden. Daraufhin einfallende Laserstrahlung mit hoher Intensität wird nach Eintritt der Sättigung hingegen reflektiert. Nach einer solchen Reflexion wirkt ein sättigbarer Absorber nach einer bestimmten Relaxationszeit wieder absorbierend und kann nach erneutem Eintritt der Sättigung nun wieder hochenergetische Laserstrahlung reflektieren. Neben den weit verbreiteten SESAMs gibt es weitere, z. B. auf nichtlinearer Polarisationsdrehung basierende passive optische Schalter mit ähnlicher Wirkung.

6.10 Optische Systeme und Geräte mathematisch

6.10.1 Die wichtigsten Gleichungen auf einen Blick

Vergrößerung einer Lupe:

$$\Gamma_L = \frac{\tan w'}{\tan w} = \frac{250\,\text{mm}}{f_L}$$

Baulänge eines Galilei-Teleskops:

$$L_{\text{Galilei}} = \left| f_1' \right| - \left| f_2' \right|$$

Baulänge eines Kepler-Teleskops:

$$L_{\text{Kepler}} = \left| f_1' \right| + \left| f_2' \right|$$

Vergrößerung eines Teleskops:

$$\Gamma_T = \frac{\left| f_1' \right|}{\left| f_2' \right|} = \frac{D_{\text{EP}}}{D_{\text{AP}}} = \frac{z_T^2}{D_{\text{EP}}}$$

Dämmerungszahl eines Teleskops:

$$z_T = \sqrt{D_{\text{EP}} \cdot \Gamma_T}$$

Vergrößerung eines Mikroskops:

$$\Gamma_M = \Gamma_{\text{Obj}} \cdot \Gamma_{\text{Ok}}$$

Vergrößerung eines Mikroskopobjektivs:

$$\Gamma_{\text{Obj}} = \frac{t}{f_{\text{Obj}}}$$

Vergrößerung eines Mikroskopokulars:

$$\Gamma_{\text{Ok}} = \frac{250\,\text{mm}}{f_{\text{Ok}}'}$$

Numerische Apertur:

$$NA = n_U \cdot \sin\theta$$

Messstrecke (bei interferometrischer Bestimmung von Intensitätsmaxima bzw. -minima):

$$s = \frac{\lambda \cdot x_{\text{max/min}}}{2}$$

Resonatorbedingung:

$$\lambda_{\text{res}} = \frac{2 \cdot d}{N}$$

bzw.

$$f_{\text{res}} = \frac{c}{\lambda_{\text{res}}}$$

freier Spektralbereich:

$$FSR = \frac{c}{2 \cdot d}$$

spektrale Bandbreite:

$$\Delta f = \frac{FSR}{F}$$

Finesse (mit $R_1 = R_2$):

$$F = \frac{\pi \cdot \sqrt{R}}{1 - R}$$

Finesse (mit $R_1 \neq R_2$):

$$F = \frac{\pi \cdot \left(R_1 \cdot R_2 \right)^{1/4}}{1 - \left(R_1 \cdot R_2 \right)^{1/2}}$$

Auflösungsvermögen eines Spektrometers (allgemein):

$$A = \frac{\lambda}{\Delta \lambda}$$

Auflösungsvermögen eines Gitterspektrometers:

$$A_{\text{GS}} = \frac{b \cdot \left(\sin\theta + \sin\theta' \right)}{\lambda}$$

Auflösungsvermögen eines Prismenspektrometers:

$$A_{\text{PS}} = b_{\text{eff}} \cdot \frac{\mathrm{d}n\left(\lambda\right)}{\mathrm{d}\lambda}$$

6.11 Übungsaufgaben zu optischen Systemen und Geräten

Verständnisfragen

Leser*innen des gedruckten Buches erhalten einen kostenlosen Zugang zu allen Verständnisfragen über die Springer Nature Flashcards-App.

Rechenaufgaben

6.23

Welche Brennweite hat eine Lupe mit einer Vergrößerung von $\Gamma_{\text{L}} = 10$?

6.24

Ein Objekt kann unter einem Sehwinkel von $w = 30°$ gerade noch mit bloßem Auge scharf erkannt werden. Um wie viel Grad vergrößert sich dieser Sehwinkel, wenn eine Lupe mit einer Brennweite von 40 mm zu Hilfe genommen wird?

6.25

Ein Teleskop weise einen Austrittspupillendurchmesser von $D_{\text{AP}} = 20$ mm auf. Die Brennweite des Objektivs betrage $f_1' = 150$ mm, das Okular habe eine Brennweite von $f_2 = 75$ mm. Bestimmen Sie die Dämmerungszahl dieses Teleskops.

6.26

Ein Galilei-Teleskop habe eine Objektivbrennweite von $f_1' = -250$ mm und eine Okularbrennweite von $f_2 = 50$ mm.

(a) Berechnen Sie die Vergrößerung Γ dieses Teleskops.
(b) Berechnen Sie die Baulänge L dieses Teleskops.
(c) Wie lang wäre ein Kepler-Teleskop mit den gleichen Objektiv- und Okular-brennweiten?

6.27

Ein Mikroskop bestehe aus einem Objektiv mit einer Brennweite von $f_{Obj} = 5$ mm und einem Okular mit einer Brennweite von $f_{Ok}' = 10$ mm. Die Tubuslänge des Mikroskops betrage $t = 15$ cm. Welche Vergrößerung hat dieses Mikroskop?

6.28

Ein Mikroskopobjektiv weise in Luft als Umgebungsmedium ($n_U = 1$) einen Öffnungswinkel von $80°$ und somit eine Numerische Apertur von $NA = 0,64$ auf. Durch welche Maßnahme kann die Numerische Apertur auf einen Wert von 0,96 erhöht werden?

6.29

In einem Michelson-Interferometer werde der Abstand zwischen Referenz- und Messspiegel um die Strecke $s = 158,25$ μm geändert. Dabei werden auf dem Detektor 500 durchlaufende Intensitätsmaxima gezählt. Bestimmen Sie die Wellenlänge der Lichtquelle, mit welcher das Interferometer betrieben wird.

6.30

In einem Fabry-Pérot-Resonator beträgt der Abstand der beiden Resonatorspiegel 1 m. Der erste Spiegel weist einen Reflexionsgrad R_1 von 98,5 % auf, der Reflexionsgrad des zweiten Spiegels beträgt $R_2 = 99$ %. Bestimmen Sie die Halbwertsbreite der Resonanzfrequenz Δf.

Laserquellen und Laserlicht 7

Der Laser ist eine ganz besondere Lichtquelle und hat eine kaum zu überschätzende technische Bedeutung. Auch viele alltäglich genutzte Konsumgüter basieren auf dem Einsatz von Laserstrahlung. So ist der Laser beispielsweise ein essenzielles aktives Bauelement in der Unterhaltungselektronik und Datenübertragung sowie -speicherung und somit wohl in jedem Haushalt anzutreffen. Aus dem modernen Produktionsalltag ist er nicht mehr wegzudenken und findet hier zahlreiche Anwendungen in Fertigung, Reinigung und Messtechnik. Seit der Realisierung des ersten Lasers ist die technische Entwicklung rasant vorangeschritten, sodass uns heute Laser mit den unterschiedlichsten Eigenschaften zur Verfügung stehen. Diese Eigenschaften sind neben der Erzeugung und den Ausbreitungscharakteristika von Laserlicht Gegenstand dieses Kapitels. Dabei werden wir die folgenden Erkenntnisse gewinnen:

- Zur Erzeugung von Laserstrahlung ist eine Besetzungsinversion notwendig. Die dafür benötigte Energie muss von außen zugeführt werden, man spricht dabei vom „Pumpen" des Laserprozesses.
- Laserstrahlung entsteht durch stimulierte Lichtemission. Dabei bringt ein Photon ein angeregtes Elektron dazu, seine Energie durch Aussenden eines weiteren Photons mit identischen Eigenschaften wie das erste abzugeben.
- Wellenlänge bzw. Frequenz des Laserlichts hängen von der Energiedifferenz zwischen angeregtem und abgeregtem Energieniveau ab.
- Das bei der stimulierten Emission entstehende Photon hat insbesondere die gleiche Wellenlänge und Phase wie das auslösende Photon.
- Ein Laser besteht prinzipiell aus einem laseraktiven Medium, in welchem die stimulierte Emission geschieht, einem Laserresonator, der dafür sorgt, dass möglichst viele der erzeugten Photonen weitere Emissionen auslösen, und dem Pumpmechanismus. Das laseraktive Medium ist dabei innerhalb des Resonators

© Springer-Verlag GmbH Deutschland, ein Teil von Springer Nature 2020
C. Gerhard, *Tutorium Optik*, https://doi.org/10.1007/978-3-662-61618-5_7

platziert. Dieser besteht aus zwei Speiegeln, wobei ein Spiegel einen Teil der Laserstrahlung aus dem Resonator austreten lässt.

- Als laseraktives Medium können ein Gas, ein Festkörper oder in einer Flüssigkeit gelöste Farbstoffe verwendet werden.
- Laseraktive Medien können optisch oder elektrisch gepumpt werden.
- Der Laserresonator besteht im einfachsten Fall aus zwei Spiegeln, welche die Photonen im laseraktiven Medium „einsperren". Er wird so justiert, dass sich bei der Wellenlänge des Laserprozesses stehende Wellen bilden, andere Wellenlängen werden im Resonator durch destruktive Interferenz der hin- und herlaufenden Strahlen ausgelöscht
- Die Resonatorbedingung besagt, dass die Resonatorlänge ein Vielfaches der halben Wellenlänge des im Resonator oszillierenden Laserlichts betragen muss.
- Je nach Auslegung des Resonators gibt es stabile und instabile Laserresonatoren.
- Beim Durchgang der Laserstrahlung durch den Laserresonator muss die Verstärkung größer sein als die Verluste.
- Laserquellen können kontinuierliche oder gepulste Laserstrahlung emittieren.
- Die Erzeugung kurzer Laserpulse kann mittels aktiver oder passiver Modenkopplung erfolgen.
- Gaslaser, dazu zählen auch Excimerlaser, nutzen als laseraktives Medium ein Gasgemisch.
- Festkörperlaser basieren hauptsächlich auf mit laseraktiven Medien dotierten Kristallen oder Gläsern.
- Halbleiterlaser zählen zu den Festkörperlasern.
- In Farbstofflasern werden als laseraktives Medium in Flüssigkeit gelöste Farbstoffe eingesetzt.
- Es gibt Laserquellen für praktisch alle Wellenlängen vom ultravioletten über den sichtbaren bis in den infraroten Wellenlängenbereich. Bei noch größeren Wellenlängen spricht man von Masern.
- Abhängig von Wellenlänge und Ausgangsleitung werden Laserquellen in Laserschutzklassen eingeteilt.
- In einem Laserresonator können unterschiedliche Schwingungszustände stehende Wellen bilden, die man als transversale bzw. longitudinale Moden bezeichnet.
- Aus der Modenverteilung folgt die Beugungsmaßzahl eines Laserstrahls, welche die Fokussierbarkeit des Strahls beschreibt.
- Laserstrahlung ist weitestgehend monochromatisch und kohärent und propagiert mit einem sehr kleinen Divergenzwinkel.
- Der kleinste Durchmesser eines Laserstrahls wird als Strahltaille bezeichnet.
- Die Rayleigh-Länge ist der Abstand der Strahltaille zu demjenigen Ort entlang der optischen Achse eines Laserstrahls, an welchem der Strahltaillenradius um den Faktor $\sqrt{2}$ vergrößert ist.
- Die Laserstrahlqualität kann anhand des Strahlparameterprodukts beschrieben werden.

- Zur Beschreibung der Propagation von Laserstrahlung durch optische Komponenten und Systeme wird das Prinzip der Gauß'schen Strahlpropagation verwendet.
- Die Beugungsmaßzahl erlaubt auch die Berechnung der Propagation eines Laserstrahls durch abbildende optische Elemente unter Berücksichtigung der Modenverteilung.
- Industrielle Anwendungen des Lasers sind insbesondere in der Produktionstechnik, der Messtechnik sowie bei Datenspeicherung und -übertragung zu finden.

7.1   Das Laserprinzip

Im Jahr 1960 präsentierten der amerikanische Physiker *Theodore Maiman* und sein Assistent *Charles Asawa* mit ihrem Rubinlaser den ersten funktionstüchtigen Laser der Weltöffentlichkeit. Seinerzeit prägten *Maiman* selbst und ein weiterer Wegbereiter der Laserentwicklung, der amerikanische Physiker *Arthur Schawlow*, das berühmte Zitat: *„The laser is a solution in search of a problem"* („Der Laser ist eine Lösung auf der Suche nach einer Aufgabe"). Mögliche Anwendungen des Lasers ließen jedoch nicht lange auf sich warten: Bereits drei Jahre nach *Maimans* und *Asawas* bahnbrechendem Erfolg wurde die Eignung von Lasern zur Mikromaterialbearbeitung demonstriert.

Maimans Rubinlaser gingen jahrzehntelange Vorarbeiten voraus. Das Prinzip der angeregten Lichtemission, das die Grundlage des Laserprozesses darstellt und dem Laser seinen Namen gab (das Kunstwort „Laser" ist ein englisches Akronym: *„light amplification by stimulated emission of radiation"*, zu Deutsch: „Lichtverstärkung durch angeregte Emission von Strahlung"), wurde bereits 1916 von dem deutsch-amerikanischen Physiker *Albert Einstein* theoretisch beschrieben. Elf Jahre später, im Jahr 1928, wies der deutsch-amerikanische Physiker *Rudolf Ladenburg* die stimulierte Emission experimentell nach. Der entscheidende Durchbruch hin zum ersten richtigen Laser war dann der im Jahr 1954 erstmals realisierte Maser (*microwave amplification by stimulated emission of radiation*), der das Prinzip der stimulierten Emission im Mikrowellenbereich realisierte. Hierfür erhielten die sowjetischen Physiker *Nikolay Basov* und *Aleksandr Prokhorov* sowie der amerikanische Physiker *Charles Townes* 1964 den Nobelpreis für Physik.

1964 wurden auch bereits der Nd:YAG-Laser und der CO_2-Laser erfunden, die noch heute in Industrie und Forschung große Bedeutung haben. In den 1980er-Jahren folgte dann die Entwicklung von Kurzpulslasern. Seitdem haben sich Laser in fast allen Bereichen der Technik etabliert. Laser dienen als Werkzeug in der Produktion, als Lichtquelle in der Mess-, Kommunikations- und Analysetechnik sowie als berührungslos arbeitendes Operationsbesteck in Chirurgie, Zahnmedizin und Augenheilkunde. Fachleute schätzen dennoch, dass heute erst 10–20 % der möglichen Laseranwendungen erschlossen sind. Die Laserentwicklung wird also weiterhin zu einem der wichtigsten Forschungsgebiete der Optik zählen.

Laser im Alltag

Laser sind in zahlreichen alltäglich genutzten Konsumgütern zu finden. In „aktiver" Gestalt begegnet uns diese besondere Lichtquelle beispielsweise in Form von Laserpointern, als essenzielle Bestandteile von Computer- oder Kassenscannern, CD- und DVD-Spielern und -brennern sowie in Lightshows bei Großveranstaltungen. Der Laser versteckt sich aber auch in vielen weiteren Gebrauchsgütern. So werden z. B. Karosserieteile von PKW mit Laserstrahlung geschnitten, gebohrt und geschweißt oder Beschriftungen auf Gebrauchsgegenständen wie Tastaturen per Lasergravur angebracht.

7.1.1 Die Besetzungsinversion

Das Prinzip der Entstehung von Licht durch Elektronen, die im Atom auf niedrigere Energieniveaus wechseln, wurde bereits in Abschn. 1.1.1 behandelt. Normalerweise befinden sich die Elektronen auf dem jeweils niedrigsten freien Energieniveau, nur durch eine äußere Energiezufuhr wechseln sie in einen energiereicheren Zustand. Im thermodynamischen Gleichgewicht beschreibt die Boltzmann-Verteilung die Besetzung der Niveaus (Abb. 7.1). Diese Energie wird dabei aber nur dann absorbiert, wenn sie exakt der Energiedifferenz zwischen unterem und oberem Elektronenzustand entspricht (Gl. 1.4). Um die Elektronen in den Atomen eines Mediums also systematisch anzuregen oder sogar eine **Besetzungsinversion** mit mehr angeregten als nicht angeregten Elektronen bzw. Atomen zu erzeugen, müssen zwei Be-

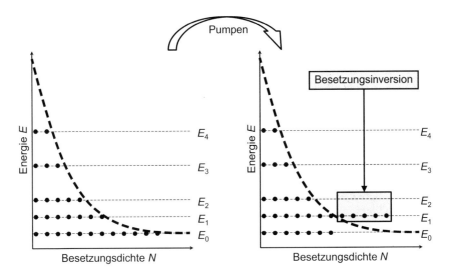

Abb. 7.1 Schematische Darstellung der Besetzung von Energieniveaus in einem Atom im thermodynamischen Gleichgewicht gemäß der Boltzmann-Verteilung (links) und bei einer Besetzungsinversion (rechts)

dingungen erfüllt sein: Zum einen muss die Energie exakt „passen". Zum anderen müssen die Elektronen schneller angeregt werden als sie durch spontane Emission wieder die zugeführte Energie verlieren. Bei Lasern nennt man eine derartige Energiezuführung Pumpen. Es gibt dazu verschiedene Möglichkeiten, die unter anderem vom verwendeten Lasermedium abhängen (Tab. 7.2). Meistens wird die Energie entweder durch Strahlungsquanten, d. h. Photonen (optisches Pumpen) oder elektrisch (durch eine Gasentladung oder einen Strom) zugeführt.

7.1.2 Stimulierte Emission

Beim Laser macht man sich eine besondere Form der Abregung von angeregten Elektronen zunutze, die nur bei Vorliegen einer Besetzungsinversion zum Tragen kommt: die **stimulierte Emission**. Während die normale, spontane Emission eine gewisse charakteristische (und sehr kurze) Zeit nach jeder Anregung von selbst erfolgt, geschieht die stimulierte Emission sofort, wenn ein Photon mit exakt der richtigen Energie das angeregte Elektron trifft. Das in diesem Fall bei der Abregung des Elektrons freiwerdende Photon ist dann exakt identisch mit dem stimulierenden Photon, insbesondere hat es dieselbe Wellenlänge, Frequenz, Ausbreitungsrichtung und Phasenlage. Aus diesem Grund ist Laserlicht monochromatisch und kohärent (Abb. 7.2). Wenn die stimulierten Photonen nicht sofort wieder absorbiert werden, sondern jeweils weitere angeregte Elektronen zur Emission stimulieren können, kommt es zu einer lawinenartigen Kettenreaktion, an deren Ende eine sehr große Zahl identischer Photonen steht, die als Laserstrahl aus dem System ausgekoppelt werden können.

Wie auch die spontane Emission kann die stimulierte Emission durch einen Einstein-Koeffizienten beschrieben werden. Dieser Einstein-Koeffizient B_{21} der stimulierten Emission ist gegeben durch

$$\left(\frac{dN_2}{dt}\right)_{st} = -B_{21} \cdot \rho\left(v\right) \cdot N_2. \tag{7.1}$$

Er stellt somit die Umkehrung des Einstein-Koeffizienten für stimulierte Absorption (B_{12}) dar (Gl. 1.2): Stimulierte Absorption und stimulierte Emission haben also die gleiche Wahrscheinlichkeit und sind inverse Prozesse.

Bei der Verknüpfung der Einstein-Koeffizienten für spontane und stimulierte Emission über das Planck'sche Wirkungsquantum h, die Lichtfrequenz v und die Lichtgeschwindigkeit c wird wiederum ersichtlich, dass bei hohen Frequenzen die Wahrscheinlichkeit für spontane Emission die der stimulierten Emission klar überwiegt:

$$A_{21} = \frac{8 \cdot \pi \cdot h \cdot v^3}{c^3} \cdot B_{21}. \tag{7.2}$$

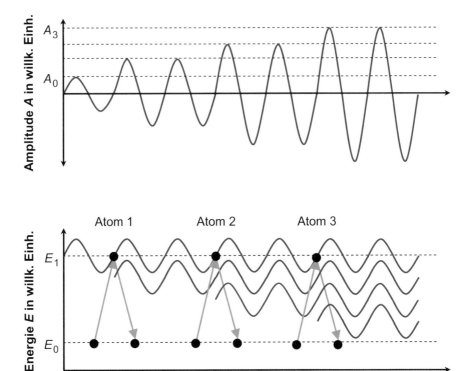

Abb. 7.2 Stimulierte Emission in einem 2-Niveau-System: Ein einlaufendes Photon regt ein Elektron von Atom 1 zur Emission eines weiteren, identischen Photons an, woraufhin Atom 2 und Atom 3 ebenfalls zur Emission stimuliert werden (unten). Solange kein Photon absorbiert wird, wächst die Gesamtamplitude der phasengleichen Photonen mit jeder stimulierten Emission an (oben)

Aus diesem Grund gestaltet sich die Laserlichterzeugung bei höheren Frequenzen, also kleineren Wellenlängen (UV), schwieriger als bei niedrigen Frequenzen bzw. höheren Wellenlängen (NIR).

In der Praxis findet die stimulierte Emission nicht wie in Abb. 7.2 dargestellt in einem einfachen 2-Niveau-System statt. Man verwendet stattdessen Systeme aus drei oder noch mehr Energieniveaus, wobei auch strahlungsfreie Übergange zwischen den Elektronenzuständen möglich sind. Abb. 7.3 zeigt dies schematisch am Beispiel eines Nd:YAG-Lasers.

Die Wellenlänge des stimuliert emittierten Lichts und die zur Erzeugung der notwendigen Besetzungsinversion benötigte Pumpenergie hängen immer von den Energieniveaus des jeweiligen laseraktiven Mediums ab. Ein Nd:YAG-Laser kann beispielsweise optisch mit einer Wellenlänge von 808 nm gepumpt werden, woraufhin Laserstrahlung mit einer fundamentalen Wellenlänge von 1064 nm emittiert wird.

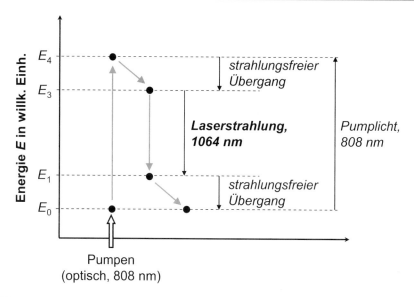

Abb. 7.3 Absorption des Pumplichts und Emission von Laserstrahlung im 4-Niveau-System des Nd:YAG-Lasers (Schema)

7.2 Aufbau eines Lasers

Damit Laserstrahlung entstehen kann, müssen die sogenannten Laserbedingungen erfüllt sein. Dazu zählt zum einen die bereits diskutierte Besetzungsinversion, das obere Laserniveau muss hinreichend lange stärker als das untere besetzt sein. Zum anderen muss beim Laserprozess die Verstärkung größer sein als die Verluste. Dazu bringt man das Lasermedium in einen optischen Resonator (Abb. 7.4), der die nachfolgend erläuterten Resonatorbedingungen erfüllt.

7.2.1 Bestandteile eines Lasers

Der auch als Laserkavität bezeichnete Laserresonator ist die zentrale konstruktive Komponente eines Lasers. Seine Hauptaufgabe ist es, die durch stimulierte Emission erzeugten identischen Photonen z. B. mithilfe von Spiegeln im Medium zu halten und so die Wahrscheinlichkeit weiterer Stimulationen entscheidend zu erhöhen. Dies gelingt insbesondere dann, wenn im Resonator hin- und herlaufende Lichtwellen der Laserwellenlänge konstruktiv miteinander interferieren (also sich für diese Wellenlänge eine stehende Welle ausbildet). Dies drückt die sogenannte Resonatorbedingung aus, derzufolge die doppelte Resonatorlänge l_R gemäß

$$\lambda = \frac{2 \cdot l_R}{N} \tag{7.3}$$

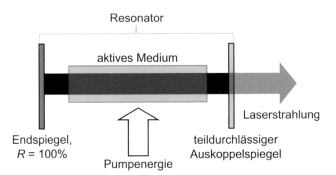

Abb. 7.4 Schematischer Aufbau eines Lasers

ein ganzzahliges Vielfaches N der Laserwellenlänge λ betragen muss (siehe dazu auch Abschn. 6.6.4). Licht anderer Wellenlängen wird dagegen durch destruktive Interferenz ausgelöscht.

Im einfachsten Fall besteht ein Laserresonator aus zwei Spiegeln, einem vollreflektierenden Spiegel mit einer Reflexion von $R \approx 100\ \%$ und einem teildurchlässigen Spiegel, durch den ein Teil der im Resonator oszillierenden Laserstrahlung ausgekoppelt wird, d. h. austreten und letztendlich genutzt werden kann. Diese beiden Spiegel werden als Endspiegel bzw. als Auskoppelspiegel bezeichnet und stellen selbst bei komplexeren, z. B. gefalteten Laserresonatoren deren eigentliche Begrenzung dar. In der Praxis handelt es sich hierbei meist um sphärische Wölbspiegel.

Je nach Abstand und Krümmungsradien der Spiegel kann ein Laserresonator stabil oder instabil sein. In stabilen Resonatoren wird das erzeugte Laserlicht aufgrund der Resonatorgeometrie vollständig geführt, wohingegen sich bei instabilen Resonatoren gewisse Anteile der Laserstrahlung nach einigen Durchgängen von der optischen Achse entfernen und schließlich aus dem Resonator austreten. Je nach speziellem Anwendungsfall kann jedoch ein instabiler Resonator Vorteile gegenüber einem stabilem aufweisen, z. B. zur Führung der Laserstrahlung durch Totalreflexion innerhalb langer laseraktiver Medien. Eine Aussage darüber, ob ein Resonator stabil oder instabil ist, lässt sich mithilfe der folgenden Stabilitätskriterien treffen. Dazu betrachtet man die sogenannten **Spiegelparameter** $g_{1,2}$, die sich gemäß

$$g_1 = 1 - \frac{l_R}{R_1} \tag{7.4}$$

und

$$g_2 = 1 - \frac{l_R}{R_2} \tag{7.5}$$

aus den Krümmungsradien $R_{1,2}$ der Resonatorspiegel und der Resonatorlänge l_R ergeben. Für Planspiegel beträgt $g = 1$. Anhand dieser Spiegelparameter lässt sich nun für unterschiedliche Resonatorkonfigurationen das jeweilige Stabilitätskriterium aufstellen. Für einen Resonator mit unterschiedlichen Krümmungsradien lautet dies

$$0 \leq g_1 \cdot g_2 \leq 1. \tag{7.6}$$

Haben die Resonatorspiegel gleiche Krümmungsradien, so gilt das Stabilitätskriterium

$$-1 \leq g \leq 1. \tag{7.7}$$

Trägt man die Spiegelparameter gegeneinander auf, so erhält man das in Abb. 7.5 dargestellte Stabilitätsdiagramm, das eine schnelle Aussage über die Stabilität von Laserresonatoren erlaubt.

Eine Auswahl geläufiger Resonatorkonfigurationen ist in Tab. 7.1 gegeben.

Zwischen den Resonatorspiegeln befindet sich, wie bereits angedeutet, das laseraktive Medium (Abb. 7.4), der zweite essenzielle Bestandteil eines Lasers. Bei diesem Medium kann es sich um ein Gas, einen Festkörper oder eine Flüssigkeit handeln. Einige gebräuchliche Lasermedien sind in Tab. 7.2 aufgeführt.

Die dritte notwendige Komponente eines Lasers ist eine Energiequelle, die die notwenige Pumpenergie liefert. Tab. 7.2 gibt an, bei welchen Lasertypen das Pumpen elektrisch und bei welchen es optisch erfolgt.

7.2.2 Betriebsarten eines Lasers

Wenn ein aus Resonator, aktivem Medium und Pumpenergiezufuhr aufgebauter Laser kontinuierlich Laserstrahlung aussendet, wird er als **Dauerstrichlaser** oder

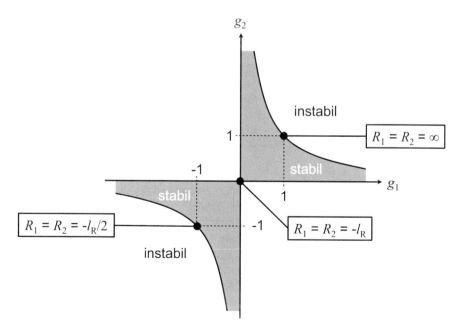

Abb. 7.5 Stabilitätsdiagramm für Laserresonatoren

Tab. 7.1 Typische Resonatorkonfigurationen von Lasern

Resonatorkonfiguration	Spiegelkrümmungsradien	Spiegelparameter
konfokal	$R_1 = R_2 = l_R$	$g_1 = g_2 = 0$
halbsymmetrisch	$R_1 = \infty$ und $R_2 \leq l_R$	$g_1 = 1$ und $0 \leq g_2 \leq 1$
plan-plan	$R_1 = R_2 = \infty$	$g_1 = g_2 = 1$
konzentrisch	$R_1 = R_2$ und $R_1 \cdot R_2 \approx l_R$	$g_1 = g_2 = -1$

Tab. 7.2 Wichtige Lasertypen

Bezeichnung	laseraktives Medium	Emissionswellenlänge	Pumpquelle
Gaslaser			
Helium-Neon-Laser	Neon (Ne)	632,8 nm	Gasentladung
Kohlenstoffdioxidlaser	Kohlenstoffdioxid (CO_2)	10.600 nm	Glimmentladung
Argonfluorid-Excimerlaser	Argonfluorid (Ar)	193,3 nm	elektrische Entladung
Xenonchlorid-Excimerlaser	Xenonchlorid (XeCl)	308 nm	elektrische Entladung
Festkörperlaser			
Nd:YAG-Laser	Neodym (Nd)	1064 nm	Blitzlampenlicht oder Laserlicht
Titan-Saphir-Laser	Titan (Ti)	694,3 nm	Blitzlampenlicht
Indiumgalliumnitrid-Halbleiteraser	Indiumgalliumnitrid (InGaN)	405 nm	Gleichstrom
Farbstofflaser			
Farbstofflaser	Cumarine, Rhodamine	300–1500 nm	Laserlicht

cw-Laser (cw = *continuous wave*) bezeichnet. Zur Erzeugung kurzer Laserpulse werden weitere optische Funktionselemente im Resonator benötigt. Hierbei stehen unterschiedliche Methoden zur Verfügung, die aktive Modenkopplung (Güteschaltung) und die passive Modenkopplung. Bei beiden Methoden werden im Prinzip optische Schalter eingesetzt, der Hauptunterschied liegt in der erreichbaren Pulsdauer. Die einfachste Form der aktiven Modenkopplung sind mechanische Vorrichtungen, z. B. bewegliche Blenden oder rotierende Spiegel, die mit einer gewissen Frequenz das Laserlicht abwechselnd abschatten oder passieren lassen.

Eine weitere Methode zur aktiven Modenkopplung ist der Einsatz von optischen Schaltern auf Basis akustooptischer oder elektrooptischer Effekte (Abschn. 1.4.2 und 6.10). Ein Beispiel hierfür ist die Pockels-Zelle (Abschn. 6.9.3), in welcher die Polarisation des transmittierten Laserlichts durch die am verwendeten optischen Kristall anliegende elektrische Spannung beeinflusst wird. Pulsdauer und Frequenz der emittierten Laserpulse sind dabei durch die Schaltgeschwindigkeit im Stromkreis begrenzt. Mit aktiver Modenkopplung lassen sich Laserpulse mit einer Pulsdauer von minimal einigen Nanosekunden bis Subnanosekunden erzeugen.

Zur Erzeugung noch kürzerer Laserpulse wird in **Kurzpulslasern** die passive Modenkopplung eingesetzt. Hierzu nutzt man entweder nichtlineare optische Effekte oder sättigbare Absorber. Im letzteren Fall wird einer der beiden Resonatorspiegel durch einen sogenannten sättigbaren Absorber ersetzt. Dabei handelt es sich um ein optisches Element, das eingestrahltes Laserlicht mit niedriger Intensität absorbiert und nur Anteile mit höherer Intensität je nach Aufbau reflektiert oder transmittiert. Nach einer solchen Reflexion bzw. Transmission relaxiert der sättigbare Absorber. Die Relaxationszeit dieses Funktionselements gibt damit die Pulsdauer des derart erzeugten Laserpulses vor, die im Bereich von einigen Pikosekunden liegen kann. Durch geeignete Pulskompressionsverfahren mittels weiterer optischer Elementen wie z. B. Dispersionsprismen sind sogar noch kürzere Pulsdauern im Bereich von Femtosekunden oder gar Attosekunden möglich. Die Pulsfolgefrequenz bzw. Pulswiederholrate f_P kann durch geeignete optische Funktionselemente wie akustooptische Modulatoren in gewissen Grenzen eingestellt werden. Sie kann auch durch Verlängerung des Laserresonators, beispielsweise durch eine Faltung des Lichtwegs, beeinflusst werden, da die Resonatorlänge gemäß

$$f_P = \frac{c_R}{2 \cdot l_R} \tag{7.8}$$

über die Lichtgeschwindigkeit innerhalb des Resonators, c_R, direkt mit der Pulswiederholrate verknüpft ist.

Neben dem eigentlichen Laserresonator und etwaigen optischen Schaltern zur Erzeugung kurzer Laserpulse kann eine Laserquelle eine Vielzahl weiterer optischer Funktionselemente aufweisen. Dazu zählen z. B. Verstärkereinheiten, die aus einem weiteren, dem Laserresonator nachgeschalteten laseraktivem Medium bestehen. Darüber hinaus wird besonders bei Festkörperlasern das Prinzip der Frequenzvervielfachung ausgenutzt. Dazu werden nach dem Resonator (und der Verstärkereinheit) geeignete Kristalle platziert (Abschn. 3.2.1), die es erlauben, die durch das laseraktive Medium emittierte fundamentale Wellenlänge zu halbieren, zu dritteln etc.

7.3   Lasertypen

Die Einteilung von Lasern bzw. Laserquellen kann anhand unterschiedlicher Charakteristika erfolgen. Meistens werden Laser anhand des laseraktiven Mediums klassifiziert und benannt. Gemäß dieser Definition gibt es die folgenden drei Hauptgruppen von Lasertypen, deren wichtigste Eigenschaften Tab. 7.2 zusammenfasst.

7.3.1   Gas-, Festkörper- und Farbstofflaser

Bei einem **Gaslaser** (*gas laser*) ist der Laserresonator mit einem Gasgemisch gefüllt, das elektrisch per Gasentladung gepumpt wird. Je nach Gasgemisch lässt sich

auf diese Weise ein großes Spektrum verschiedener Laserwellenlängen vom Ultra-
violett- bis in den fernen Infrarotbereich realisieren. Neben dem eigentlichen laseraktiven Gas befinden sich ein oder mehrere weitere Gase im Resonator. Diesen
kommt die Aufgabe zu, das laseraktive Gas durch Stöße anzuregen. So enthält das
Gasgemisch eines Kohlenstoffdioxidlasers (CO_2-Laser) beispielsweise zusätzlich
Stickstoff (N) und Helium (He). Eine Untergruppe der Gaslaser stellen Excimerlaser (*excited dimer*, „angeregtes Dimer") dar. Hier ist das laseraktive Medium ein
sogenanntes Dimer aus zwei gleichen Atomen oder Molekülen.

Das laseraktive Medium eines **Festkörperlasers** (*solid state laser*) ist ein dotier-
ter Kristall oder ein dotiertes Glas. Die Energiezufuhr zum Erzeugen der Besetzungsinversion erfolgt durch optisches Pumpen mit Blitzlampen oder anderen Laserquellen wie beispielsweise Diodenlasern (siehe unten). Die fundamentale
Laserwellenlänge von Festkörperlasern liegt typischerweise im Sichtbaren oder
nahen Infrarot. Durch Frequenzverdopplung oder -vervielfachung können jedoch
Festkörperlaser auch bis in den ultravioletten Bereich arbeiten. Zu den Festkörperlasern zählen die auch als Diodenlaser bezeichneten Halbleiterlaser. Das aktive Medium ist in diesem Fall ein Halbleiter mit einem p-n-Übergang wie zum Beispiel
Silicium. Das Pumpen erfolgt über einen elektrischen Strom. Je nach verwendetem
Halbleiter liefern solche Laser Licht im NIR-, VIS- oder UV-Bereich.

Bei einem **Farbstofflaser** (*dye laser*) ist das aktive Medium ein spezieller fluoreszierender Farbstoff. Dieser Farbstoff ist in einer geeigneten Flüssigkeit in einer
Küvette gelöst und wird durch einen Pumplaser optisch gepumpt. Je nach verwendetem Farbstoff und Pumpwellenlänge arbeiten Farbstofflaser bei Wellenlängen
vom UV- bis in den NIR-Bereich.

Bei den in Tab. 7.2 angegebenen Laserwellenlängen handelt es sich um die in der
Praxis vorrangig eingesetzten Wellenlängen. Je nachdem, welche strahlenden Übergänge zur Erzeugung von Laserlicht genutzt und verstärkt werden, können bei einem laseraktiven Medium teilweise auch andere Wellenlängen zum Tragen kommen. So kann ein Helium-Neon-Laser beispielsweise neben der Standardwellenlänge
von ca. 633 nm prinzipiell auch Laserstrahlung mit einer Wellenlänge von 543,4 nm
oder 3392,2 nm emittieren.

Neben einer Einteilung nach dem jeweiligen laseraktiven Medium gibt es weitere typenspezifische Unterklassifikationen von Lasern. So teilt man Festkörperlaser auch nach der Geometrie des verwendeten laseraktiven Mediums in Stablaser,
Faserlaser, Scheibenlaser etc. ein. Eine weitere Möglichkeit ist die Angabe der Be-
triebsart, wobei zwischen Dauerstrichlasern (cw-Laser), Kurzpulslasern oder Ultrakurzpulslasern unterschieden wird.

7.3.2 Laserschutzklassen

Laserlicht ist aufgrund seiner besonderen Eigenschaften eine potenzielle Gesund-
heitsgefährdung. Darum weist man Laserquellen in Abhängigkeit von ihrer Wellenlänge und Leistung sogenannte Laserschutzklassen zu und gibt einen Grenzwert der
zugänglichen Strahlung (GZS) an (DIN EN 60825-1). Neben den eigentlichen La-

serparametern spielen dabei noch weitere Größen eine Rolle, etwa die Expositionszeit und die Strahlführung. Bei der Angabe der Expositionszeit wird davon ausgegangen, dass ein gesundes Auge bei der Einstrahlung von Laserlicht eine Schutzreaktion, den sogenannten Lidschlussreflex auslöst und die der Strahlung ausgesetzte Person sich zudem abwendet. Das bedeutet zumindest nominell eine kurze Expositionszeit von weniger als 0,25 s. Darüber hinaus hängt die Lasersicherheit maßgeblich davon ab, ob es sich um einen fokussierten oder einen nicht fokussierten Laserstrahl handelt, da aus einer Verkleinerung des Strahlquerschnitts höhere Leistungsdichten resultieren. Die anhand dieser Kriterien definierten Laserschutzklassen sind in Tab. 7.3 aufgeführt.

Dabei ist zu bemerken, dass bereits in den Schutzklassen 1 und 1 M bei unsachgemäßer Handhabung der Laserquelle das Auge geschädigt werden kann. Dies ist insbesondere dann der Fall, wenn der von der Laserquelle emittierte Rohstrahl fokussiert ist und zudem der Lidschlussreflex nicht ausgelöst wird, etwa bei unsichtbarer Laserstrahlung im ultravioletten und infraroten Wellenlängenbereich. Neben der Schädigung der Netzhaut oder Augenlinse kann Laserstrahlung auch Hautschädigungen oder gar Verbrennungen hervorrufen. Dies ist besonders ab Laserschutzklasse 3B der Fall. Unter die Laserschutzklasse 4 fallen Hochleistungslaser zur Materialbearbeitung, etwa zum Schneiden, Bohren oder Schweißen von Metall, die eine cw-Ausgangsleistung von mehreren Kilowatt aufweisen können. Aus Gründen des Arbeitsschutzes sind solche Laser mit einer lichtdichten Einhausung versehen. Bei solchen gekapselten Anlagen sinkt das Risiko für sekundäre Gefahren wie beispielsweise die Entzündungs- und Explosionsgefahr von Stoffen, die der Laserstrahlung direkt oder indirekt ausgesetzt sind.

7.4 Eigenschaften von Laserlicht

7.4.1 Lasermoden

In einem Laserresonator können sich unter Umständen für mehrere verschiedene Schwingungszustände stehende Wellen ausbilden. Diese werden als **Lasermoden** (*laser modes*) bezeichnet, wobei es gleichzeitig longitudinale und transversale Moden gibt. Für longitudinale Moden gilt die Resonatorbedingung (Gl. 7.3). Jede **lon-**

Tab. 7.3 Wellenlänge und Grenzwert der zugänglichen Strahlung (GZS) für Laserschutzklassen gemäß DIN EN 60825-1

Laserschutzklasse	Wellenlänge in nm	GZS in mW
1	alle	abhängig von Wellenlänge
1 M	302,5–4000	abhängig von Wellenlänge
2	400–700	1
2 M	400–700	1
3R	302,5–10^6	5
3B	alle	500
4	alle	>500

gitudinale Lasermode gehört zu einem ganzzahligen Vielfachen der Laserwellenlänge, der Frequenzabstand zweier benachbarter Moden beträgt

$$\Delta f = \frac{c}{2 \cdot l_R}. \tag{7.9}$$

Aus der Geometrie des Laserresonators ergeben sich zusätzlich **transversale Lasermoden**, die Schwingungszustände senkrecht zur optischen Achse des Laserresonators und somit die Intensitätsverteilung eines Laserstrahls in der Ebene senkrecht zur optischen Achse des Laserstrahls beschreiben. Da das elektrische und magnetische Feld einer Laserlichtwelle ausschließlich orthogonal zur Ausbreitungsrichtung schwingen, werden transversale Lasermoden auch als transversalelektromagnetische (TEM) Moden bezeichnet. Die Bezeichnung TEM wird um zwei Indizes p und l bzw. m und n ergänzt, welche die transversale Intensitätsverteilung beschreiben. Dabei geben die Indizes die Anzahl von Intensitätsminima an, die ein Laserstrahlprofil entweder in radialer (p) und azimutaler Richtung (l) oder in x-Richtung (m) bzw. y-Richtung (n) aufweist. Die einfachste Lasermode ist die TEM_{00}-Mode. Sie weist ein geschlossenes rotationssymmetrisches Intensitätsprofil ohne Intensitätsminima auf und ist in beiden transversalen Richtungen jeweils durch eine Gauß-Kurve gegeben. Solche Laserstrahlen werden daher auch Gauß-Strahlen genannt. Abb. 7.6 zeigt verschiedene weitere TEM-Moden mit einer entweder rotationssymmetrischen (radial oder azimutal) oder rechteckigen Moden- bzw. Intensitätsverteilung.

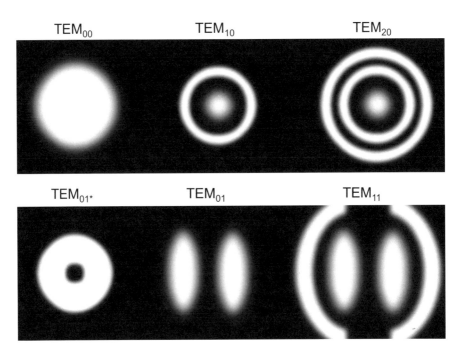

Abb. 7.6 Transversal-elektromagnetische Lasermoden (TEM-Moden)

Aus der Modenverteilung eines Laserstrahls folgt direkt ein Qualitätsparameter, der einen signifikanten Einfluss auf die Ausbreitung eines Laserstrahls durch ein abbildendes optisches System hat: die **Beugungsmaßzahl** M^2 (*beam quality factor, beam propagation factor*). Für einen rotationssymmetrischen Laserstrahl mit einer TEM_{pl}-Modenverteilung ist M^2 gegeben durch

$$M^2 = 2p + l + 1. \tag{7.10}$$

Ein Spezialfall ergibt sich für $n = n^* = 1$. Hierbei handelt es sich um den aufgrund seiner Form sogenannten Doughnut-Mode, der ein Intensitätsminimum im Zentrum des Laserstrahls aufweist.

Darüber hinaus gibt es nichtrotationssymmetrische Laserstrahlen. Hierbei kann die Modenverteilung in x- und y-Richtung variieren, sodass in x- und y-Richtung unterschiedliche Beugungsmaßzahlen gelten. Diese Strahlen gelten dann als TEM_{mn}-modenverteilt. Um dieser Tatsache Rechnung zu tragen, wird eine effektive Beugungsmaßzahl

$$M_{eff}^2 = \sqrt{M_{x,mn}^2 \cdot M_{y,nm}^2} \tag{7.11}$$

definiert. Die Beugungsmaßzahlen in x- und y-Richtung betragen hierbei

$$M_{x,mn}^2 = 2 \cdot m + 1 \tag{7.12}$$

und

$$M_{y,nm}^2 = 2 \cdot n + 1. \tag{7.13}$$

7.4.2 Divergenz von Laserlicht

Wie bereits in Abschn. 7.1.2 erwähnt, ist Laserlicht monochromatisch und kohärent. Aufgrund der Tatsache, dass die stimulierte Emission eine einheitliche Ausbreitungsrichtung der Lichtwellen zur Folge hat, sind die von einem Laser ausgesandten Lichtwellen theoretisch ideal parallel. Daher wird das aus einer Vielzahl von Teilstrahlen bestehende Strahlenbündel einer Laserquelle auch als Laserstrahl bezeichnet. In der Praxis verlaufen die Lichtwellen eines Laserstrahls jedoch nicht wirklich vollkommen parallel zueinander, sondern divergieren mit fortschreitender Ausbreitung, was zu einer Auffächerung des Laserstrahls führt. Dieses Verhalten wird über den **Divergenzwinkel** θ des Laserstrahls charakterisiert. θ heißt auch halber Öffnungswinkel, da er den Winkel zwischen dem Randstrahl eines Laserstrahlenbündels und der optischen Achse des Laserstrahls angibt. Dieser Divergenzwinkel hängt vorrangig von der Geometrie des Laserresonators und dem Durchmesser des Laserstrahls am Ort des Auskoppelspiegels ab. Er wird meist in Radiant (Bogenmaß) angegeben und beträgt in der Regel wenige Milliradiant (1 mrad = 0,06°).

7.4.3   Ausbreitung von Laserstrahlen

In nahezu allen Anwendungen des Lasers ist es notwendig, den Laserstrahl durch
abbildende optische Elemente zu führen und zu formen bzw. zu fokussieren. Bei der
Beschreibung der Propagation von Laserstrahlung durch optische Komponenten
und Systeme greift man auf das Konzept des Gauß-Strahls zurück. Dieser Ansatz
trägt dem Wellencharakter optischer Strahlung Rechnung. Im Gegensatz zur geometrischen Strahlenoptik, wo der Brennpunkt theoretisch durch einen infinitesimal
kleinen Punkt, den Kreuzungspunkt der Lichtstrahlen, beschrieben wird, weist ein
sich in z-Richtung ausbreitender Gauß-Strahl am Brennpunkt einen zwar minimalen, aber endlichen Durchmesser auf, die sogenannte **Strahltaille** (*beam waist*)
(Abb. 7.7). Innerhalb der Querschnittsfläche dieser Strahltaille sind 86,5 % der Ge-
samtleistung des Laserstrahls konzentriert.

Die Ausdehnung der Strahltaille senkrecht zur optischen Achse bzw. zur Mittel-
lachse des Gauß-Strahls ist ihr Radius w_0, ihr Ort in z-Richtung ist die Strahltaillenlage z_0, die in Abb. 7.7 im Ursprung, also bei $z = 0$ liegt. In der Praxis ist die Strahltaille meist innerhalb des Laserresonators zu finden. Hat dieser die Länge l_R, liegt
die Strahltaille bei

$$z_0 = l_R \cdot \frac{(1 - g_1) \cdot g_2}{g_1 + g_2 - 2 \cdot g_1 \cdot g_2}, \qquad (7.14)$$

g_1 und g_2 sind dabei die Spiegelparameter aus Abschn. 7.2.1.

In positiver und negativer z-Richtung gibt es von der Strahltaillenlage aus jeweils
einen Ort, an welchem der Strahltaillenradius um den Faktor $\sqrt{2}$ vergrößert ist, was
einer Verdopplung der Fläche der Strahltaille, $2\pi \cdot w_0^2$, entspricht. Der Abstand zwischen einem solchen Ort und z_0 ist die wellenlängenabhängige **Rayleigh-Länge**
(*Rayleigh length*) z_R, gegeben durch

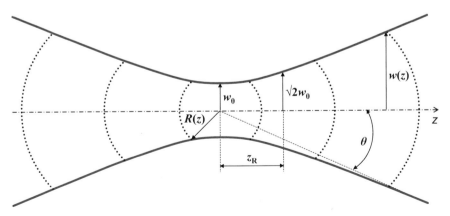

Abb. 7.7 Ausbreitungscharakteristik eines Gauß-Strahls (zur Erläuterung der Formelzeichen
siehe Text)

$$z_R = \frac{\pi \cdot w_0^2}{\lambda}. \tag{7.15}$$

Die doppelte Rayleigh-Länge $2z_R$ wird als **Schärfentiefe** (*depth of field*) bezeichnet, innerhalb dieser Entfernung kann der Gauß-Strahl in Näherung als kollimiert angesehen werden. Prinzipiell ist die Ausbreitung eines Gauß-Strahls jedoch differenziert für ein Nahfeld und ein Fernfeld zu betrachten, wobei das Nahfeld im Bereich $\Delta z = z_0 \pm 4z_R$, das Fernfeld hingegen außerhalb davon für $-4z_R < z_0 < 4z_R$ vorliegt. Im Fernfeld beschreibt die äußere Begrenzung eines Gauß-Strahls eine Hyperbel. Der Winkel zwischen der Asymptote dieser Hyperbel und der optischen Achse (Abb. 7.7) ist die **Fernfelddivergenz** θ des Gauß-Strahls, die gemäß

$$\theta = \arctan\left(\frac{w_0}{z_R}\right) = \arctan\left(\frac{\lambda}{\pi \cdot w_0}\right) \tag{7.16}$$

trigonometrisch aus dem Strahltaillenradius und der Rayleigh-Länge folgt. An einem beliebigen Ort z entlang der Ausbreitungsrichtung im Fernfeld ergibt sich der Strahlradius $w(z)$ zu

$$w(z) = w_0 \cdot \sqrt{1 + \left(\frac{z}{z_R}\right)^2}. \tag{7.17}$$

der Krümmungsradius der Wellenfront $R(z)$ beträgt hier

$$R(z) = z \cdot \left(1 + \left(\frac{z_R}{z}\right)^2\right). \tag{7.18}$$

Das Produkt aus Fernfelddivergenz und Strahltaillenradius ist ein essenzieller Parameter zur Beschreibung der Laserstrahlqualität, das **Strahlparameterprodukt** *SPP* (*beam parameter product BPP*):

$$SPP = \theta \cdot w_0. \tag{7.19}$$

Ein weiterer durch die Fernfelddivergenz gegebener Qualitätsparameter ist die bereits eingeführte Beugungsmaßzahl M^2. Diese ergibt sich aus der Modenverteilung und verknüpft die Fernfelddivergenz eines realen Laserstrahls θ_{real} mit der idealen, für einen reinen TEM_{00}-Gauß-Strahl geltenden Fernfelddivergenz $\theta_{Gauß}$ gemäß

$$M^2 = \frac{\theta_{real}}{\theta_{Gauß}}. \tag{7.20}$$

Der Zusammenhang zwischen Strahlparameterprodukt und Beugungsmaßzahl ist gegeben durch

$$M^2 = \frac{\pi \cdot \theta_{real} \cdot w_0}{\lambda} = \frac{\pi \cdot SPP}{\lambda}. \tag{7.21}$$

Sowohl die Beugungsmaßzahl als auch das Strahlparameterprodukt beschreiben die Fokussierbarkeit eines Laserstrahls. Je höher die Beugungsmaßzahl, desto schlechter kann ein Laserstrahl durch ein optisches Element fokussiert werden. Generell kann M^2 Werte ≥ 1 annehmen, wobei für einen ideal fokussierbaren Strahl $M^2 = 1$ gilt, was für einen reinen $\mathrm{TEM_{00}}$-Gauß-Strahl zutrifft. In manchen Fällen wird auch der Kehrwert der Beugungsmaßzahl, die **Strahlqualitätskennzahl** $K = 1/M^2$ $(K \leq 1)$ angegeben.

Beim Durchgang durch ein fokussierendes optisches Element oder System mit der Brennweite f wird ein „objektseitiger" Gauß-Strahl mit Strahltaillenradius w_0, Rayleigh-Länge z_R und Fernfelddivergenz θ in einen „bildseitigen" Gauß-Strahl mit dem Strahltaillenradius w_0', der Rayleigh-Länge z_R' und der Fernfelddivergenz θ' transformiert (Abb. 7.8).

Zur Bestimmung dieser Größen muss man die durch die Beugungsmaßzahl M^2 charakterisierte Fokussierbarkeit berücksichtigen. Daher müssen Gl. 7.15, 7.16, und 7.17 um M^2 erweitert werden. Man erhält dann für w_0' den Ausdruck

$$w_0' = \frac{w_0 \cdot f \cdot M^2}{\sqrt{(a-f)^2 + z_R'^2}}. \tag{7.22}$$

Der bildseitige Strahltaillenradius ist also abhängig vom Abstand a der objektseitigen Strahltaillenposition zur objektseitigen Hauptebene des fokussierenden optischen Elements. In Näherung kann w_0' auch anhand des Laserstrahlradius w_L am Ort des fokussierenden optischen Elements gemäß

$$w_0' \approx \frac{\lambda \cdot f \cdot M^2}{\pi \cdot w_L} \tag{7.23}$$

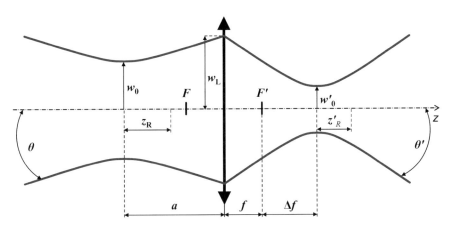

Abb. 7.8 Ausbreitungscharakteristik eines Gauß-Strahls nach Fokussierung durch ein sammelndes optisches Element (zur Erläuterung der Formelzeichen siehe Text)

bestimmt werden. Diese Näherung findet in der Praxis besonders dann Anwendung, wenn w_0 und a nicht bekannt sind. Dies ist oftmals bei der Fokussierung von Rohstrahlen der Fall, d. h., wenn weder der intrakavitäre Strahltaillenradius noch der Abstand der Strahltaillenlage innerhalb des Laserresonators zu dessen Auskoppelfenster bekannt ist.

Die bildseitige Strahltaille $z(w_0')$ befindet sich nach der Fokussierung nicht im Brennpunkt des fokussierenden optischen Elements oder Systems, wie es für ein aus dem Unendlichen kommendes, paralleles Strahlbündel in der geometrischen Optik der Fall wäre, sondern ist gegeben durch

$$z\left(w_0'\right) = f + \Delta f \tag{7.24}$$

mit

$$\Delta f = \frac{a \cdot f^2}{a^2 + z_R^2}. \tag{7.25}$$

Die bildseitige Rayleigh-Länge – ein wesentlicher Parameter in der Lasermaterialbearbeitung – ist gegeben durch

$$z_R' = \frac{\pi \cdot w_0'^2}{\lambda \cdot M^2}, \tag{7.26}$$

der bildseitige Fernfelddivergenzwinkel beträgt

$$\theta' = \frac{\lambda \cdot M^2}{\pi \cdot w_0'}. \tag{7.27}$$

Das Strahlparameterprodukt hingegen bleibt vor und nach einer Fokussierung konstant, es gilt:

$$SPP = \theta \cdot w_0 = \theta' \cdot w_0'. \tag{7.28}$$

7.5 Laseranwendungen

Die Vielzahl der heute zur Verfügung stehenden unterschiedlichen Laserquellen mit spezifischen Eigenschaften wie Wellenlänge, Leistung, Pulsdauer etc. ermöglicht eine mindestens ebenso große Zahl von Anwendungen. Viele dieser Anwendung hat der Laser sogar erst möglich gemacht.

7.5.1 Laserbasierte Fertigung

Wie eingangs erwähnt wurde bereits 1963 gezeigt, dass Laser sich zur Materialbearbeitung eignen. Das erste „Laserprodukt" waren Blenden, deren innere Öffnungen mit Durchmessern von wenigen Mikrometern mit Laserstrahlung gebohrt wurden. Diese Präzision wird dadurch möglich, dass Laserstrahlung auf sehr kleine Strahldurchmesser fokussiert werden kann. Da der Laser zudem berührungslos arbeitet, ist er zu einem unersetzlichen Instrument der Fertigungstechnologie geworden. Neben dem Bohren und Schneiden ist hier beispielsweise das auch als selektives Laserschmelzen bezeichnete Lasersintern oder Laser-3D-Drucken zu nennen. Dabei wird ein Materialpulver lokal durch einen fokussierten Laserstrahl aufgeschmolzen, wodurch sich 3D-Freiformen realisieren lassen. Dieses Verfahren eignet sich somit besonders für den Prototypenbau (Rapid-Prototyping) oder die Produktentwicklung. Laser finden zudem zahlreiche Anwendungen in Fügeprozessen. Hierzu zählt beispielsweise das Schweißen von Mikro- und Makrobauteilen, welches unter anderem in der Medizintechnik (Implantatherstellung/Prothetik), im Automobilbau (Karosseriebau) und im Schiffbau eingesetzt wird. Ein weiteres Anwendungsfeld von Lasern in der Produktion ist die Mikrostrukturierung von Grenzflächen und Oberflächen, etwa zur Fertigung von Mikrosystemen und -komponenten oder zur Datenspeicherung (siehe unten). Laser werden darüber hinaus für Beschichtungsprozesse eingesetzt, wobei das Beschichtungsmaterial durch einen Laserstrahl verdampft wird und sich anschließend auf dem zu beschichtenden Bauteil niederschlägt. Abschließend sei noch die laserbasierte Modifikation von Oberflächen genannt. Hier nutzt man Laser beispielsweise zur Wärmebehandlung von Schichten, wobei die in das Schichtmaterial eingebrachte Laserenergie eine Modifikation der Schichteigenschaften bewirkt. So ist etwa die Lasermodifikation von Siliciumschichten ein wesentlicher Verfahrensschritt in der Herstellung von Flachbildschirmen.

7.5.2 Laserbasierte Messtechnik

Der Laser ist aus der modernen Messtechnik kaum mehr fortzudenken. Auf einige laserbasierte Messmethoden zur Bestimmung von Abständen, Geschwindigkeiten oder Oberflächengeometrien wie beispielsweise die Interferometrie wurde bereits in Kap. 6 näher eingegangen. Darüber hinaus finden Laserquellen etwa in der Meteorologie in Form des sogenannten LIDAR (*light detection and ranging*) Verwendung. Dieses Verfahren arbeitet wie Radar, verwendet aber Licht anstelle von Radiowellen; es erlaubt z. B. die Detektion von Regenwolken und Nebelbänken oder von atmosphärischen Spurenstoffen. Zu den ältesten laserbasierten Messmethoden zählt die laserinduzierte Plasmaspektroskopie (*laser-induced breakdown spectroscopy*, LIBS). Hierbei verdampft und ionisiert ein fokussierter Laserstrahl einen marginalen Teil einer Materialprobe, es entsteht also ein winziges Plasma. Dieses Plasma wird nun emissionsspektroskopisch analysiert, sodass man die chemische Zusammensetzung des Probenmaterials bestimmen kann. Dieses Verfahren wird seit einigen Jahren an Bord des Roboterfahrzeugs *Curiosity* der NASA sogar auf dem Mars angewandt.

Laserabstandsmessung im Alltag
Eine zum Ärgernis mancher Autofahrer im Alltag anzutreffende Anwendung der Laserabstandsmessung ist die Geschwindigkeitskontrolle per „Blitzer". Dabei emittiert ein Sender (die „Laserpistole") zwei zeitlich versetzte Laserpulse, die vom Messobjekt reflektiert werden. Nach Messung der Pulslaufzeiten kann aus dem Laufzeitunterschied die Geschwindigkeit des reflektierenden Messobjekts, also des Autos, ermittelt werden.

7.5.3 Datenspeicherung und -übertragung

Aufgrund der winzigen Strahldurchmesser eignen sich Laserstrahlen auch zur Speicherung von großen Datenvolumina auf kleinstem Raum. Die wohl verbreitetste Methode der laserbasierten Datenspeicherung ist das Brennen von optischen Speichermedien, also CDs, DVDs und Blu-rays. Die Bezeichnung „Brennen" umschreibt hierbei den grundlegenden Mechanismus sehr treffend: Ein CD-/DVD-/Blu-ray-Rohling besteht im Wesentlichen aus einem Träger aus durchsichtigem Kunststoff (Polycarbonat) und einer Reflexionsschicht aus Aluminium. Ein fokussierter Laserstrahl, der durch den Kunststoff hindurch auf die Aluminiumschicht geführt wird, bewirkt durch Erhitzen eine lokale Änderung der Reflexionseigenschaften dieser Beschichtung. Somit werden die Daten als Abfolge von Bits, d. h. Binärinformationen („verändert"/„nicht verändert") in den Rohling „eingebrannt". Das Auslesen der Daten erfolgt wiederum mittels eines Lasers, der die erzeugten Strukturen abtastet und je nach Reflexionseigenschaften „0" oder „1" ausgibt.

Laser kommen auch bei der Datenübertragung via Glasfaserkabel zum Einsatz. Dazu wird der Laserstrahlung ein Signal aufmoduliert, was vom Empfänger am anderen Ende des Glasfaserkabels demoduliert wird. Die verwendeten Laserquellen haben Wellenlängen im nahen Infrarot, da optische Fasern dort die geringste Signaldämpfung bewirken (Abschn. 4.9.1). Die verschiedenen Dämpfungsmechanismen in optischen Fasern haben jedoch zur Folge, dass die Länge einer optischen Übertragungsstrecke limitiert ist, da das in die Faser eingekoppelte Signal stetig abgeschwächt wird. Aus diesem Grund werden in regelmäßigen Abständen in einem faserbasierten Datenübertragungsnetz optische Verstärker eingebracht. Diese bestehen aus Glasfasern, die mit einem laseraktiven Medium (z. B. Erbium) dotiert sind und optisch gepumpt werden, um eine Besetzungsinversion zu erzeugen. Passiert nun das Signal diesen Verstärker, so löst es wie im ursprünglichen Laserresonator eine stimulierte Emissionslawine aus, die das Signal verstärkt.

7.5.4 Lasermedizin

Laser haben sich in den letzten Jahrzehnten als überaus geeignet zum Einsatz in der medizinischen Diagnostik und Therapie erwiesen. Hier wird Laserlicht oftmals mittels Fasern an Diagnose- und Operationsorte im Körper transportiert, was im

Vergleich zu konventionellen Operationen einen minimalinvasiven Eingriff darstellen kann. Dabei werden Laser beispielsweise genutzt, um Knochen oder Gewebe zu schneiden, zu erwärmen, teilweise zu denaturalisieren oder gezielt zu koagulieren, also zu verkrusten. Letzterer Effekt ist besonders hilfreich zum Stoppen von Blutungen. Die jeweilige Wechselwirkung des Laserlichts mit Knochen oder Gewebe kann nahezu stufenlos über die geeignete Auswahl der Laserwellenlänge und der Pulsdauer eingestellt werden. Neben der direkten Interaktion sind noch indirekte Reaktionen wie etwa die Fluoreszenzanregung oder IR-Spektroskopie in der Diagnostik zu nennen.

Zur Diagnostik wird u. a. die Optische Kohärenztomografie (OCT) eingesetzt, um mittels Laserlicht das Innere von Licht streuendem Gewebe zu visualisieren. Ein Beispiel hierfür ist die Untersuchung des Augenhintergrundes in der Ophthalmologie, also der Augenheilkunde. Laser dienen zudem als Lichtquelle bei der Pulsoximetrie, die der Messung der Sauerstoffsättigung im Blut dient, sowie der Kapnometrie, also der Analyse der CO_2-Konzentration in der Ausatemluft. Zudem gibt es eine Vielzahl an Diagnoseverfahren, die auf dem Effekt der Laser-induzierten Fluoreszenz beruhen. Dazu zählen beispielsweise die Durchflusszytometrie zur Zellanalyse, die Fluoreszenz-basierte Kariesfrüherkennung oder die Tumordiagnose durch die Photoaktivierung fluoreszierender Stoffe wie etwa Hämatoporphyrin-Derivat.

In der Therapie werden Laser im einfachsten Fall als Wärmequelle eingesetzt, um Gewebe gezielt zu beeinflussen und zu verändern. Diese als Laserinduzierte Thermotherapie (LITT) bekannte Methode dient beispielsweise der Behandlung gutartiger und bösartiger Tumore. Darüber hinaus kann Laserlicht klassisches, mechanisch arbeitendes Operationsbesteck wie etwa Skalpelle, Sägen oder Bohrer ersetzen. Ein Beispiel hierfür ist die Perkutane Laser-Diskusdekompression (PLDD), wobei gezielt Bandscheibengewebe verdampft wird, um einen Druckabfall in angeschwollenen Bandscheiben zu erwirken. Somit können Ischias-Beschwerden gelindert und Bandscheibendefekte minimiert werden. Ein weiteres Beispiel für den Einsatz von Lasern in der Therapie ist die Laserinduzierte Schockwellenlithotripsie (LISL). Bei diesem Verfahren werden Nieren- oder Gallensteine durch auftreffende Laserstrahlung zertrümmert. Zu guter Letzt sei noch das wohl bekannteste lasermedizinische Verfahren erwähnt, die Laser-in-situ-Keratomileusis (LASIK) in der Ophthalmologie. Ziel ist hier die Korrektur von Fehlsichtigkeit. Dazu wird die Form der Augenhornhaut mittels Laserabtrag verändert, was entweder durch UV-Laser oder Ultrakurzpulslaser erfolgen kann. Im ersten Fall wird die hohe Absorption der Hornhaut für UV-Licht genutzt, um direkt an deren Oberfläche Material zu entfernen. Bei der Verwendung von Ultrakurzpulslasern mit Pulsdauern von einigen Femtosekunden wird hingegen eine dünne Scheibe aus dem Inneren der Hornhaut herausgeschnitten und anschließend entfernt. Somit bleibt die Oberfläche der Hornhaut unversehrt.

7.6 Laserquellen und Laserlicht mathematisch

7.6.1 Die wichtigsten Gleichungen auf einen Blick

Resonatorbedingung:

$$\lambda = \frac{2 \cdot l_R}{N}$$

Spiegelparameter:

$$g_{1,2} = 1 - \frac{l_R}{R_{1,2}}$$

Stabilitätskriterium (mit $g_1 \neq g_2$):

$$0 \leq g_1 \cdot g_2 \leq 1.$$

Stabilitätskriterium (mit $g_1 = g_2$):

$$-1 \leq g \leq 1$$

Pulswiederholrate:

$$f_P = \frac{c_R}{2 \cdot l_R}$$

Frequenzabstand zweier benachbarter Lasermoden:

$$\Delta f = \frac{c}{2 \cdot l_R}$$

Beugungsmaßzahl (bei rotationssymmetrischen Laserstrahlen):

$$M^2 = 2p + l + 1$$

effektive Beugungsmaßzahl (bei nichtrotationssymmetrischen Laserstrahlen):

$$M_{eff}^2 = \sqrt{M_{x,mn}^2 \cdot M_{y,nm}^2}$$

Strahltaillenlage innerhalb eines Laserresonators:

$$z_0 = l_R \cdot \frac{(1 - g_1) \cdot g_2}{g_1 + g_2 - 2 \cdot g_1 \cdot g_2}$$

Rayleigh-Länge:

$$z_R = \frac{\pi \cdot w_0^2}{\lambda}$$

Fernfelddivergenz:

$$\theta = \arctan\left(\frac{w_0}{z_R}\right) = \arctan\left(\frac{\lambda}{\pi \cdot w_0}\right)$$

Strahlradius:

$$w(z) = w_0 \cdot \sqrt{1 + \left(\frac{z}{z_R}\right)^2}$$

Krümmungsradius der Wellenfront:

$$R(z) = z \cdot \left(1 + \left(\frac{z_R}{z}\right)^2\right)$$

Strahlparameterprodukt:

$$SPP = \theta \cdot w_0$$

Strahlqualitätskennzahl:

$$K = \frac{1}{M^2}$$

Strahltaillenradius nach Fokussierung:

$$w_0' = \frac{w_0 \cdot f \cdot M^2}{\sqrt{(a - f)^2 + z_R'^2}} \approx \frac{\lambda \cdot f \cdot M^2}{\pi \cdot w_L}$$

Strahltaillenlage nach Fokussierung:

$$z(w_0') = f + \frac{a \cdot f^2}{a^2 + z_R^2}$$

Rayleigh-Länge nach Fokussierung:

$$z_R' = \frac{\pi \cdot w_0'^2}{\lambda \cdot M^2}$$

Fernfelddivergenz nach Fokussierung:

$$\theta' = \frac{\lambda \cdot M^2}{\pi \cdot w_0'}$$

7.7   Übungsaufgaben zu Laserquellen und Laserlicht

Verständnisfragen

Leser*innen des gedruckten Buches erhalten einen kostenlosen Zugang zu allen
Verständnisfragen über die Springer Nature Flashcards-App.

Rechenaufgaben

7.33

Wie lang muss der Laserresonator eines Nd:YAG-Lasers sein?

7.34

Die Spiegel eines Laserresonators mit einer Länge von $l_R = 1{,}5$ m weisen gleiche Krümmungsradien von $R_1 = R_2 = 800$ mm auf.

(a) Handelt es sich hierbei um einen stabilen Resonator?
(b) Wäre der Resonator stabil, wenn der zweite Spiegel einen Krümmungsradius von $R_2 = 600$ mm aufwiese?

7.35

Welche Länge muss ein stabiler Resonator aufweisen, dessen Spiegel gleiche Krümmungsradien ($R = 1000$ mm) haben?

7.36

Welche Resonatorlänge hat ein passiv modengekoppelter Laser, dessen Pulswiederholrate 3,95 MHz beträgt?

7.37

Ein Laserresonator habe eine Länge von $l_R = 30$ cm. Innerhalb dieses Resonators propagiere das Laserlicht mit einer Geschwindigkeit von $c = 3 \cdot 10^8$ m/s. Aufgrund der Resonatorgeometrie bilden sich zwei Moden aus, die oszillieren und verstärkt werden. Bestimmen Sie deren Frequenzabstand.

7.38

Bestimmen Sie die Beugungsmaßzahl M^2 sowie die Strahlqualitätskennzahl K für Laserstrahlen mit den in der nachfolgenden Abbildung dargestellten TEM-Modenverteilungen.

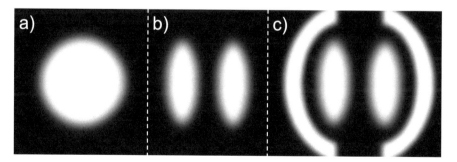

7.39

Bestimmen Sie die Lage der Strahltaille innerhalb eines Laserresonators mit einer Länge von $l_{res} = 20$ cm. Die Krümmungsradien der Resonatorspiegel betragen dabei $R_1 = 500$ mm und $R_2 = 800$ mm.

7.40

Ein Laserstrahl mit einer Wellenlänge von $\lambda = 266$ nm werde fokussiert. Nach der Fokussierung betrage der Radius der Strahltaille 30 µm. In welchem Abstand zur Strahltaille beträgt der Radius des Laserstrahls 42,4264 µm?

7.41

Bestimmen Sie den Radius eines Laserstrahls in einem Abstand von 10 cm zu dessen Strahltaille, deren Durchmesser 400 µm betragen soll. Die Wellenlänge der Laserstrahlung sei 10.600 nm.

7.42

Ein Nd:YAG-Laser, betrieben bei seiner fundamentalen Wellenlänge, emittiere einen TEM_{00}-Strahl und weise eine Rayleigh-Länge von 3 mm auf.

(a) Berechnen Sie den Strahltaillendurchmesser $2w_0$ dieses Laserstrahls.
(b) Welche Fernfelddivergenz weist der Laserstrahl auf?
(c) Bestimmen Sie das Strahlparameterprodukt des Laserstrahls.

7.43

Ein Laserstrahl mit einem Strahltaillendurchmesser von $2w_0 = 46$ µm werde am Ort $z = 6$ mm analysiert. Welchen Krümmungsradius sollte die Wellenfront an diesem Ort theoretisch aufweisen, wenn die Laserwellenlänge193 nm beträgt?

7.44

Ein Laserstrahl mit einer Rayleigh-Länge von 4 mm werde durch eine Linse mit einer Brennweite von $f = 100$ mm fokussiert. Der Abstand der Strahltaille des unfokussierten Laserstrahls zur Hauptebene dieser Linse betrage $a = 50$ cm. Bestimmen Sie den Abstand zwischen den beiden Strahltaillen vor und hinter der fokussierenden Linse.

7.45

Ein Laserstrahl mit einer Wellenlänge von 532 nm werde durch eine Linse mit einer Brennweite von 150 mm fokussiert. Der Strahldurchmesser des Laserstrahls am Ort dieser Linse betrage 9 mm.

(a) Bestimmen Sie (unter Verwendung der Näherung gemäß Gl. 7.23) den Strahltaillenradius nach der Fokussierung für eine TEM_{00}-Mode, eine TEM_{01}-Mode sowie eine TEM_{11}-Mode.
(b) Durch welche Maßnahmen können Sie den Strahltaillenradius nach einer Fokussierung prinzipiell verringern?

7.46

Ein TEM_{23}-Laserstrahl werde durch ein optisches System fokussiert. Die Strahltaille vor der Fokussierung befinde sich in einem Abstand von 2 m vor der Hauptebene dieses Systems, die Rayleigh-Länge betrage 3,5 mm. Der Abstand der Strahltaille von der Hauptebene des optischen Systems nach der Fokussierung entspreche nicht der Brennweite des Systems. Vielmehr befinde sich die Lage der Strahltaille 11 mm hinter dem nominellen Fokus. Welche Brennweite hat das optische System?

Anhang

Lösungen der Übungsaufgaben

Lösungen der Übungsaufgaben aus Kapitel 1

Verständnisfragen

Leser*innen des gedruckten Buches erhalten einen kostenlosen Zugang zu allen Verständnisfragen über die Springer Nature Flashcards-App.

Rechenaufgaben
1.29

Gemäß Gl. 1.4 ergibt sich die Energie des emittierten Photons zu

$$E_{\text{Photon}} = (-3{,}4\,\text{eV}) - (-13{,}6\,\text{eV}) = 10{,}2\,\text{eV}.$$

Dies entspricht $1{,}6342 \cdot 10^{-18}$ J. Mit Gl. 1.6 folgt eine Frequenz von

$$f = \frac{1{,}6342 \cdot 10^{-18}\,\text{J}}{6.626.070.40 \cdot 10^{-34}\,\text{Js}} = 2{,}4663 \cdot 10^{15}\,\text{Hz},$$

mit dem Planck'schen Wirkungsquantum $h = 6{,}626.070.40 \cdot 10^{-34}$ Js. Unter Zuhilfenahme von Gl. 1.6 und Einsetzen der Vakuumlichtgeschwindigkeit c_0 = 299.792.458 m/s kann nun die Wellenlänge λ der emittierten Strahlung ermittelt werden, sie beträgt

$$\lambda = \frac{299.792.458\,\dfrac{\text{m}}{\text{s}}}{2{,}4671 \cdot 10^{15}\,\text{Hz}} = 121{,}52\,\text{nm}.$$

1.30

Nach Einsetzen von Gl. 1.6 in Gl. 1.5 folgt

$$E_{\text{Photon}} = \frac{h \cdot c}{\lambda}.$$

Daraus ergeben sich mit $h = 6{,}626 \cdot 10^{-34}$ Js die gesuchten Photonenenergien zu

- $E_{Photon}(193\,nm) = 1,03 \cdot 10^{-18}\,J = 6,43\,eV$,
- $E_{Photon}(532\,nm) = 3,74 \cdot 10^{-19}\,J = 2,33\,eV$,
- $E_{Photon}(1064\,nm) = 1,87 \cdot 10^{-19}\,J = 1,17\,eV$ und
- $E_{Photon}(10600\,nm) = 1,88 \cdot 10^{-20}\,J = 0,12\,eV$.

1.31

Die Wellenlänge ergibt sich nach Umstellen von Gl. 1.6 und Einsetzen der Vakuumlichtgeschwindigkeit zu

$$\lambda = \frac{299.792.458\,m/s}{600\,THz} \approx 500\,nm.$$

1.32

Die Energieunschärfe folgt direkt aus Gl. 1.7, sie beträgt

$$\Delta E = \frac{6,626 \cdot 10^{-34}\,Js}{2\pi \cdot 2\,ns} = 5,27 \cdot 10^{-26}\,J = 3,29 \cdot 10^{-7}\,eV.$$

Die spektrale Frequenzbandbreite des Lichts ergibt sich gemäß Gl. 1.8 zu

$$\Delta f = \frac{\Delta E}{h} = 79,5\,MHz.$$

1.33

(a) Die Wellenlänge des Lichts kann durch Einsetzen von Gl. 1.6 in Gl. 1.5 und Umstellen ermittelt werden. Sie beträgt

$$\lambda = \frac{6,626.069.57 \cdot 10^{-34}\,Js \cdot 299.792.458\,m/s}{3,74 \cdot 10^{-19}\,J} = 531\,nm$$

mit der Photonenenergie $E_{Photon} = 2,33\,eV = 3,74 \cdot 10^{-19}\,J$, dem Planck'schen Wirkungsquantum $h = 6,626.070.40 \cdot 10^{-34}\,Js$ und der Vakuumlichtgeschwindigkeit $c_0 = 299.792.458\,m/s$.

(b) Aus der Wellenlänge kann nun die Periodendauer T mithilfe von Gl. 1.19 berechnet werden, sie beträgt

$$T = \frac{531\,nm}{299.792.458\,m/s} = 1,77 \cdot 10^{-17}\,s.$$

(c) Die Frequenz f der Lichtwelle beträgt

$$f = \frac{c_0}{\lambda} = \frac{1}{T} = 5,64 \cdot 10^{14}\,Hz.$$

Die Kreisfrequenz ω der Lichtwelle ergibt sich dann aus Gl. 1.21 zu

$$\omega = 2\pi \cdot 563,26\,THz = 3,55 \cdot 10^{15}\,Hz.$$

1.34

Zur Bestimmung der Kohärenzzeit und Kohärenzlänge ist vorab die spektrale Frequenzbandbreite zu ermitteln. Diese beträgt gemäß Gl. 1.8

$$\Delta f = \frac{1}{8\,\text{ns} \cdot 2\pi} = 19{,}9\,\text{MHz}.$$

Die Kohärenzzeit ergibt sich dann gemäß Gl. 1.24 zu

$$t_k = \frac{1}{19{,}9\,\text{MHz}} = 50{,}3\,\text{ns}.$$

In Vakuum ($n = 1$) beträgt die Kohärenzlänge gemäß Gl. 1.25

$$l_k = \frac{299.792.458\,\text{m/s}}{19{,}9\,\text{MHz} \cdot 1} = 15{,}07\,\text{m}.$$

1.35

Zur Berechnung der optischen Eindringtiefe ist vorab die Bestimmung des Absorptionskoeffizienten α für die gegebene Wellenlänge notwendig. Dieser ergibt sich gemäß Gl. 1.26 zu

$$\alpha = \frac{4\pi \cdot 9{,}1261 \cdot 10^{-9}}{405\,\text{nm}} = 0{,}002.832\,\text{cm}^{-1}.$$

Mit Gl. 1.27 ergibt sich die gesuchte optische Eindringtiefe dann zu

$$d_{\text{opt}} = \frac{1}{0{,}002.832\,\text{cm}^{-1}} = 353{,}15\,\text{cm}.$$

1.36

Die Schallwelle hat die Wellenlänge

$$\lambda_S = \frac{4500\,\text{m/s}}{150\,\text{MHz}} = 3 \cdot 10^{-5}\,\text{m}.$$

Gemäß Gl. 1.30 beträgt dann die Ablenkung der ersten Beugungsordnung

$$\theta_{\text{AO}} = \arcsin\left(\frac{1064\,\text{nm}}{2 \cdot 3 \cdot 10^{-5}\,\text{m}}\right) = 1{,}02^{\circ}.$$

1.37

Die benötigte magnetische Flussdichte ergibt sich nach Umstellen von Gl. 1.32 zu

$$B = \frac{0{,}79\,\text{rad}}{5\,\text{cm} \cdot 134\,\text{rad/T} \cdot \text{m}} = 0{,}12\,\text{T}.$$

mit $\theta_P = 45^{\circ} = 0{,}79$ rad.

Lösungen der Übungsaufgaben aus Kapitel 2
Verständnisfragen
Leser*innen des gedruckten Buches erhalten einen kostenlosen Zugang zu allen
Verständnisfragen über die Springer Nature Flashcards-App.

Rechenaufgaben
2.25

(a) Nach Einsetzen der Werte in Gl. 2.1,

$$n_{Medium} = \frac{c_0}{c_{Medium}},$$

ergibt sich der Brechungsindex n_{Medium} zu 1,46.
(b) Es handelt sich bei dem optischen Medium um Quarzglas.

2.26
Zur Berechnung der Phasengeschwindigkeit der Lichtwelle ist vorab die Licht-
geschwindigkeit c_{Medium} innerhalb des gegebenen optischen Mediums zu ermitteln.
Gemäß Gl. 2.1 ergibt sich diese zu

$$c_{Medium} = \frac{299.792.458 \, m/s}{1,65} = 181.692.399 \, m/s.$$

Die Frequenz der Lichtwelle f_{Medium} innerhalb des Medium beträgt dann gemäß Gl. 1.6

$$f = \frac{181.692.399 \, m/s}{785 \, nm} = 2,31 \cdot 10^{14} \, Hz.$$

Aus Gl. 1.23 folgt die gesuchte Phasengeschwindigkeit dann zu

$$v_{Ph} = 2,32 \cdot 10^{14} \, Hz \cdot 785 \, nm = 181.692.399 \, m/s$$

sie entspricht der Lichtgeschwindigkeit innerhalb des Mediums c_{Medium}.
2.27
Auflösen von Gl. 2.2 nach dem Brechungsindex und Einsetzen der Werte ergibt

$$n = \frac{OWL}{d} = 1,8.$$

2.28
Zur Bestimmung der Ablenkung δ des Lichtstrahls von seiner ursprünglichen
Ausbreitungsrichtung muss vorab der Brechungswinkel ε' berechnet werden. Die-
ser ergibt sich gemäß Gl. 2.4,

$$\varepsilon' = \arcsin\left(\frac{n_1 \cdot \sin\varepsilon}{n_2}\right),$$

zu 32,12°. Somit beträgt die Ablenkung gemäß Gl. 2.5

$$\delta = 45° - 32{,}12° = 12{,}88°.$$

2.29

Aus Gl. 2.4 folgt für den Brechungsindex vor der Grenzfläche

$$n_1 = \frac{\sin \varepsilon_2 \cdot n_2}{\sin \varepsilon_1} = \frac{\sin 33{,}146° \cdot 1{,}72}{\sin 45°} = 1{,}33.$$

Bei dem Medium vor der Grenzfläche handelt es sich somit um Wasser.

2.30

Die Doppelbrechung ergibt sich direkt aus Gl. 2.12 zu

$$\Delta n_{DB} = 1{,}47 - 1{,}306 = 0{,}164.$$

2.31

(a) Nach Einsetzen der gegebenen Werte in Gl. 2.18 folgt

$$T_{rein} = e^{-\frac{0{,}001.604.5}{cm} \cdot 1cm} = 0{,}9984.$$

Es werden also 99,84 % der einfallenden Intensität transmittiert.

(b) Auflösen von Gl. 2.18 nach der Dicke d führt auf eine Logarithmusfunktion (Umkehrfunktion der Exponentialfunktion):

$$d = \frac{ln T_{rein}}{-\alpha}.$$

Der Reintransmissionsgrad beträgt 10 % = 0,1. Nach Einsetzen der Werte für T_{rein} und α ergibt sich d zu

$$d = \frac{\ln 0{,}1}{-0{,}001.604.5 \, cm^{-1}} = 1435 \, cm.$$

2.32

Aus Gl. 2.23,

$$R = r^2 = \left(\frac{n_2 - n_1}{n_2 + n_1}\right)^2,$$

folgt direkt:

(a) $R_{Luft–Glas} = 4\,\%$

(b) $R_{Wasser–Glas} = 0{,}36\,\%.$

(c) Die unterschiedlichen Reflexionsgrade liegen in der jeweiligen Differenz der Brechungsindizes begründet. Gemäß Gl. 2.6 beträgt die relative Brechzahl n_{rel} für die Grenzfläche Luft–Glas 1,5 und für die Grenzfläche Wasser–Glas 1,13.

2.33

(a) Die Berechnung der Reflexionsgrade für senkrecht und parallel polarisiertes Licht erfolgt über die Fresnel'schen Formeln, gegeben durch Gl. 2.24 und 2.25. Diese wurden nachfolgend so umgestellt, dass der Brechungswinkel ε' darin über das Snellius'sche Brechungsgesetz substituiert wurde. Die Fresnel'schen Formeln lauten dann

$$R_s(\varepsilon) = \left[\frac{n_1 \cdot \cos\varepsilon - n_2 \cdot \sqrt{1 - \left(\dfrac{n_1}{n_2} \cdot \sin\varepsilon\right)^2}}{n_1 \cdot \cos\varepsilon + n_2 \cdot \sqrt{1 - \left(\dfrac{n_1}{n_2} \cdot \sin\varepsilon\right)^2}}\right]^2$$

und

$$R_p(\varepsilon) = \left[\frac{n_1 \cdot \sqrt{1 - \left(\dfrac{n_1}{n_2} \cdot \sin\varepsilon\right)^2} - n_2 \cdot \cos\varepsilon}{n_1 \cdot \sqrt{1 - \left(\dfrac{n_1}{n_2} \cdot \sin\varepsilon\right)^2} + n_2 \cdot \cos\varepsilon}\right]^2.$$

Somit ergibt sich für senkrecht polarisiertes Licht ein Reflexionsgrad von

$$R_s(\varepsilon) = \left[\frac{1,0003 \cdot \cos 56,294^\circ - 1,499.55 \cdot \sqrt{1 - \left(\dfrac{1,0003}{1,499.55} \cdot \sin 56,294^\circ\right)^2}}{1,0003 \cdot \cos 56,294^\circ + 1,499.55 \cdot \sqrt{1 - \left(\dfrac{1,0003}{1,499.55} \cdot \sin 56,294^\circ\right)^2}}\right]^2 = 0,$$

$$1475 = 14,75\%.$$

Für parallel polarisiertes Licht beträgt der Reflexionsgrad

$$R_p(\varepsilon) = \left[\frac{1,0003 \cdot \sqrt{1 - \left(\dfrac{1,0003}{1,49955} \cdot \sin 56,294^\circ\right)^2} - 1,49955 \cdot \cos 56,294^\circ}{1,0003 \cdot \sqrt{1 - \left(\dfrac{1,0003}{1,49955} \cdot \sin 56,294^\circ\right)^2} + 1,49955 \cdot \cos 56,294^\circ}\right]^2 = 4,5 \cdot$$

$$10^{-13} \approx 0\%.$$

Natürlich führt die Berechnung über die ursprünglichen Fresnel'schen Formeln zum selben Ergebnis, wobei hier vorab der Brechungswinkel unter Zuhilfenahme des Snellius'schen Brechungsgesetzes ermittelt werden muss.

(b) Unter den gegebenen Bedingungen beträgt der Reflexionsgrad für parallel pola- risiertes Licht (nahezu) 0. Der gegebene Einfallswinkel entspricht damit (na- hezu) dem für die Brechungsindexunterschiede an der Grenzfläche geltenden Brewster-Winkel ε_B. Dieser beträgt hier gemäß Gl. 2.27

$$\varepsilon_B = \arctan\left(\frac{1,499.55}{1,0003}\right) = 56,294^\circ.$$

2.34

Die Berechnung der jeweiligen Brewster-Winkel erfolgt mittels Gl. 2.27. Daraus ergibt sich für die gesuchten Winkeldifferenzen $\Delta \varepsilon_B$:

(a) $\Delta\varepsilon_B = \arctan\left(\dfrac{n_{\text{Wasser}}}{n_{\text{Quarzglas}}}\right) - \arctan\left(\dfrac{n_{\text{Luft}}}{n_{\text{Quarzglas}}}\right) = 42{,}33^\circ - 34{,}42^\circ = 7{,}91^\circ$

(b) $\Delta\varepsilon_B = \arctan\left(\dfrac{n_{\text{Wasser}}}{n_{\text{Diamant}}}\right) - \arctan\left(\dfrac{n_{\text{Luft}}}{n_{\text{Diamant}}}\right) = 28{,}79^\circ - 22{,}46^\circ = 6{,}33^\circ$

2.35

(a) Der gesuchte Brechungsindex n_{Medium} ergibt sich nach Umstellen von Gl. 2.27 zu

$$n_{\text{Medium}} = \tan\varepsilon_B \cdot n_{\text{Luft}} = 1{,}5.$$

(b) In Wasser hätte man einen Brewster-Winkel von

$$\varepsilon_B = \arctan\left(\frac{1{,}5}{1{,}33}\right) = 48{,}44^\circ.$$

2.36

(a) Der zugrundeliegende Effekt ist die Totalreflexion an der Grenzfläche Wasser–Luft.

(b) Die Bestimmung des Kreisdurchmessers D ergibt sich trigonometrisch, vgl. die Skizze.

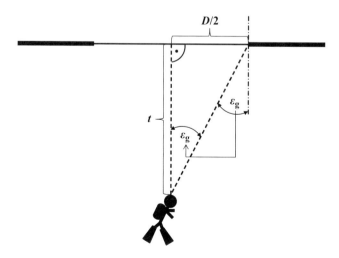

—— transparente Wasseroberfläche

▬▬ spiegelnde Wasseroberfläche

Zunächst muss der Grenzwinkel der Totalreflexion ε_g an der Grenzfläche Wasser – Luft berechnet werden, man erhält mit Gl. 2.28

$$\varepsilon_g = \arcsin\left(\frac{1}{1{,}33}\right) = 48{,}75°.$$

Es gilt weiterhin

$$\tan\varepsilon_g = \frac{D/2}{t},$$

somit ergibt sich der Durchmesser des transparenten Kreises zu

$$D = 2\cdot\tan\varepsilon_g\cdot t = 22{,}81\,\text{m}.$$

(c) Weiter oben im Wasser beträgt der Kreisdurchmesser $D_{t=5\,\text{m}} = 11{,}41$ m bzw. $D_{t=2\,\text{m}} = 4{,}56$ m.

2.37

(a) Gemäß Gl. 2.28 beträgt der Grenzwinkel der Totalreflexion für den Fall einer regennassen Frontscheibe

$$\varepsilon_g = \arcsin\left(\frac{1{,}33}{1{,}52}\right) = 61{,}04°.$$

Dieser Winkel ist kleiner als der eingestellte Winkel von 64°, der Lichtstrahl würde also ausgekoppelt und der Regensensor würde ansprechen.

(b) Bei einer Reinigung der Frontscheibe mit Ethanol würde der Regensensor ebenfalls reagieren, da der hierbei geltende Grenzwinkel

$$\varepsilon_g = \arcsin\left(\frac{1{,}36}{1{,}52}\right) = 63{,}47°$$

ebenfalls kleiner als der eingestellte Winkel von 64° ist.

2.38

(a) Der Gangunterschied ergibt sich aus den jeweiligen optischen Weglängen OWL beider Teilstrahlen. Für den ersten Teilstrahl beträgt diese gemäß Gl. 2.2,

$$OWL = n\cdot d,$$

$OWL_1 = 10$ cm. Die optische Weglänge des zweiten Teilstrahls, OWL_2, setzt sich aus drei Komponenten zusammen: der Strecke in Luft von insgesamt 7 cm, der Strecke in Glas von insgesamt 1 cm sowie der Strecke in Öl von 2 cm. Damit ergibt sich OWL_2 zu

$$OWL_2 = n_{\text{Luft}}\cdot d_{\text{Luft}} + n_{\text{Glas}}\cdot d_{\text{Glas}} + n_{\text{Öl}}\cdot d_{\text{Öl}} = 7\,\text{cm}$$
$$+1{,}4\,\text{cm} +2{,}9\,\text{cm} = 11{,}3\,\text{cm}.$$

Der Gangunterschied beträgt also

$$\Delta s = 11{,}3\,\text{cm} - 10\,\text{cm} = 1{,}3\,\text{cm}.$$

(b) Bei den wieder vereinigten Strahlen können Interferenzeffekte auftreten, da der Gangunterschied Δs kleiner als die Kohärenzlänge l_k des Helium-Neon-Lasers ist.

2.39

(a) Die Berechnung der Winkel der Beugungsmaxima erfolgt mithilfe von Gl. 2.36 gemäß

$$\beta_{max} = \pm\arcsin\left(\frac{(m+0,5)\cdot 0,405\,\mu m}{500\,\mu m}\right).$$

Diese betragen dann:

- β_{max} ($m = 1$) = 0,07°,
- β_{max} ($m = 2$) = 0,12° und
- β_{max} ($m = 3$) = 0,16°.

(b) Zur Einordnung des vorliegenden Beugungstyps wird die Fresnel-Zahl F über Gl. 2.39 bestimmt. Diese beträgt

$$F = \frac{\left(\dfrac{500\,\mu m}{2}\right)^2}{1000\,\mu m \cdot 0,405\,\mu m} \approx 154$$

und kann somit als groß gegen 1 angesehen werden, es liegt also der Grenzfall der geometrischen Optik vor.

Lösungen der Übungsaufgaben aus Kapitel 3
Verständnisfragen
Leser*innen des gedruckten Buches erhalten einen kostenlosen Zugang zu allen Verständnisfragen über die Springer Nature Flashcards-App.

Rechenaufgaben
3.26

Eine Aussage darüber, ob es sich bei dem gegebenen Glas um ein Kron- oder ein Flintglas handelt, kann durch die Ermittlung der Abbe-Zahl getroffen werden. Wählt man dazu die Abbe-Zahl ν_e, so benötigt man zunächt die Brechungsindizes n_e, $n_{F'}$ und $n_{C'}$. Diese können unter Verwendung der gegebenen Sellmeier-Koeffizienten über die Sellmeier-Gleichung,

$$n(\lambda) = \sqrt{1 + \frac{B_1 \cdot \lambda^2}{\lambda^2 - C_1} + \frac{B_2 \cdot \lambda^2}{\lambda^2 - C_2} + \frac{B_3 \cdot \lambda^2}{\lambda^2 - C_3}},$$

bestimmt werden. Dabei ist für die Wellenlänge λ jeweils 546,0740 nm, 479,9914 nm bzw. 643,8469 nm einzusetzen (hierbei handelt es sich um die Fraunhofer-Linien e, F' und C'; achten Sie auf die Wellenlängeneinheiten der Sellmeier-Koeffizienten). Daraus ergeben sich die gesuchten Brechungsindizes zu

- $n_e = 1{,}518.72$,
- $n_{F'} = 1{,}522.83$ und
- $n_{C'} = 1{,}514.72$.

Nach Einsetzen der ermittelten Brechungsindizes in Gl. 3.3 ergibt sich die Abbe-Zahl ν_e zu

$$\nu_e = \frac{1{,}518.72 - 1}{1{,}522.83 - 1{,}514.72} = 63{,}96.$$

Dieser Wert ist deutlich größer als der Grenzwert von $\nu_e = 50$, es handelt sich somit um ein Kronglas.

3.27

(a) Die jeweiligen Abbe-Zahlen ergeben sich aus Gl. 3.3 und 3.4 zu

$$\nu_e = \frac{1{,}704.38 - 1}{1{,}716.77 - 1{,}693.26} = 29{,}96$$

bzw.

$$\nu_d = \frac{1{,}698.92 - 1}{1{,}715.36 - 1{,}692.22} = 30{,}20.$$

Die Differenz $\nu_d - \nu_e$ beträgt somit 0,24.

(b) Beide Abbe-Zahlen sind deutlich kleiner als der Grenzwert von 50, es handelt sich somit um ein Flintglas. Dies wird aber auch schon aus den relativen großen Brechungsindices ersichtlich.

3.28

Bei den gegebenen Wellenlängen handelt es sich um die Fraunhofer-Linien e, F' und C' (Tab. 3.2). Die Dispersionseigenschaften können also durch Berechnen der Abbe-Zahl

$$\nu_e = \frac{n_e - 1}{n_{F'} - n_{C'}}$$

(Gl. 3.3) bestimmt werden. Es ergeben sich folgende Abbe-Zahlen:

- Medium 1: $\nu_e = 72{,}43$
- Medium 2: $\nu_e = 25{,}46$

Medium 1 weist somit eine geringe, Medium 2 hingegen eine hohe Dispersion auf.

3.29

Zur Berechnung kann Gl. 2.23 herangezogen werden,

$$R = \left(\frac{n_{Glas} - n_{Luft}}{n_{Glas} + n_{Luft}} \right)^2,$$

da der Einfallswinkel 0° beträgt. Durch Umstellen von Gl. 2.23 nach dem gesuchten Brechungsindex n_{Glas} erhält man:

$$n_{Glas} = \frac{n_{Luft} \cdot \left(\sqrt{R} + 1\right)}{1 - \sqrt{R}}.$$

Nach Einsetzen der gegebenen Reflexionsgrade in diese Gleichung ergibt sich (beachten Sie die Reihenfolge der Linien!):

- n_{Glas} (546 nm) = 1,7998
- n_{Glas} (480 nm) = 1,8087 und
- n_{Glas} (644 nm) = 1,7771.

Die Identifikation der Glassorte erfolgt über die Bestimmung der Abbe-Zahl. Nach Einsetzen der errechneten Werte für die Brechungsindizes in Gl. 3.3,

$$\nu_e = \frac{n_e - 1}{n_{F'} - n_{C'}},$$

ergibt sich $\nu_e = 25, 31$. Dieser Wert ist signifikant kleiner als der Grenzwert $\nu_e = 50$, es handelt sich also um ein Flintglas (in vorliegendem Fall um ein sogenanntes Schwerflintglas).

3.30
Nach Auflösen von Gl. 3.5 nach der Hauptdispersion ($n_F - n_C$) und Einsetzen der Werte ergibt sich diese zu

$$n_F - n_C = \frac{1,498.45 - 1,497}{0,2388} = 0,006.07.$$

3.31
Nach Umstellen von Gl. 3.3 und Einsetzen der gegebenen Werte ergibt sich n_e zu

$$n_e = \nu_e \cdot \left(n_{F'} - n_{C'}\right) + 1 = 1,518.47.$$

3.32
Nach Umstellen von Gl. 3.6 ergibt sich die mechanische Spannung zu

$$\sigma_m = \frac{6,5475 \cdot 10^{-3}\, mm^2}{10 \cdot 2,91 \cdot 10^{-6}\, \frac{mm^2}{N} \cdot 5\,mm} = 45\, \frac{N}{mm^2}.$$

3.33
Die gesuchte Dicke des Glasprüflings kann durch Umstellen von Gl. 3.7 bestimmt werden:

$$d = \frac{316,5\,nm}{2 \cdot 2,532 \cdot 10^{-6}} = 6,25\,cm.$$

mit $\lambda/2 = 316{,}5$ nm.

3.34

(a) Nach Umstellen von Gl. 3.11 und Einsetzen der Werte ergibt sich die Längenänderung des Stabs aus Glaskeramik zu

$$\Delta l = \alpha_{th} \cdot l_0 \cdot \Delta T = 3 \cdot 10^{-5} \text{ mm}.$$

(b) Analog zu a) beträgt die Längenänderung des Stabs aus optischem Glas $3{,}81 \cdot 10^{-3}$ mm und ist somit erheblich größer als die Längenänderung des Stabes aus Glaskeramik.

Lösungen der Übungsaufgaben aus Kapitel 4
Verständnisfragen
Leser*innen des gedruckten Buches erhalten einen kostenlosen Zugang zu allen Verständnisfragen über die Springer Nature Flashcards-App.

Rechenaufgaben
4.19
Nach Einsetzen der gegeben Werte in Gl. 4.1,

$$V_p = d \cdot \sin \varepsilon_{ein} \cdot \left(1 - \frac{\cos \varepsilon_{ein}}{\sqrt{n^2 - \sin^2 \varepsilon_{ein}}} \right),$$

erhält man $V_P = 3{,}4$ mm für $n = 1{,}4$ und $V_P = 5$ mm für $n = 1{,}8$. Der Unterschied beträgt somit 1,6 mm.

4.20
Der Strahlverlauf durch die drei Platten kann mithilfe des Snellius'schen Brechungsgesetzes gemäß Gl. 2.3 berechnet werden. Der Brechungswinkel an der ersten Grenzfläche Luft–Platte A beträgt somit

$$\varepsilon' = \arcsin\left(\frac{1 \cdot \sin 40°}{1{,}5} \right) = 25{,}37°.$$

Analog dazu betragen die Brechungswinkel an der Grenzfläche von Platte A zu Platte B 20,92° und an der Grenzfläche von Platte B zu Platte C 27,33°. Daraus folgt ein Austrittswinkel an der Grenzfläche von Platte C zu Luft von 40°. Der Austritts-winkel entspricht somit dem Einfallswinkel, da die drei planparallelen Platten in Summe wie eine planparallele Platte wirken und somit keine Ablenkung des Licht-strahls von seiner ursprünglichen Ausbreitungsrichtung auftritt. Dies trifft generell für jede Kombination optischer Gläser zu, solange die Umgebungsmedien vor und nach dem Plattenstapel den gleichen Brechungsindex aufweisen.

4.21
Durch Auflösen von Gl. 4.2 nach dem gesuchten Brechungsindex,

$$n = \frac{d}{d - V_{BE}},$$

und Einsetzen der gegebenen Werte ergibt sich dieser zu 1,65.

4.22

Die Abbe-Zahl ν_e ist durch die Brechungsindizes bei den genannten Fraunhofer-Linien gegeben. Diese Brechungsindizes können nach Umstellen von Gl. 4.3 nach dem Brechungsindex gemäß

$$n = \frac{\delta}{\gamma} + 1$$

bestimmt werden. Daraus ergeben sich die Brechungsindizes des Keilmaterials zu

- $n_e = 1,571.25$,
- $n_{F'} = 1,576.49$ und
- $n_{C'} = 1,566.24$.

Nach Einsetzen der so ermittelten Brechungsindizes in Gl. 3.3 ergibt sich die gesuchte Abbe-Zahl dann zu

$$\nu_e = \frac{1,571.25 - 1}{1,576.49 - 1,566.24} = 55,732.$$

4.23

Aus den gegebenen Parametern ergibt sich gemäß Gl. 4.4 nach Brechung des Lichtstrahls an der ersten Grenzfläche ein Brechungswinkel von

$$\varepsilon_1' = \arcsin\left(\frac{\sin 27^\circ}{1,5}\right) = 17,62^\circ.$$

Nach Einsetzen von ε_1' in Gl. 4.5 folgt

$$\varepsilon_2 = 60^\circ - 17,62^\circ = 42,38^\circ.$$

Nach Einsetzen von ε_2 in Gl. 4.6 ergibt sich für ε_2' **keine Lösung**, da das Argument des Arkussinus > 1 ist. Somit kann auch die Ablenkung δ über Gl. 4.7 nicht bestimmt werden.

Zur Interpretation: Der Winkel ε_2' kann nicht bestimmt werden, da ε_2 an der Grenzfläche Prisma-Luft größer ist als der Grenzwinkel der Totalreflexion. Dieser beträgt gemäß Gl. 2.28

$$\varepsilon_g = \arcsin\left(\frac{1}{1,5}\right) = 41,81^\circ < \varepsilon_2 = 42,38^\circ.$$

4.24

Nach Umstellen von Gl. 4.7 ergibt sich für den Prismenwinkel

$$\gamma = \varepsilon_1 + \varepsilon_2' - \delta.$$

Der noch unbekannte Austrittswinkel ε_2' nach Brechung des Lichtstrahls an der zweiten Grenzfläche des Prismas folgt aus Gl. 4.6 zu

$$\varepsilon_2' = \arcsin\left(1,52 \cdot \sin 40,2^\circ\right) = 78,84^\circ.$$

Somit beträgt der Prismenwinkel

$$\gamma = 15^{\circ} + 78,84^{\circ} - 43,84^{\circ} = 50^{\circ}.$$

4.25

(a) Durch Einsetzen der gegeben Werte in Gl. 4.1 erhält man den gesuchten Brechungsindex gemäß

$$n = \frac{\sin\dfrac{37,18^{\circ} + 60^{\circ}}{2}}{\sin\dfrac{60^{\circ}}{2}} = 1,5.$$

(b) Der Einfallswinkel auf der ersten Grenzfläche des Prismas ergibt sich im vorliegenden Falle des Minimums der Ablenkung gemäß Gl. 4.9 zu

$$\varepsilon_1 = \varepsilon_2' = \arcsin\left(1,5 \cdot \sin\frac{60^{\circ}}{2}\right) = 48,6^{\circ}.$$

4.26

Zur Bestimmung des Dispersionswinkels berechnet man vorab die wellenlängenabhängigen Ablenkungen $\delta(\lambda_1)$ und $\delta(\lambda_2)$, gemäß der Vier-Schritt-Methode aus Abschn. 4.2 unter Zuhilfenahme von Gl. 4.4, 4.5, 4.6 und 4.7. Daraus ergibt sich für $\lambda_2 = 405$ nm über

$$\varepsilon_1' = \arcsin\left(\frac{\sin 15^{\circ}}{1,84}\right) = 8,09^{\circ},$$

$$\varepsilon_2 = 40^{\circ} - 8,09^{\circ} = 31,91^{\circ} \text{ und}$$

$$\varepsilon_2' = \arcsin\left(1,84 \cdot \sin 31,91^{\circ}\right) = 76,56^{\circ}$$

für λ_2 eine Ablenkung von

$$\delta(\lambda_2) = 15^{\circ} + 76,56^{\circ} - 40^{\circ} = 51,56^{\circ}.$$

Analog dazu ergeben sich für $\lambda_1 = 656$ nm ε_1' zu 8,36°, ε_2 zu 31,64°, ε_2' zu 69,03° und folglich $\delta(\lambda_2)$ zu 44,03°. Nach Einsetzen beider ermittelten Ablenkungen in Gl. 4.11 erhält man für den Dispersionswinkel

$$\delta_{\mathrm{D}} = 51,56^{\circ} - 44,03^{\circ} = 7,53^{\circ}.$$

4.27

(a) Die Brennweite des Wölbspiegels beträgt gemäß Gl. 4.12 $f = R/2 = 100$ mm.

(b) Die Berechnung der Brennweiten bei einer Strahleinfallshöhe von 50 mm, 100 mm bzw. 150 mm erfolgt mittels Gl. 4.13, gegeben durch

$$f = R \cdot \left(1 - \frac{1}{2 \cdot \cos \varepsilon}\right).$$

Dazu ist zunächst die Ermittlung des jeweiligen Einfallswinkels ε nötig, der sich mit der trigonometrischen Beziehung

$$\sin \varepsilon = \frac{h}{R}$$

ergibt, siehe dazu die nachfolgende Skizze.

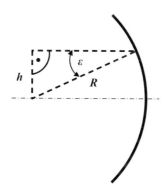

Die Einfallswinkel betragen dann

- $\varepsilon = 14{,}48°$ für $h = 50$ mm,
- $\varepsilon = 30°$ für $h = 100$ mm und
- $\varepsilon = 48{,}59°$ für $h = 150$ mm.

Nach Einsetzen in Gl. 4.13 ergeben sich die jeweiligen Brennweiten zu

- $f = 96{,}72$ mm für $h = 50$ mm,
- $f = 84{,}53$ mm für $h = 100$ mm und
- $f = 48{,}82$ für $h = 150$ mm.

Die Brennweiten ändern sich im Vergleich zum eingangs betrachteten Fall einer geringen Strahleinfallshöhe also um die Beträge

- $\Delta f = 3{,}28$ mm für $h = 50$ mm,
- $\Delta f = 15{,}47$ mm für $h = 100$ mm und
- $\Delta f = 51{,}18$ mm für $h = 150$ mm.

4.28

(a) Gemäß Gl. 4.15 ergibt sich die Brennweite zu

$$f = \frac{1}{1,5-1} \cdot \left(\frac{50\,\text{mm} \cdot (-100\,\text{mm})}{(-100\,\text{mm}) - 50\,\text{mm}} \right) = 66,7\,\text{mm}$$

(b) Nach Einsetzen der Werte in Gl. 4.18 ergibt sich die Brennweite zu

$$f = \frac{1}{1,5-1} \cdot \frac{1,5 \cdot 50\,\text{mm} \cdot (-100\,\text{mm})}{(1,5-1) \cdot 80\,\text{mm} + 1,5 \cdot ((-100\,\text{mm}) - 50\,\text{mm})}$$
$$= 81,1\,\text{mm}.$$

(c) Die Mittendicke einer Linse hat einen merklichen Einfluss auf die Brennweite einer Linse, im vorliegenden Fall ist die Brennweite 14,4 mm größer als bei einer dünnen Linse mit gleichen Krümmungsradien.

4.29

Gemäß Gl. 4.16 beträgt die Brennweite f_{bi} der symmetrisch bikonvexen dünnen Linse

$$f_{\text{bi}} = \frac{1}{1,54-1} \cdot \frac{100\,\text{mm}}{2} = 92,59\,\text{mm}.$$

Die Brennweite der plankonvexen dünnen Linse folgt aus Gl. 4.17 zu

$$f_{\text{pk}} = \frac{100\,\text{mm}}{1,54-1} = 185,19\,\text{mm}.$$

Die Brennweite der bikonvexen Linse ist doppelt so groß wie die der plankonvexen Linse.

4.30

Die gesuchten Krümmungsradien ergeben sich nach Umstellen von Gl. 4.16 und 4.17. Daraus folgt für eine symmetrisch bikonvexe Linse ein erforderlicher Krümmungsradius von

$$R = 2 \cdot 100\,\text{mm} \cdot (1,55-1) = 110\,\text{mm}$$

und für eine plankonvexe Linse ein Krümmungsradius von

$$R = 100\,\text{mm} \cdot (1,55-1) = 55\,\text{mm}.$$

4.31

Auflösen von Gl. 4.19 nach dem gesuchten Brechungsindex ergibt

$$n = 1 + \frac{R^2}{2 \cdot f \cdot d} + \sqrt{\left(\frac{R^2}{2 \cdot f \cdot d} + 1 \right)^2 - 1}.$$

Nach Einsetzen der gegeben Werte berechnet sich der Brechungsindex zu $\approx 1,438$.

4.32

Aus Gl. 4.2 und aufgrund der Tatsache, dass eine Dioptrie der Kehrwert eines Meters ist (1 dpt = 1 m^{-1}), ergibt sich die Brennweite zu

$$f = \frac{1}{60\,\text{dpt}} = 16,7\,\text{mm}.$$

4.33

Durch Umstellen von Gl. 4.21 und Einsetzen von gegebener Schichtdicke und Wellenlänge ergibt sich der Brechungsindex des Schichtmaterials zu

$$n_{\text{Schicht}}\left(\lambda\right) = \frac{589\,\text{nm}}{2 \cdot 135\,\text{nm}} = 2,18.$$

Dies entspricht dem Brechungsindex n_D des in Tab. 4.1 gelisteten Schichtmaterials Zirconiumdioxid.

4.34

Gemäß Gl. 4.21 und 4.23 ergeben sich die Schichtdicken zu

$$d_{\text{Schicht}}\left(\lambda\right) = \frac{1064\,\text{nm}}{2 \cdot 1,6} = 332,5\,\text{nm}$$

für den Fall einer konstruktiven Interferenz und zu

$$d_{\text{Schicht}}\left(\lambda\right) = \frac{1064\,\text{nm}}{4 \cdot 1,6} = 166,25\,\text{nm}$$

für eine destruktive Interferenz.

4.35

Da ein Reflexionsmaximum vorliegt, muss konstruktive Interferenz vorliegen. Daher berechnet man den Brechungsindex über die nach $n\left(\lambda\right)$ aufgelöste Gl. 4.21 gemäß

$$n_{\text{Schicht}}\left(\lambda\right) = \frac{633\,\text{nm}}{300\,\text{nm}} = 2,11.$$

4.36

Die Brechungsindizes der vorgegebenen Schichtmaterialien können aus Tab. 4.1 entnommen werden, sie betragen $n_{M1} = 2,52$ (Titanoxid) bzw. $n_{M2} = 1,38$ (Magnesiumfluorid). Durch Einsetzen dieser Werte in Gl. 4.23 ergibt sich die Gesamtreflexion des Schichtsystems zu

$$R_{\text{tot}} = \left(\frac{1 - \left(\frac{2,52}{1,38}\right)^{10}}{1 + \left(\frac{2,52}{1,38}\right)^{10}} \right)^{2} = 0,9903 = 99,03\%.$$

4.37

Eine $\lambda/2$-Platte für eine Wellenlänge von 1064 nm muss eine optische Weglängendifferenz $d \cdot (n_{\text{langsam}} - n_{\text{schnell}})$ von 532 nm aufweisen (Gl. 4.3). Somit erhält man für die Dicke der Platte

$$d = \frac{532\,\text{nm}}{0,164} = 3,24\,\mu m.$$

4.38

(a) Der Akzeptanzwinkel der Faser ergibt sich gemäß Gl. 4.30 zu

$$\theta_{max} = \arcsin\left(\sqrt{1,5^2 - 1,45^2}\right) = 22,59°.$$

Gemäß Gl. 4.31 beträgt die Numerische Apertur dann

$$NA = \sin\theta_{max} = 0,38.$$

(b) Der Brechungsindex des Umgebungsmediums Wasser kann aus Tab. 2.1 entnommen werden, er beträgt 1,33. Nach Einsetzen der Werte in Gl. 4.30 ergibt sich der Akzeptanzwinkel dann zu

$$\theta_{max} = \arcsin\left(1,33 \cdot \sqrt{1,5^2 - 1,45^2}\right) = 30,72°$$

und die Numerische Apertur somit zu 0,51. Hervorgerufen durch die Änderung des Umgebungsmediums vergrößert sich der Akzeptanzwinkel also um 8,13° und die Numerische Apertur um 0,13.

4.39

Das Verhalten der Faser ergibt sich aus dem Faserparameter. Zu dessen Bestimmung muss vorab der Brechungsindex des Fasermantelmaterials, n_M, ermittelt werden. Dieser ergibt sich nach Umstellen von Gl. 2.28 zu

$$n_M = \sin 74,9° \cdot 1,45 = 1,4.$$

Damit kann man den Faserparameter mit Gl. 4.33 bestimmen:

$$V = \frac{5\,\mu m \cdot \pi}{0,405\,\mu m} \cdot \sqrt{1,45^2 - 1,4^2} = 14,64.$$

Dieser Wert ist deutlich größer als der Grenzwert von 2,4048, es handelt sich im vorliegenden Fall also um eine Multimodefaser.

4.40

Monomodefasern haben einen Faserparameter $V < 2,4048$. Nach Auflösen von Gl. 4.33 nach dem Kerndurchmesser und Einsetzen der Werte ergibt sich der maximale Kerndurchmesser zu

$$D_{K,\,max} = \frac{2,4048 \cdot 0,633\,\mu m}{\pi \cdot \sqrt{1,48^2 - 1,4^2}} = 1,01\,\mu m.$$

4.41

Umstellen von Gl. 4.34 und Einsetzen der Werte führt auf die gesuchte Wellenlänge:

$$\lambda = d_{ev} \cdot 2\pi \cdot \sqrt{n_{eff}^2 - n_M^2} \approx 633\,nm.$$

Der Laser, der diese Lichtwellenlänge liefert, ist ein Helium-Neon-Gaslaser.

4.42

Aus Gl. 4.35 folgt für den Anteil der ausgekoppelten Moden:

$$\Delta N = \frac{D_{\mathrm{K}} \cdot n_{\mathrm{M}}^2}{R \cdot NA^2}.$$

Zu dessen Ermittlung benötigen wir die Numerische Apertur der Faser, wofür wir Gl. 4.30 und 4.31 zu Hilfe nehmen:

$$\theta_{\max} = \arcsin\left(\sqrt{1,5^2 - 1,4^2}\right) = 32,58^{\circ},$$

$$NA = \sin\theta_{\max} = 0,54.$$

Daraus folgt abschließend für den prozentualen Anteil der ausgekoppelten Moden:

$$\Delta N = \left(\frac{0,2\,\mathrm{mm} \cdot 1,4^2}{100\,\mathrm{mm} \cdot 0,54^2}\right) = 0,0134 = 1,34\,\%.$$

Lösungen der Übungsaufgaben aus Kapitel 5
Verständnisfragen
Leser*innen des gedruckten Buches erhalten einen kostenlosen Zugang zu allen Verständnisfragen über die Springer Nature Flashcards-App.

Rechenaufgaben
5.39

(a) Unter Zuhilfenahme von Gl. 5.2,

$$k = \frac{1}{2NA} = \frac{f}{D_{\mathrm{EP}}},$$

ergibt sich die die Blendenzahl zu $k = 2,5$ und die Brennweite zu $f = 50$ mm.
(b) Der Durchmesser des Beugungsscheibchens errechnet sich gemäß Gl. 5.1 zu

$$D_{\mathrm{Airy}} \approx 2,44 \cdot 0,546\,\mu\mathrm{m} \cdot 2,5 = 3,33\,\mu\mathrm{m}.$$

5.40

(a) Nach Umstellen von Gl. 5.3 ergibt sich für den Öffnungswinkel

$$2\theta = 2 \cdot \arcsin\left(\frac{0,5}{1}\right) = 60^{\circ}.$$

(b) In dem Immersionsöl beträgt die Numerische Apertur des Objektivs

$$NA = 1,49 \cdot \sin 30^{\circ} = 0,745.$$

Somit steigt die Numerische Apertur im Vergleich zu Fall a) um 0,245.
5.41
Nach Umstellen von Gl. 5.2 ergibt sich der gesuchte Eintrittspupillendurchmesser zu

$$D_{EP} = 5\,\text{mm} \cdot 0,68 = 3,4\,\text{mm}.$$

5.42

(a) Aus Gl. 5.4 folgt direkt, dass der Abstand zweier benachbarter Airy-Scheibchen für ultraviolettes Licht geringer ist als für infrarotes Licht ist, da die Wellenlänge in dieser Gleichung in den Zähler eingeht. Somit ist die Auflösungsgrenze für das kurzwellige ultraviolette Licht geringer als für das langwellige Infrarotlicht.

(b) Zur Bestimmung der Auflösungsgrenze ist vorab die Ermittlung der doppelten numerischen Apertur notwendig. Diese kann nach Umstellen von Gl. 5.2 aus der Blendenzahl errechnet werden und beträgt

$$2NA = \frac{1}{3,5} = 0,29.$$

Aus Gl. 5.4 folgt nun die durch den minimalen Abstand der Airy-Scheibchen gegebene Auflösungsgrenze zu

$$a_{min} = 1,22 \cdot \frac{0,38\,\mu\text{m}}{0,29} = 1,6\,\mu\text{m}.$$

(c) Der Durchmesser des Airy-Scheibchens beträgt gemäß Gl. 5.1

$$D_{Airy} \approx 2,44 \cdot 0,38\,\mu\text{m} \cdot 3,5 = 3,25\,\mu\text{m}.$$

5.43

Wir berechnen die Brennweite mit der Abbildungsgleichung für eine Einzellinse (Gl. 5.6):

$$\frac{1}{f} = \frac{1}{100} + \frac{1}{50} \Rightarrow f = 33,3\,\text{mm}.$$

Die Kontrolle mittels der Newton-Gleichung (Gl. 5.7) ergibt

$$f = \sqrt{z \cdot z'} = 33,3\,\text{mm}$$

mit

$$z = 100\,\text{mm} - 33,3\,\text{mm} = 66,7\,\text{mm}$$

und

$$z' = 50\,\text{mm} - 33,3\,\text{mm} = 16,7\,\text{mm}.$$

5.44

Aus Gl. 5.1 ergeben sich die Objektweite g und die Objekthöhe G direkt zu

$$g = \frac{50\,\text{mm}}{0,25} = 200\,\text{mm}$$

und

$$G = \frac{15\,\text{mm}}{0,25} = 60\,\text{mm}.$$

5.45

Zur Bestimmung der Objekt- und Bildweite ist vorab der Abbildungsmaßstab zu ermitteln. Gemäß Gl. 5.1 ergibt sich dieser zu

$$\beta = \frac{-14\,\text{mm}}{26\,\text{mm}} = -0,54.$$

Unter Zuhilfenahme von Gl. 5.11 und 5.12 ergeben sich nun die Objektweite zu

$$g = 400\,\text{mm} \cdot \left(1 - \frac{1}{-0,54}\right) = 1140\,\text{mm}$$

und die Bildweite zu

$$b = 400\,\text{mm} \cdot \left(1 - \left(-0,54\right)\right) = 616\,\text{mm}.$$

5.46

Zur Bestimmung der Gesamtbrennweite des aus diesen Einzellinsen bestehenden Gesamtsystems ist vorab die Ermittlung der Einzelbrennweiten erforderlich. Bei Linse 1 handelt es sich um eine bikonvexe Linse mit unterschiedlichen Krümmungsradien, ihre Brennweite ist somit durch Gl. 4.15 gegeben und beträgt

$$f_1 = \frac{1}{1,45 - 1} \cdot \left(\frac{100\,\text{mm} \cdot \left(-500\,\text{mm}\right)}{\left(-500 mm\right) - 100 mm}\right) = 185\,\text{mm}.$$

Da die zweite Linse eine symmetrische bikonvexe Linse ist, ergibt sich ihre Brennweite gemäß Gl. 4.16 zu

$$f_2 = \frac{1}{1,52 - 1} \cdot \frac{275\,\text{mm}}{2} = 264\,\text{mm}.$$

Die Gesamtbrennweite der Kombination dieser beiden Linsen bei dem gegebenen Abstand folgt dann aus Gl. 5.14, sie beträgt

$$f_g = \frac{185\,\text{mm} \cdot 264\,\text{mm}}{185\,\text{mm} + 264\,\text{mm} - 25\,\text{mm}} = 115\,\text{mm}.$$

5.47

Der gesuchte Abstand ergibt sich nach Umstellen von Gl. 5.13,

$$\frac{1}{f_g} = \frac{1}{f_1} + \frac{1}{f_2} - \frac{a}{f_1 \cdot f_2},$$

und Einsetzen der Werte zu

$$-a = \frac{f_1 \cdot f_2}{f_g} - f_2 - f_1 \Rightarrow a = 560\,\text{mm}.$$

5.48

Die Objektweite g_1 ergibt sich nach Umstellen von Gl. 5.16 zu

$$g_1 = \frac{15\,\text{mm} \cdot 71\,\text{mm}}{0,5 \cdot (10\,\text{mm} - 15\,\text{mm})} = -426\,\text{mm}.$$

Diese ist aufgrund der Vorzeichenkonvention negativ.

5.49

Für die erste Linse ergibt sich gemäß Gl. 5.10 ein Abbildungsmaßstab von

$$\beta = \frac{-17\,\text{mm}}{2300\,\text{mm}} = -0,0074.$$

Analog dazu beträgt der Abbildungsmaßstab der zweiten Linse

$$\beta = \frac{30\,\text{mm}}{-500\,\text{mm}} = -0,06.$$

Der Gesamtabbildungsmaßstab folgt nun gemäß Gl. 5.15 zu

$$\beta_g = -0,0074 \cdot -0,06 = 0,000.44.$$

5.50

(a) Nach Einsetzen der gegebenen Werte in Gl. 5.32,

$$s' = R + \frac{h}{n' \cdot \sin\left(\arcsin\dfrac{h}{R} - \arcsin\dfrac{h}{n' \cdot R}\right)},$$

erhält man die gesuchten Schnittweiten als $s_1' = 149{,}95$ mm für $h_1 = 2$ mm und $s_2' = 146{,}95$ mm für $h_2 = 15$ mm. Die Schnittweitendifferenz $\Delta s'$ beträgt somit 3,00 mm.

(b) Da die Schnittweiten von der Strahleinfallshöhe abhängen, liegt sphärische Aberration vor.

5.51

Die Berechnung der Brennweitendifferenz der beiden Strahlen erfolgt mittels Gl. 4.13,

$$f = R \cdot \left(1 - \frac{1}{2 \cdot \cos\varepsilon}\right).$$

Zunächst ist somit der jeweilige Einfallswinkel ε der Teilstrahlen zu bestimmen. Dieser ergibt sich wie in Aufgabe 4.27 trigonometrisch:

$$\varepsilon = \arcsin\left(\frac{h}{R}\right).$$

Somit erhalten wir für die Brennweite des Hohlspiegels für eine Strahleinfallshöhe von $h_1 = 2$ mm

$$f(h_1) = 500\,\text{mm} \cdot \left(1 - \frac{1}{2 \cdot \cos\left(\arcsin\left(\dfrac{2\,\text{mm}}{500\,\text{mm}}\right)\right)}\right) = 249{,}998\,\text{mm}.$$

Dies entspricht nahezu exakt der Brennweite des Hohlspiegels im Paraxialraum ($f = R/2 = 250$ mm). Für eine Strahleinfallshöhe von 100 mm ergibt sich die Brennweite jedoch zu $f(h_2) = 244{,}85$ mm. Die durch sphärische Aberration verursachte Brennweitendifferenz beträgt somit $\Delta f = 5{,}15$ mm.

5.52

(a) Die Abbe-Zahl des verwendeten optischen Glases ergibt sich gemäß Gl. 3.3 zu

$$v_e = \frac{1{,}855.04 - 1}{1{,}874.25 - 1{,}838.08} = 23{,}64.$$

(b) Die Brennweite einer dünnen Linse ist gegeben durch Gl. 4.15. Für eine Wellenlänge von 564,1 nm, bei welcher das optische Glas einen Brechungsindex von 1,855.04 hat, ergibt sich diese somit zu

$$f_{564{,}1\,\text{nm}} = \frac{1}{1{,}855.04 - 1} \cdot \frac{177\,\text{mm} \cdot (-238\,\text{mm})}{(-238\,\text{mm}) - 177\,\text{mm}} = 118{,}72\,\text{mm}.$$

Analog dazu ergeben sich die Brennweiten für die anderen gegebenen Wellenlängen zu $f_{480\,\text{nm}} = 116{,}11$ mm und $f_{643{,}8\,\text{mm}} = 121{,}12$ mm.

(c) Die Berechnung der Brennweite einer dicken Linse erfolgt mithilfe von Gl. 4.18. Sie ergibt sich für die Wellenlänge von 564,1 nm mit $n_e = 1{,}85504$ zu

$$f_{546{,}1\,\text{nm}} = \frac{1}{1{,}855.04 - 1} \cdot \frac{1{,}855.04 \cdot 177\,\text{mm} \cdot (-238\,\text{mm})}{(1{,}855.04 - 1) \cdot 50\,\text{mm} + 1{,}85504 \cdot \left[(-238\,\text{mm}) - 177\,\text{mm}\right]}$$
$$= 125{,}70\,\text{mm}.$$

Die Brennweiten für $\lambda = 480$ nm und $\lambda = 643{,}8$ nm betragen dann $f_{480\,\text{nm}} = 123{,}02$ mm bzw. $f_{643{,}8\,\text{mm}} = 128{,}16$ mm.

(d) Die Brennweitendifferenz $\Delta f(\lambda) = f_{643{,}8\,\text{mm}} - f_{480\,\text{nm}}$ für die dünne Linse beträgt 5,01 mm. Für die dicke Linse ergibt sich eine Brennweitendifferenz von 5,14 mm.

(e) Für die dicke Linse liegt bei den betrachteten Wellenlängen eine größere Brennweitendifferenz als für die dünne Linse vor. Dies ist dadurch zu erklären, dass bei einer dicken Linse der optische Weg durch das Glasmedium länger ist und somit eine größere effektive Strecke für eine farbliche Aufspaltung des die Linse durchlaufenden Lichts aufgrund von Dispersion zur Verfügung steht.

(f) Die ermittelten Brennweitendifferenzen stellen den Farblängsfehler (chromatische Längsaberration) dar.

5.53

Zur Realisierung eines Achromats muss die Achromasiebedingung aus Gl. 5.38,

$$f_1' \cdot v_1 = -f_2' \cdot v_2,$$

erfüllt sein. Gemäß Gl. 5.42 und 5.43 ergeben sich die Brennweiten der Einzellinsen zu

$$f_1' = 200\,\text{mm} \cdot \frac{63,96-32}{63,96} = 99,94\,\text{mm}$$

für die Sammellinse bzw. zu

$$f_2' = 200\,\text{mm} \cdot \frac{63,96-32}{32} = 199,75\,\text{mm}$$

für die Zerstreuungslinse. Man überprüft das Ergebnis durch Einsetzen der berechneten Brennweiten in Gl. 5.38:

$$99,94\,\text{mm} \cdot 63,96 = -(-199,75\,\text{mm}) \cdot 32.$$

5.54

(a) Der Farblängsfehler folgt aus Gl. 5.37 und ergibt sich zu

$$\Delta f'(\lambda) = -\frac{(-100\,\text{mm})^2 \cdot 150\,\text{mm}}{\left((-100\,\text{mm})+150\,\text{mm}\right)^2 \cdot 26} = -23,08\,\text{mm}.$$

(b) Nach Umstellen von Gl. 5.37 ergibt sich die geforderte Abbe-Zahl zu

$$v_e = -\frac{(-100\,\text{mm})^2 \cdot 150\,\text{mm}}{\left((-100\,\text{mm}+150\,\text{mm})\right)^2 \cdot (-10\,\text{mm})} = 60.$$

5.55

(a) Die prozentuale Verzeichnung V ergibt sich aus Gl. 5.45 und beträgt

$$V = \frac{15\,\text{mm}-17,5\,\text{mm}}{15\,\text{mm}} \cdot 100\% = -16,7\%.$$

(b) Die prozentuale Verzeichnung ist kleiner als 0 %, somit liegt eine tonnenförmige Verzeichnung vor.

5.56

Die Modulationstransferfunktion ergibt sich aus den auch als Modulation bezeichneten Michelson-Kontrasten des Objekts und des Bilds. Mit Gl. 5.46 erhält man für das Objekt die Modulation

$$M = \frac{0,5\,\dfrac{\text{W}}{\text{m}^2}-0,27\,\dfrac{\text{W}}{\text{m}^2}}{0,5\,\dfrac{\text{W}}{\text{m}^2}+0,27\,\dfrac{\text{W}}{\text{m}^2}} = 0,3.$$

Analog dazu ergibt sich die Modulation des Bilds zu 0,27. Die Modulations-transferfunktion ist gegeben durch Gl. 5.47:

$$MTF = \frac{0,27}{0,3} = 0,9.$$

Lösungen der Übungsaufgaben aus Kapitel 6
Verständnisfragen
Leser*innen des gedruckten Buches erhalten einen kostenlosen Zugang zu allen Verständnisfragen über die Springer Nature Flashcards-App.

Rechenaufgaben
6.23

Nach Umstellen von Gl. 6.1 ergibt sich für die Brennweite der Lupe

$$f_{\mathrm{L}} = \frac{250\,\mathrm{mm}}{10} = 25\,\mathrm{mm}.$$

6.24

Der vergrößerte Sehwinkel w' ergibt sich nach Umstellen von Gl. 6.1 zu

$$w' = \arctan\left(\frac{250\,\mathrm{mm} \cdot \tan 30^\circ}{40\,\mathrm{mm}}\right) = 74,51^\circ.$$

Die Verwendung der Lupe hat somit eine Vergrößerung des Sehwinkels um 44,51° zur Folge.

6.25

Zur Bestimmung der Dämmerungszahl ist vorab der Eintrittspupillendurchmesser D_{EP} zu ermitteln. Dieser ergibt sich nach Umstellen von Gl. 6.4 zu

$$D_{\mathrm{EP}} = \frac{150\,\mathrm{mm} \cdot 20\,\mathrm{mm}}{75\,\mathrm{mm}} = 40\,\mathrm{mm}.$$

Die Dämmerungszahl z_{T} folgt nach weiterem Umstellen von Gl. 6.4 oder unter direkter Verwendung von Gl. 6.5 zu

$$z_{\mathrm{T}} = \sqrt{\frac{|f_1'| \cdot D_{\mathrm{EP}}}{|f_2|}} = \sqrt{D_{\mathrm{EP}} \cdot \Gamma_{\mathrm{T}}} = \sqrt{40\,\mathrm{mm} \cdot 2} = 8,94\left[\mathrm{mm}^{1/2}\right]$$

(Anmerkung: Die Einheit von z_{T} wird in der Praxis meist nicht angegeben).

6.26

(a) Die Vergrößerung des Teleskops beträgt gemäß Gl. 6.4

$$\Gamma_{\mathrm{T}} = \frac{250\,\mathrm{mm}}{50\,\mathrm{mm}} = 5.$$

(b) Da es sich um ein Galilei-Teleskop handelt, erfolgt die Berechnung der Bau-länge über Gl. 6.2, sie beträgt

$$L = 250\,\text{mm} - 50\,\text{mm} = 200\,\text{mm}.$$

(c) Für ein Kepler-Teleskop ist die Baulänge gemäß Gl. 6.3 durch die Summe aus Objektiv- und Okularbrennweite gegeben, sie würde dann 300 mm betragen.

6.27

Die Vergrößerung eines Mikroskops ist gemäß Gl. 6.6 durch das Produkt der Vergrößerungen von Objektiv und Okular gegeben. Die Vergrößerung des Objektivs ergibt sich aus Gl. 6.7 zu

$$\Gamma_{\text{Obj}} = \frac{150\,\text{mm}}{5\,\text{mm}} = 30.$$

Die Vergrößerung des Okulars folgt aus Gl. 6.8 und beträgt

$$\Gamma_{\text{Ok}} = \frac{250\,\text{mm}}{10\,\text{mm}} = 25.$$

Somit hat das Mikroskop die Vergrößerung

$$\Gamma_{\text{M}} = 30 \cdot 25 = 750.$$

6.28

Die Numerische Apertur eines Mikroskopobjektivs kann erhöht werden, wenn eine Immersionsflüssigkeit als Umgebungsmedium zwischen Objektiv und Objekt eingebracht wird. Im vorliegenden Fall muss diese Flüssigkeit gemäß Gl. 6.9 einen Brechungsindex von

$$n_{\text{Flüssigkeit}} = \frac{0,96}{0,64} = 1,5$$

aufweisen.

6.29

Umstellen von Gl. 6.1 und Einsetzen der Werte führt für die Wellenlänge auf

$$\lambda = \frac{2 \cdot 158,25\,\mu m}{500} = 633\,\text{nm}.$$

6.30

Zur Bestimmung der Halbwertsbreite der Resonanzfrequenz ist zunächst die Finesse des Interferometers zu bestimmen. Gemäß Gl. 6.16 ergibt sich diese zu

$$F = \frac{\pi \cdot \left(0,985 \cdot 0,99\right)^{1/4}}{1 - \left(0,985 \cdot 0,99\right)^{1/2}} = 249,7.$$

Mit dem durch Gl. 6.13 gegebenen freien Spektralbereich,

$$FSR = \frac{3 \cdot \dfrac{10^8\,\text{m}}{\text{s}}}{2 \cdot 0,01\,\text{m}} = 15 \cdot 10^7\,\text{Hz},$$

ergibt sich die Halbwertsbreite der Resonanzfrequenz gemäß Gl. 6.14 zu 600,1 kHz.

Lösungen der Übungsaufgaben aus Kapitel 7
Verständnisfragen

Leser*innen des gedruckten Buches erhalten einen kostenlosen Zugang zu allen Verständnisfragen über die Springer Nature Flashcards-App.

Rechenaufgaben
7.33

Die Länge eines Laserresonators folgt aus der Resonatorbedingung

$$l_R = \frac{N \cdot \lambda}{2}$$

(Gl. 7.3). Die fundamentale Laserwellenlänge eines Nd:YAG-Lasers beträgt 1064 nm (Tab. 7.2). Die Resonatorlänge muss somit einem ganzzahligen Vielfachen von 532 nm entsprechen.

7.34

(a) Gemäß Gl. 7.4 bzw. Gl. 7.5 ergeben sich die Spiegelparameter zu

$$g_1 = g_2 = g = 1 - \frac{1{,}5\,\mathrm{m}}{800\,\mathrm{mm}} = -0{,}875.$$

Somit ist der Resonator stabil, da gemäß Gl. 7.7 die Stabilitätsbedingung

$$-1 \le -0{,}875 \le 1$$

erfüllt ist.

(b) Nun hat der Spiegelparameter g_2 den Wert

$$g_2 = 1 - \frac{1{,}5\,\mathrm{m}}{600\,\mathrm{mm}} = -1{,}5.$$

Die durch Gl. 7.6 gegebene Resonatorbedingung für einen Laserresonator mit ungleichen Spiegelkrümmungsradien,

$$0 \le g_1 \cdot g_2 \le 1,$$

ist nicht erfüllt, da nun gilt:

$$g_1 \cdot g_2 = (-0{,}875) \cdot (-1{,}5) = 1{,}3125 > 1.$$

Somit ist dieser Resonator instabil.

7.35

Die Stabilitätsbedingung Gl. 7.7 verlangt für den Spiegelparameter eines Resonators mit gleich gekrümmten Spiegeln

$$-1 \le g \le 1.$$

Somit kann die Länge des Resonators nach Umstellen von Gl. 7.2 und 7.3 unter Vorgabe der Extremwerte für die Spiegelparameter ermittelt werden, was auf eine minimale und eine maximale Resonatorlänge $l_{R,\min}$ bzw. $l_{R,\max}$, führt:

$$l_{R,\max} = \left(1-(-1)\right) \cdot 1000\,\text{mm} = 2000\,\text{mm}$$

und

$$l_{R,\min} = (1-1) \cdot 1000\,\text{mm} = 0\,\text{mm}.$$

Ein stabiler Resonator darf somit eine Länge zwischen 0 und 2 m aufweisen (wobei der Wert 0 m in der Praxis natürlich nicht sehr sinnvoll wäre).

7.36

Gemäß Gl. 7.8 und mit der Näherung, dass die Lichtgeschwindigkeit innerhalb des Resonators $3 \cdot 10^8$ m/s beträgt, ergibt sich die gesuchte Länge zu

$$l_R = \frac{3 \cdot \dfrac{10^8\,\text{m}}{\text{s}}}{2 \cdot 3{,}95\,\text{MHz}} \approx 38\,\text{m}.$$

Solche Resonatorlängen sind durch mehrfaches Falten des Strahlengangs realisierbar, dies wird zur Erzeugung von gepulster Laserstrahlung mit geringer Pulswiederholrate eingesetzt.

7.37

Der Frequenzabstand der beiden verstärkten Moden ergibt sich direkt aus Gl. 7.9. Er beträgt

$$\Delta f = \frac{3 \cdot \dfrac{10^8\,\text{m}}{\text{s}}}{2 \cdot 30\,\text{cm}} = 500\,\text{MHz}.$$

7.38

Bei den in der Abbildung dargestellten TEM-Moden handelt es sich um (a) TEM$_{00}$, (b) TEM$_{01}$ und (c) TEM$_{11}$. Dies sieht man durch Auszählen der Intensitätsminima in x-Richtung (m) und y-Richtung (n). Die jeweiligen Beugungsmaßzahlen folgen aus der effektiven Beugungsmaßzahl, die sich aus den jeweiligen Beugungsmaßzahlen in x- und y-Richtung des Strahlprofils zusammensetzt. In x-Richtung gilt für den TEM$_{01}$-Mode

$$M_{x,mn}^2 = 2 \cdot 1 + 1 = 3$$

und in y-Richtung

$$M_{y,nm}^2 = 2 \cdot 0 + 1 = 1.$$

Die effektive Beugungsmaßzahl beträgt also

$$M_{\text{eff}}^2 = \sqrt{3^2 \cdot 1^2} = 3.$$

Analog ergibt sich für den TEM$_{11}$-Mode eine effektive Beugungsmaßzahl von $M^2 = 9$. Für den TEM$_{00}$-Mode, also einen idealen Laserstrahl, gilt die Referenzbeugungsmaßzahl von 1. Die Strahlqualitätskennzahl ergibt sich dann jeweils als Kehrwert der Beugungsmaßzahl zu a) $K = 1$, b) $K = 0{,}3$ und c) $K = 0{,}1$.

7.39

Die Strahltaillenlage innerhalb eines Laserresonators errechnet man mit Gl. 7.14 aus den Spiegelparametern. Zu deren Bestimmung benutzen wir Gl. 7.4 und 7.5:

$$g_1 = 1 - \frac{200\,\text{mm}}{500\,\text{mm}} = 0,6$$

und

$$g_2 = 1 - \frac{200\,\text{mm}}{800\,\text{mm}} = 0,75.$$

Einsetzen in Gl. 7.14 ergibt dann

$$z_0 = 200\,\text{mm} \cdot \frac{(1-0,6) \cdot 0,75}{0,6 + 0,75 - 2 \cdot 0,6 \cdot 0,75} = 133,3\,\text{mm}.$$

7.40

Die Vergrößerung des Strahlradius von 30 µm auf 42,4264 µm entspricht einem Faktor von $1,4142 \approx \sqrt{2}$. Bei einer Vergrößerung des Strahltaillenradius um den Faktor $\sqrt{2}$ entspricht der Abstand zur Strahltaille der Rayleigh-Länge z_R. Diese stellt somit den gesuchten Abstand dar und beträgt gemäß Gl. 7.15 im vorliegenden Fall

$$z_R = \frac{\pi \cdot (30\,\mu\text{m})^2}{266\,\text{nm}} = 10,63\,\text{mm}.$$

7.41

Der gesuchte Strahlradius $w(z)$ kann über Gl. 7.17 bestimmt werden. Vorab ist jedoch die Rayleigh-Länge z_R zu ermitteln, sie beträgt gemäß Gl. 7.15

$$z_R = \frac{\pi \cdot (200\,\mu\text{m})^2}{10.600\,\text{nm}} = 11,86\,\text{mm}.$$

Der Radius des Laserstrahls im Abstand von 10 cm zu dessen Strahltaille ergibt sich somit zu

$$w(z) = 200\,\mu\text{m} \cdot \sqrt{1 + \left(\frac{10\,\text{cm}}{11,86\,\text{mm}}\right)^2} = 1698,16\,\mu\text{m}.$$

7.42

(a) Die fundamentale Wellenlänge eines Nd:YAG-Lasers beträgt 1064 nm (Tab. 7.2). Nach Auflösen von Gl. 7.15 nach w_0 ergibt sich der Strahltaillendurchmesser $2w_0$ zu

$$2w_0 = 2 \cdot \sqrt{\frac{3\,\text{mm} \cdot 1064\,\text{nm}}{\pi}} = 63,75\,\mu\text{m}.$$

(b) Aus dem in (a) ermittelten Strahltaillenradius und der gegebenen Rayleigh-Länge ergibt sich die Fernfelddivergenz θ direkt aus Gl. 7.16 zu

$$\theta = \arctan\left(\frac{31{,}875\,\mu m}{3\,mm}\right) = 10{,}6\,mrad = 0{,}61^{\circ}.$$

(c) Das Strahlparameterprodukt SPP folgt nun gemäß Gl. 7.19 direkt aus dem in (a) ermittelten Strahltaillenradius und der in (b) berechneten Fernfelddivergenz. Es beträgt

$$SPP = 10{,}6\,mrad \cdot 31{,}875\,\mu m = 0{,}34\,mm \cdot mrad.$$

7.43

Um den Krümmungsradius am Ort $z = 6\,mm$ zu bestimmen, ist vorab die Rayleigh-Länge zu ermitteln. Gemäß Gl. 7.15 beträgt diese

$$z_R = \frac{\pi \cdot (23\,\mu m)^2}{193\,nm} = 8{,}61\,mm.$$

Der Krümmungsradius der Wellenfront folgt dann aus Gl. 7.18 zu

$$R(z) = 6\,mm \cdot \left(1 + \left(\frac{8{,}61\,mm}{6\,mm}\right)^2\right) = 18{,}36\,mm.$$

7.44

Zur Ermittlung des Abstands der beiden Strahltaillen muss zunächst der Abstand der Strahltaille des fokussierten Laserstrahls zur Hauptebene der Fokussierlinse, $z\,(w_0')$, ermittelt werden. Nach Einsetzen von Gl. 7.25,

$$\Delta f = \frac{a \cdot f^2}{a^2 + z_R^2},$$

in Gl. 7.24,

$$z(w_0') = f + \Delta f,$$

folgt

$$z(w_0') = 100\,mm + \frac{50\,cm \cdot (100\,mm)^2}{(50\,cm)^2 + (4\,mm)^2} = 120\,mm.$$

Der Abstand der beiden Strahltaillen beträgt somit 50 cm + 120 mm = 62 cm.
7.45

(a) Bei der Bestimmung des Strahltaillenradius w_0' nach der Fokussierung ist die Beugungsmaßzahl zu berücksichtigen. Diese beträgt für eine TEM$_{00}$-Mode $M^2 = 1$, für eine TEM$_{01}$-Mode $M^2 = 3$ und für eine TEM$_{11}$-Mode $M^2 = 9$. Für die TEM$_{00}$-Mode beträgt der Strahltaillenradius nach der Fokussierung somit gemäß Gl. 7.23

$$w_0' \approx \frac{532\,\text{nm} \cdot 150\,\text{mm} \cdot 1}{\pi \cdot 4{,}5\,\text{mm}} = 5{,}64\,\mu\text{m}.$$

Analog dazu ergeben sich die Strahltaillenradien nach Fokussierung für eine TEM$_{01}$-Mode zu 16,92 μm und für eine TEM$_{11}$-Mode zu 50,76 μm.

(b) Prinzipiell kann der Strahltaillenradius nach einer Fokussierung gemäß Gl. 7.18 durch
- eine Aufweitung des Rohstrahls und somit eine Vergrößerung des Laserstrahldurchmessers am Ort des fokussierenden optischen Elements,
- die Verwendung eines fokussierenden optischen Elements mit kürzerer Brennweite sowie
- die Auswahl von Laserstrahlen mit möglichst geringer Beugungsmaßzahl

verringert werden.

7.46

Die gesuchte Brennweite ergibt sich nach Umstellen von Gl. 7.23 zu

$$f = \sqrt{\frac{11\,\text{mm} \cdot \left(\left(2000\,\text{mm}\right)^2 + \left(3{,}5\,\text{mm}\right)^2 \right)}{2000\,\text{mm}}} = 148{,}32\,\text{mm}.$$

Verzeichnis verwendeter Formelzeichen und Abkürzungen

In nachfolgender Tabelle sind die wichtigsten verwendeten Formelzeichen und Abkürzungen aufgelistet. Aufgrund der Fülle physikalischer Größen und Parameter können einige Formelzeichen mehrere Bedeutungen haben. Zur Übersichtlichkeit sind zudem lediglich die grundlegenden Formelzeichen aufgeführt, diese sind in vorliegendem Werk zum Teil um geeignete Indizes erweitert.

Formelzeichen	Bedeutung
a	Abstand
A	Amplitude
	Absorptionsgrad
	Auflösungsvermögen
b	Breite
	Bildweite
B	magnetische Flussdichte
	Bildhöhe
c	Lichtgeschwindigkeit
d	Dicke, Weg, Abstand
D	elektrische Flussdichte
	Brechkraft
	Durchmesser
e	Elementarladung

Formelzeichen	Bedeutung
E	Energie
	elektrische Feldstärke
	Elastizitätsmodul
f	Brennweite
	Frequenz
F	Fresnel-Zahl
	Kraft
	Brennpunkt
	Finesse
f_P	Pulswiederholrate
FSR	freier Spektralbereich
g	Gitterkonstante
	Objektweite
	Spiegelparameter
G	Objekthöhe
h	Strahleinfallshöhe
	Planck'sches Wirkungsquantum
H	Hauptpunkt
HK	Knoop-Härte
I	Intensität
j	elektrische Stromdichte
k	Wellenzahl
	Blendenzahl
K	photoelastischer Koeffizient
	Kontrast
	Strahlqualitätskennzahl
k_B	Boltzmann-Konstante
l	Länge
L	Baulänge
m	Beugungsordnung
M^2	Beugungsmaßzahl
m_e	Elektronenmasse
n	Brechungsindex, Brechzahl
N	Besetzungsdichte
	komplexer Brechungsindex
NA	numerische Apertur
N_e	Anzahl freier Elektronen
OD	optische Dichte
OWL	optische Weglänge
p	Pfeilhöhe
P	Polarisation
P_{xy}	Teildispersion
R	Reflexionsgrad
	Radius
s	Schnittweite

Formelzeichen	Bedeutung
S	Streuung
	Seidel'sche Summe
SPP	Strahlparameterprodukt
t	Tiefe
	Zeit
T	Temperatur
	Periodendauer
	Transmissionsgrad
u	Aperturwinkel
V	Verdet-Konstante
V	Versatz
	Faserparameter
v_{Ph}	Phasengeschwindigkeit
w	Sehwinkel
	Laserstrahlradius
z	Ausbreitungsrichtung
z_R	Rayleigh-Länge
z_T	Dämmerungszahl
α	Absorptionskoeffizient
α_{th}	thermischer Längenausdehnungskoeffizient
β	Beugungswinkel
	Abbildungsmaßstab
γ	Oberflächenenergie
	Keilwinkel
Γ	Vergrößerung
δ	Ablenkung
Δf	Frequenzbandbreite
Δs	Gangunterschied
Δw	Wellenfrontdeformation
$\Delta \varphi$	Phasenverschiebung
ε	Einfallswinkel, Brechungswinkel
ε_0	elektrische Feldkonstante
ε_B	Brewster-Winkel
ε_g	Grenzwinkel der Totalreflexion
θ	Ablenkung
	Fernfelddivergenz
	Öffnungswinkel
λ	Wellenlänge
μ	magnetische Feldkonstante
ν	Abbe-Zahl
ρ	Ladungsdichte
σ	mechanische Spannung
	Bruchfestigkeit
τ	Verweildauer
φ	Phasenwinkel

Formelzeichen	Bedeutung
χ	elektrische Suszeptibilität
ω	Kreisfrequenz
ω_p	Plasmafrequenz

Verzeichnis relevanter Naturkonstanten

Naturkonstante	Formelzeichen	Wert
Boltzmann-Konstante	k_B	$1{,}380.648.52 \cdot 10^{-23}$ J/K
elektrische Feldkonstante	ε_0	$8{,}854.187.817 \cdot 10^{-12}$ As/Vm
Elektronenmasse	m_e	$9{,}109.383.56 \cdot 10^{-31}$ kg
Elementarladung	e	$1{,}602.176.620.8 \cdot 10^{-19}$ C
magnetische Feldkonstante	μ_0	$12{,}566.370.614 \cdot 10^{-7}$ N/A^2
Planck'sches Wirkungsquantum	h	$6{,}626.070.40 \cdot 10^{-34}$ Js
Vakuumlichtgeschwindigkeit	c_0	$299.792.458$ m/s

Weiterführende Literatur

Bliedtner, J., Gräfe, G.: Optiktechnologie: Grundlagen – Verfahren – Anwendungen – Beispiele. Carl Hanser, München (2010) umfassendes Lehrbuch zu optischen Medien und zur Fertigung optischer Komponenten

Bliedtner, J., Müller, H., Barz, A.: Lasermaterialbearbeitung: Grundlagen – Verfahren – Anwendungen – Beispiele. Carl Hanser, München (2013) umfassendes Werk zu zahlreichen Aspekten der laserbasierten Fertigungstechnologie

Flügge, J., Hartwig, G., Weiershausen, W.: Studienbuch zur technischen Optik. Vandenhoeck & Ruprecht, Göttingen (1985) handliches Grundlagenwerk zu nahezu allen Teilbereichen der technischen Optik

Gerhard, C.: Optics Manufacturing – Components and Systems. CRC Press, Bota Racon (2017) englischsprachiges Fachbuch zur Glasherstellung und Fertigung optischer Komponenten und Systeme mit Übungsaufgaben und Lösungen

Glaser, W.: Lichtwellenleiter. Eine Einführung. VEB Verlag Technik, Berlin (1990) übersichtliches und leserfreundliches Werk zu nahezu allen Teilaspekten der optischen Datenübertragung und Nachrichtentechnik mittels Fasern und Lichtwellenleitern; leider nur noch antiquarisch erhältlich

Haferkorn, H. (Hrsg.): Lexikon der Optik. Werner Dausien, Hanau (1990) wie der Titel bereits ankündigt ein lexikalisch und daher sehr übersichtlich aufgebautes Nachschlagewerk zu allen Teilbereichen der Optik; leider nur noch antiquarisch erhältlich

Haferkorn, H.: Optik. Wiley-VCH, Weinheim (2002) leserfreundlich aufgebautes und leicht verständliches Werk mit Fokus auf physikalische Grundlagen des Lichts sowie optische Komponenten und Geräte

Hecht, E.: Optik. De Gruyter, Berlin (2014) umfassendes Standardwerk zur Physik des Lichts. Enthält ausführliche mathematische Beschreibungen der Lichtausbreitung, Polarisation, Interferenz, Beugung etc.

Hering, E., Martin, R. (Hrsg.): Optik für Ingenieure und Naturwissenschaftler. Fachbuchverlag Leipzig im Carl Hanser, München (2017) umfangreiches Grundlagenwerk zu nahezu allen Aspekten der Optik, Licht- und Beleuchtungstechnik sowie Bildgebung

Hügel, H., Graf, T.: Laser in der Fertigung. Grundlagen der Strahlquellen, Systeme, Fertigungsverfahren. Springer Vieweg, Wiesbaden (2014) Standardwerk zur Lasermaterialbearbeitung inklusive umfassender Grundlagen zur Erzeugung und Physik von Laserlicht, Lasertechnik, Laserstrahlführung und -formung sowie zu Lasersicherheitsaspekten

Litfin, G. (Hrsg.): Technische Optik in der Praxis. Springer, Berlin/Heidelberg/New York (2005) interdisziplinäres Werk zu den Teilbereichen geometrische Optik und Wellenoptik, Optikdesign, optische Werkstoffe und Feinoptikfertigung, Optoelektronik, optische Fasern und Laser

Naumann, H., Schröder, G., Löffler-Mang, M.: Bauelemente der Optik. Carl Hanser, München/Wien (2014) umfassendes Werk über optische Komponenten und Geräte sowie mechanische Komponenten optomechanischer Gesamtsysteme

Newton, S.I.: Opticks. Dover Publications, New York (1952) Reprint eines der ersten Fachbücher zur Optik überhaupt von Sir Isaac Newton

© Springer-Verlag GmbH Deutschland, ein Teil von Springer Nature 2020
C. Gerhard, *Tutorium Optik*, https://doi.org/10.1007/978-3-662-61618-5

Pedrotti, F., Pedrotti, L., Bausch, W., Schmidt, H.: Optik für Ingenieure. Springer, Berlin/Heidelberg (2008) umfangreiches Grundlagenwerk zu allen Teilbereichen der Optik, insbesondere zur Physik des Lichts, mit umfassenden mathematischen und physikalischen Hintergrundinformationen

Pforte, H.: Der Optiker, Bd. 2., . Verlag Gehlen, Bad Homburg vor der Höhe (1993–95) früher das Standardwerk für Auszubildende des Lehrberufs Feinoptiker. Es bietet eine leicht verständliche Übersicht über die Eigenschaften optischer Medien, die Grundlagen der optischen Abbildung und die Fertigungsmethoden zur Herstellung optischer Komponenten, ist aber leider nur noch antiquarisch erhältlich

Recknagel, A.: Physik – Optik. VEB Verlag Technik, Berlin (1990) äußerst leserfreundliches Hochschullehrbuch zu allen Teilbereichen der technischen Optik sowie zu den Eigenschaften des Lichts; leider nur noch antiquarisch erhältlich

Schaeffer, H.A., Langfeld, R.: Werkstoff Glas. Springer, Berlin/Heidelberg (2014) Übersichtswerk zu optischen Gläsern sowie zahlreichen Aspekten der Glastechnologie

Schröder, G.: Technische Optik. Vogel Buchverlag, Würzburg (2014) umfassendes Werk zur optischen Abbildung und zu optischen Geräten mit zahlreichen Übungsaufgaben

Schubert, I.: Wissensspeicher Feinoptik. Eigenverlag, Jena Apolda (2017) Nachschlagewerk zu allen Aspekten der Feinoptikfertigung mit zahlreichen Schaubildern, Tabellen und Übersichten

Struve, B.: Laser – Grundlagen, Komponenten, Technik. Technik, Berlin (2001) sehr informatives und verständliches Werk zu den Grundlagen der Lasertechnik und Laserphysik inklusive Lasersicherheitsaspekten

Wieneke, S., Gerhard, C.: Lasers in Medical Diagnosis and Therapy. IOP Publishing, Bristol (2018) englischsprachiges Fachbuch zum Einsatz von Lasern in der medizinischen Diagnostik und Therapie inklusive Grundlagen zu Laser-Gewebe-Wechselwirkungen

Stichwortverzeichnis

© Springer-Verlag GmbH Deutschland, ein Teil von Springer Nature 2020
C. Gerhard, *Tutorium Optik*, https://doi.org/10.1007/978-3-662-61618-5

Springer

Willkommen zu den Springer Alerts

Unser Neuerscheinungs-Service für Sie:
aktuell | kostenlos | passgenau | flexibel

Mit dem Springer Alert-Service informieren wir Sie individuell und kostenlos über aktuelle Entwicklungen in Ihren Fachgebieten.

Abonnieren Sie unseren Service und erhalten Sie per E-Mail frühzeitig Meldungen zu neuen Zeitschrifteninhalten, bevorstehenden Buchveröffentlichungen und speziellen Angeboten.

Sie können Ihr Springer Alerts-Profil individuell an Ihre Bedürfnisse anpassen. Wählen Sie aus über 500 Fachgebieten Ihre Interessensgebiete aus.

Bleiben Sie informiert mit den Springer Alerts.

Jetzt anmelden!

Mehr Infos unter: springer.com/alert

Part of **SPRINGER NATURE**

Printed in the United States
By Bookmasters